#수능공략
#단기간 학습

수능전략
수학 영역

Chunjae Makes Chunjae

▼

[수능전략] 수학 영역 확률과 통계

저자	유봉섭, 심준섭, 김용민, 김상국, 강상욱, 이정호, 노영만
편집개발	오종래, 장효정, 김혜림, 이진희, 최보윤, 현석곤
디자인총괄	김희정
표지디자인	윤순미, 심지영
내지디자인	박희춘, 안정승
제작	황성진, 조규영

발행일	2022년 5월 15일 초판 2022년 5월 15일 1쇄
발행인	(주)천재교육
주소	서울시 금천구 가산로9길 54
신고번호	제2001-000018호
고객센터	1577-0902
교재 내용문의	(02)3282-8858

수능전략

수·학·영·역

확률과 통계

BOOK 1

이 책의 구성과 활용

BOOK 1	BOOK 2	BOOK 3
1주, 2주	1주, 2주	정답과 해설

본책인 BOOK1과 BOOK2의 구성은 아래와 같습니다.

주 도입

본격적인 학습에 앞서, 재미있는 만화를
살펴보며 이번 주에 학습할 내용을 확인해
봅니다.

1일

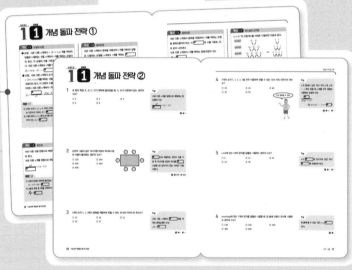

개념 돌파 전략
수능을 대비하기 위해 꼭 알아야 할 핵심
개념을 익힌 뒤, 간단한 문제를 풀며 개념을
잘 이해했는지 확인해 봅니다.

2일, 3일

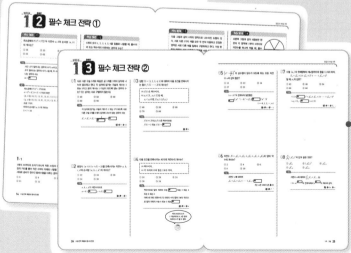

필수 체크 전략
기출문제에서 선별한 대표 유형 문제와 쌍둥이
문제를 함께 풀며 문제에 접근하는 과정과 해결
전략을 체계적으로 익혀 봅니다.

부록 수능에 꼭 나오는 필수 유형 ZIP

본 책에서 다룬 대표 유형과 그 해결 전략을 집중적으로
연습할 수 있도록 권두 부록을 구성했습니다.
부록을 뜯으면 미니북으로 활용할 수 있습니다.

주 마무리 코너

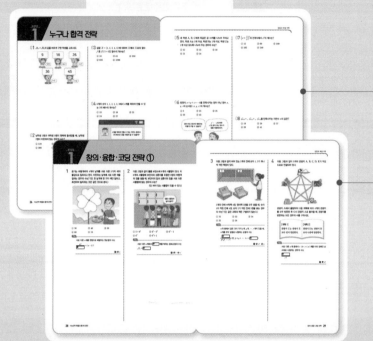

누구나 합격 전략
수능 유형에 맞춘 기초 연습 문제를 풀며
학습 자신감을 높일 수 있습니다.

창의 · 융합 · 코딩 전략
수능에서 요구하는 융복합적 사고력과
문제 해결력을 기를 수 있습니다.

권 마무리 코너

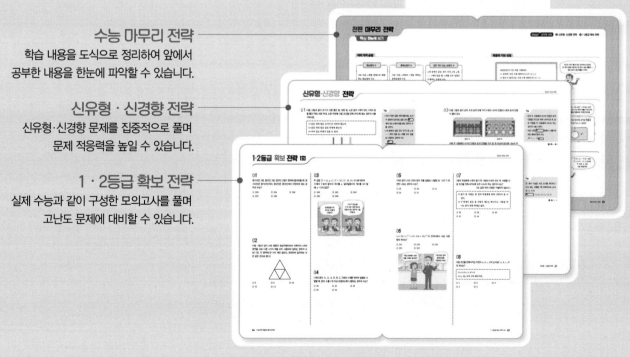

수능 마무리 전략
학습 내용을 도식으로 정리하여 앞에서
공부한 내용을 한눈에 파악할 수 있습니다.

신유형 · 신경향 전략
신유형·신경향 문제를 집중적으로 풀며
문제 적응력을 높일 수 있습니다.

1 · 2등급 확보 전략
실제 수능과 같이 구성한 모의고사를 풀며
고난도 문제에 대비할 수 있습니다.

이 책의 차례

BOOK 1

WEEK 1

경우의 수

1일 개념 돌파 전략 ①, ② 008

2일 필수 체크 전략 ①, ② 014

3일 필수 체크 전략 ①, ② 020

🌱 누구나 합격 전략 026

🌱 창의·융합·코딩 전략 ①, ② 028

WEEK 2

확률

1일 개념 돌파 전략 ①, ② 034

2일 필수 체크 전략 ①, ② 040

3일 필수 체크 전략 ①, ② 046

🌱 누구나 합격 전략 052

🌱 창의·융합·코딩 전략 ①, ② 054

🌱 전편 마무리 전략 058

🌱 신유형·신경향 전략 060

🌱 1·2등급 확보 전략 064

BOOK 2

WEEK 1

이항분포

1일 개념 돌파 전략 ①, ② ·············· 008

2일 필수 체크 전략 ①, ② ·············· 014

3일 필수 체크 전략 ①, ② ·············· 020

🌱 누구나 합격 전략 ·············· 026

🌱 창의·융합·코딩 전략 ①, ② ·············· 028

WEEK 2

정규분포와 통계적 추정

1일 개념 돌파 전략 ①, ② ·············· 034

2일 필수 체크 전략 ①, ② ·············· 040

3일 필수 체크 전략 ①, ② ·············· 046

🌱 누구나 합격 전략 ·············· 052

🌱 창의·융합·코딩 전략 ①, ② ·············· 054

🌱 후편 마무리 전략 ·············· 058

🌱 신유형·신경향 전략 ·············· 060

🌱 1·2등급 확보 전략 ·············· 064

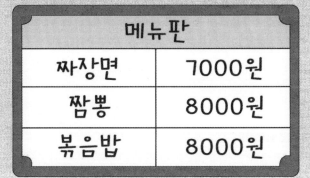

개념 돌파 전략 ①

개념 01 순열과 조합

❶ 순열: 서로 다른 n개에서 r $(0<r\leq n)$개를 택하여 일렬로 나열하는 것을 n개에서 r개를 택하는 순열이라 하고, 이 순열의 수를 기호로 $_n\mathrm{P}_r$와 같이 나타낸다. 서로 다른 n개에서 r개를 택하는 순열의 수는

$$_n\mathrm{P}_r=n(n-1)\cdots(\boxed{❶})$$

❷ 조합: 서로 다른 n개에서 순서를 생각하지 않고 r $(0<r\leq n)$개를 택하는 것을 n개에서 r개를 택하는 조합이라 하고, 이 조합의 수를 기호로 $_n\mathrm{C}_r$와 같이 나타낸다. 서로 다른 n개에서 r개를 택하는 조합의 수는

$$_n\mathrm{C}_r=\frac{\boxed{❷}}{r!}=\frac{n(n-1)\cdots(n-r+1)}{r!}$$

답 ❶ $n-r+1$ ❷ $_n\mathrm{P}_r$

확인 01

① 5개의 숫자 1, 2, 3, 4, 5에서 3개의 숫자를 택하여 만들 수 있는 자연수의 개수는 $_5\mathrm{P}_3=\boxed{❶}$

② 3개의 문자 a, b, c에서 순서를 생각하지 않고 2개를 택하는 경우의 수는 $_3\mathrm{C}_2=\boxed{❷}$

답 ❶ 60 ❷ 3

개념 02 원순열

서로 다른 것을 원형으로 배열하는 순열을 $\boxed{❶}$이라 한다.
서로 다른 n개를 원형으로 배열하는 원순열의 수는

$$\frac{n!}{\boxed{❷}}=(n-1)!$$

답 ❶ 원순열 ❷ n

확인 02

① 4명의 학생이 원탁에 둘러앉는 경우의 수는
$(4-1)!=3!=\boxed{❶}$

② 4명의 학생 중 3명을 선택하여 원탁에 둘러앉는 경우의 수는
$\dfrac{_4\mathrm{P}_3}{3}=\boxed{❷}$

답 ❶ 6 ❷ 8

개념 03 중복순열

서로 다른 n개에서 중복을 허용하여 r개를 택하여 일렬로 나열하는 순열을 n개에서 r개를 택하는 $\boxed{❶}$이라 하고, 이 중복순열의 수를 기호로 $_n\Pi_r$와 같이 나타낸다.
서로 다른 n개에서 r개를 택하는 중복순열의 수는

$$_n\Pi_r=\boxed{❷}$$

답 ❶ 중복순열 ❷ n^r

확인 03

3개의 숫자 1, 2, 3으로 중복을 허용하여 만들 수 있는 두 자리 자연수의 개수는

$$_3\Pi_2=\boxed{❶}$$

답 ❶ 9

개념 04 같은 것이 있는 순열

n개 중에서 같은 것이 각각 p개, q개, $\cdots$, r개씩 있을 때, n개를 모두 일렬로 나열하는 순열의 수는

$$\frac{\boxed{❶}}{p!q!\cdots r!} \quad (\text{단, } p+q+\cdots+r=\boxed{❷})$$

답 ❶ $n!$ ❷ n

확인 04

3개의 문자 a, a, b를 일렬로 나열하는 경우의 수는

$$\frac{3!}{2!}=\boxed{❶}$$

답 ❶ 3

개념 **05** 중복조합

서로 다른 n개에서 중복을 허용하여 r개를 택하는 조합을 중복조합이라 하고, 이 **❶**[   ]의 수를 기호로 $_n\mathrm{H}_r$ 와 같이 나타낸다.

서로 다른 n개에서 r개를 택하는 중복조합의 수는

$$_n\mathrm{H}_r = \boxed{②}$$

답 ❶ 중복조합 ❷ $_{n+r-1}\mathrm{C}_r$

확인 05

5개의 문자 $a,\ b,\ c,\ d,\ e$에서 중복을 허용하여 3개를 택하는 경우의 수는

$$_5\mathrm{H}_3 = {_{5+3-1}\mathrm{C}_3} = \boxed{❶}$$

답 ❶ 35

개념 **06** 이항정리

❶ 자연수 n에 대하여 $(a+b)^n$의 전개식을 조합의 수를 이용하여 나타내면 다음과 같고, 이를 **❶**[   ]라 한다.

$$(a+b)^n = {_n\mathrm{C}_0}a^n + \cdots + {_n\mathrm{C}_r}a^{n-r}b^r + \cdots + {_n\mathrm{C}_n}b^n$$

이때 $_n\mathrm{C}_r a^{n-r}b^r$을 $(a+b)^n$의 전개식의 일반항이라 한다.

❷ 이항계수: $(a+b)^n$의 전개식에서 각 항의 계수 $_n\mathrm{C}_0,\ \cdots,\ _n\mathrm{C}_r,\ \cdots,\ _n\mathrm{C}_n$을 **❷**[   ]라 한다.

답 ❶ 이항정리 ❷ 이항계수

확인 06

이항정리를 이용하여 $(a+b)^4$의 전개식을 구하면

$$(a+b)^4 = {_4\mathrm{C}_0}a^4 + {_4\mathrm{C}_1}\boxed{❶} + {_4\mathrm{C}_2}a^2b^2 + {_4\mathrm{C}_3}ab^3 + {_4\mathrm{C}_4}b^4$$
$$= a^4 + 4a^3b + 6a^2b^2 + \boxed{❷}ab^3 + b^4$$

답 ❶ a^3b ❷ 4

개념 **07** 파스칼의 삼각형

$(a+b)^n$의 이항계수를 차례로 나열하면 다음과 같다.

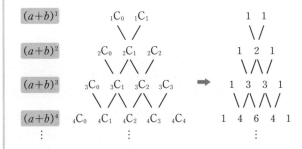

이와 같은 이항계수의 배열을 **❶**[   ]이라 한다.

이때 각 단계의 수는 그 위 단계의 이웃하는 두 수의 합과 같으므로

$$_n\mathrm{C}_r = {_{n-1}\mathrm{C}_{r-1}} + \boxed{②}$$

(단, $1 \le r < n$)

답 ❶ 파스칼의 삼각형 ❷ $_{n-1}\mathrm{C}_r$

확인 07

$_n\mathrm{C}_7 = {_{n-1}\mathrm{C}_7} + {_{n-1}\mathrm{C}_8}$을 만족시키는 자연수 n의 값을 구하여 보자.

$_{n-1}\mathrm{C}_7 + {_{n-1}\mathrm{C}_8} = \boxed{❶}$이므로 $_n\mathrm{C}_7 = {_n\mathrm{C}_8}$

이때 $_n\mathrm{C}_7 = {_n\mathrm{C}_{n-7}} = {_n\mathrm{C}_8}$이므로 $n-7 = \boxed{②}$ $\quad \therefore n=15$

답 ❶ $_n\mathrm{C}_8$ ❷ 8

개념 **08** 이항계수의 성질

이항정리를 이용하여 $(1+x)^n$을 전개하면

$$(1+x)^n = {_n\mathrm{C}_0} + {_n\mathrm{C}_1}x + {_n\mathrm{C}_2}x^2 + \cdots + {_n\mathrm{C}_n}x^n$$

이다. 이를 이용하면 자연수 n에 대하여 다음과 같은 이항계수의 성질을 알 수 있다.

❶ $x=1$일 때

$$_n\mathrm{C}_0 + {_n\mathrm{C}_1} + {_n\mathrm{C}_2} + \cdots + {_n\mathrm{C}_n} = \boxed{❶}$$

❷ $x=-1$일 때

$$_n\mathrm{C}_0 - {_n\mathrm{C}_1} + {_n\mathrm{C}_2} - {_n\mathrm{C}_3} + \cdots + (-1)^n {_n\mathrm{C}_n} = \boxed{②}$$

답 ❶ 2^n ❷ 0

확인 08

① $_{10}\mathrm{C}_0 + {_{10}\mathrm{C}_1} + {_{10}\mathrm{C}_2} + \cdots + {_{10}\mathrm{C}_{10}} = \boxed{❶}$

② $_{10}\mathrm{C}_0 - {_{10}\mathrm{C}_1} + {_{10}\mathrm{C}_2} - {_{10}\mathrm{C}_3} + \cdots + {_{10}\mathrm{C}_{10}} = \boxed{②}$

답 ❶ 2^{10} ❷ 0

WEEK 1 DAY 1 개념 돌파 전략 ②

1 네 명의 학생 A, B, C, D가 원탁에 둘러앉을 때, A, B가 이웃하여 앉는 경우의 수는?

① 2   ② 3   ③ 4

④ 5   ⑤ 6

Tip

서로 다른 n개를 원형으로 배열하는 원순열의 수는

$$\frac{n!}{\boxed{\textbf{1}}}=(n-1)!$$

답 ❶ n

2 오른쪽 그림과 같은 직사각형 모양의 탁자에 6명의 사람이 둘러앉는 경우의 수는?

① 120   ② 240

③ 360   ④ 480

⑤ 600

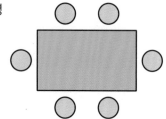

Tip

$\boxed{\textbf{1}}$으로 배열하는 경우의 수를 구한 후 직사각형 모양의 탁자를 $\boxed{\textbf{2}}$ 시켰을 때 겹쳐지지 않는 자리의 수를 구한다.

답 ❶ 원형 ❷ 회전

3 3개의 숫자 1, 2, 3에서 중복을 허용하여 만들 수 있는 세 자리 자연수의 개수는?

① 15   ② 18   ③ 21

④ 24   ⑤ 27

Tip

서로 다른 n개에서 $\boxed{\textbf{1}}$개를 택하는 중복순열의 수는

$${}_n\Pi_r=\boxed{\textbf{2}}$$

답 ❶ r ❷ n^r

4 5개의 숫자 1, 1, 2, 3, 3을 모두 이용하여 만들 수 있는 다섯 자리 자연수의 개수는?

① 30   ② 35   ③ 40

④ 45   ⑤ 50

1!은 생략할 수 있어.

Tip

n개 중에서 같은 것이 각각 p개, q개, $\cdots$, r개씩 있을 때, n개를 모두 일렬로 나열하는 순열의 수는

$$\frac{\boxed{\text{❶}}}{p!q!\cdots r!}$$

(단, $p+q+\cdots+r=\boxed{\text{❷}}$)

달 ❶ $n!$ ❷ n

5 cool에 있는 4개의 문자를 일렬로 나열하는 경우의 수는?

① 6   ② 12   ③ 18

④ 24   ⑤ 30

Tip

o가 $\boxed{\text{❶}}$개 있으므로 같은 것이 $\boxed{\text{❷}}$개 포함되어 있다.

달 ❶ 2 ❷ 2

6 meeting에 있는 7개의 문자를 일렬로 나열할 때, 양 끝에 모음이 오도록 나열하는 경우의 수는?

① 120   ② 240   ③ 360

④ 480   ⑤ 600

Tip

양 끝에 올 수 있는 것은 e, e, $\boxed{\text{❶}}$ 이다.

달 ❶ i

7 초코우유, 바나나우유, 딸기우유 중에서 4개의 우유를 택하는 경우의 수는?
(단, 세 종류의 우유는 각각 4개 이상이고, 같은 종류의 우유는 서로 구별하지 않는다.)

① 12   ② 13   ③ 14

④ 15   ⑤ 16

Tip

서로 다른 n개에서 **❶**〔   〕개를 택하는 중복조합의 수는

$_n\mathrm{H}_r = $ **❷**〔   〕C_r

🅑 **❶** r **❷** $n+r-1$

8 방정식 $x+y=8$을 만족시키는 음이 아닌 정수 x, y의 순서쌍 (x, y)의 개수는?

① 6   ② 7   ③ 8

④ 9   ⑤ 10

Tip

방정식 $x_1+x_2+\cdots+x_m=n$
$\qquad\qquad\qquad$ (m, n은 자연수)
을 만족시키는 음이 아닌 정수 $x_1, x_2,$ $\cdots, x_m$의 순서쌍 $(x_1, x_2, \cdots, x_m)$의 개수는

❶〔   〕H**❷**〔   〕

🅑 **❶** m **❷** n

9 $(x+y+z)^5$의 전개식에서 서로 다른 항의 개수는?

① 19   ② 20   ③ 21

④ 22   ⑤ 23

Tip

$(x+y+z)^5$의 전개식은 **❶**〔   〕개의 인수 **❷**〔   〕에서 각각 x 또는 y 또는 z를 하나씩 택하여 곱한 항을 모두 더한 것이다.

🅑 **❶** 5   **❷** $x+y+z$

10 $(x+2)^5$의 전개식에서 x의 계수는?

① 80   ② 90   ③ 100

④ 110   ⑤ 120

> **Tip**
>
> $(a+b)^n$의 전개식의 일반항은
>
> $$_{\boxed{①}}C_r a^{n-r}b^{\boxed{②}}$$
>
> $$(r=0, 1, 2, \cdots, n)$$
>
> 답 ❶ n ❷ r

11 $_3C_0+_4C_1+_5C_2+_6C_3+\cdots+_{10}C_7$의 값은?

① 210   ② 240   ③ 270

④ 300   ⑤ 330

$_3C_0=_4C_0$임을 이용해 봐!

> **Tip**
>
> $\boxed{①}$ 에 의하여
>
> $$_nC_r=_{n-1}C_{r-1}+\boxed{②} \quad (1\le r<n)$$
>
> 답 ❶ 파스칼의 삼각형 ❷ $_{n-1}C_r$

12 $_5C_1+_5C_2+_5C_3+_5C_4+_5C_5$의 값은?

① 28   ② 29   ③ 30

④ 31   ⑤ 32

> **Tip**
>
> n이 자연수일 때
>
> $$_nC_0+_nC_1+_nC_2+\cdots+_nC_n=\boxed{①}$$
>
> 답 ❶ 2^n

핵심 예제 01

최소공배수가 $2^2 \times 3^3$인 두 자연수 a, b의 순서쌍 (a, b)의 개수는?

① 25   ② 35   ③ 45

④ 55   ⑤ 65

Tip

사건 A가 일어나는 경우의 수가 m이고, 그 각각에 대하여 사건 B가 일어나는 경우의 수가 n일 때, 두 사건 A, B가 동시에 일어나는 경우의 수는

$m \times \boxed{❶}$

답 ❶ n

풀이

최소공배수가 $2^2 \times 3^3$이므로

$a = 2^p \times 3^q$, $b = 2^r \times 3^s$이라 하면

(p, r)는 $(0, 2), (1, 2), (2, 2), (2, 1), (2, 0)$으로 5가지

(q, s)는 $(0, 3), (1, 3), (2, 3), (3, 3), (3, 2), (3, 1), (3, 0)$으로 7가지

따라서 순서쌍 (a, b)의 개수는

$5 \times 7 = 35$

답 ②

핵심 예제 02

6개의 숫자 1, 2, 3, 4, 5, 6을 일렬로 나열할 때, 홀수끼리 또는 짝수끼리 이웃하는 경우의 수는?

① 216   ② 234   ③ 252

④ 270   ⑤ 288

Tip

- 서로 다른 n개에서 r개를 택하는 순열의 수는

$$_nP_r = n \times (n-1) \times (n-2) \times \cdots \times \{n - (\boxed{❶})\}$$

- $\boxed{❷} = n \times (n-1) \times (n-2) \times \cdots \times 2 \times 1$

답 ❶ $r-1$ ❷ $n!$

풀이

(i) 홀수끼리 이웃하는 경우

홀수 1, 3, 5를 한 묶음으로 생각하여 4개의 문자를 일렬로 나열하는 경우의 수와 같으므로 $4! \times 3! = 144$

(ii) 짝수끼리 이웃하는 경우

짝수 2, 4, 6을 한 묶음으로 생각하여 4개의 문자를 일렬로 나열하는 경우의 수와 같으므로 $4! \times 3! = 144$

(iii) 홀수끼리 이웃하고, 짝수끼리 이웃하는 경우

홀수 1, 3, 5를 한 묶음, 짝수 2, 4, 6을 한 묶음으로 생각하여 2개의 문자를 일렬로 나열하는 경우의 수와 같으므로

$2! \times 3! \times 3! = 72$

(i)~(iii)에서 구하는 경우의 수는

$144 + 144 - 72 = 216$

답 ①

한 묶음 안에서 자리를 바꾸는 경우의 수도 생각해야 해.

1-1

1에서 30까지의 숫자가 하나씩 적힌 30장의 카드에서 임의로 3장의 카드를 뽑아 작은 수부터 차례로 나열할 때, 이 세 수가 순서대로 공비가 정수인 등비수열을 이루는 경우의 수는?

① 8   ② 9   ③ 10

④ 11   ⑤ 12

2-1

5개의 문자 a, b, c, d, e를 일렬로 나열할 때, a와 b 사이에 2개 이상의 문자가 있는 경우의 수는?

① 24   ② 36   ③ 48

④ 60   ⑤ 72

핵심 예제 03

다음 그림과 같이 6개의 영역으로 나누어진 도형이 있다. 서로 다른 3가지 색을 모두 두 번씩 이용하고 인접한 영역은 서로 다른 색을 칠해서 구분하려고 한다. 가장 왼쪽의 영역과 가장 오른쪽의 영역에 서로 다른 색을 칠하는 경우의 수를 구하시오.

(단, 한 영역은 한 가지 색만 칠한다.)

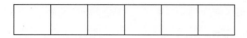

Tip

규칙성을 찾기 어려운 경우의 수를 구할 때는 ❶〔　〕를 이용한다. 이때 ❷〔　〕되거나 빠진 것이 없도록 주의한다.

📋 ❶ 수형도 ❷ 중복

풀이

서로 다른 3가지 색을 1, 2, 3이라 하고, 가장 왼쪽의 영역에 1을 칠하는 경우를 수형도로 나타내면 다음과 같다.

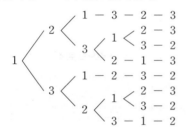

이때 가장 왼쪽의 영역에 2, 3을 칠하는 경우의 수도 같으므로 구하는 경우의 수는 $3 \times 8 = 24$

📋 24

3-1

다음 그림과 같이 정육면체 ABCD-EFGH가 있다. 꼭짓점 A에서 출발하여 모서리를 따라 움직여 모든 꼭짓점을 한 번씩만 지나는 경우의 수를 구하시오.

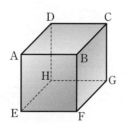

핵심 예제 04

오른쪽 그림과 같이 6등분한 원판의 각 영역에 1부터 6까지의 자연수를 하나씩 적을 때, 홀수와 짝수가 교대로 적히는 경우의 수는? (단, 회전하여 일치하는 것은 같은 것으로 본다.)

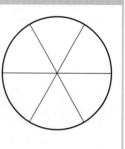

① 10　　　② 12　　　③ 14
④ 16　　　⑤ 18

Tip

서로 다른 n개를 원형으로 배열하는 원순열의 수는

$$\frac{\boxed{}}{n} = (n-1)!$$

📋 ❶ $n!$

풀이

홀수 1, 3, 5를 3개의 영역에 적는 경우의 수는
$(3-1)! = 2! = 2$
원판에 적힌 홀수 사이사이의 3개의 영역에 짝수 2, 4, 6을 적는 경우의 수는
${}_3P_3 = 3! = 6$
따라서 구하는 경우의 수는
$2 \times 6 = 12$

📋 ②

4-1

다음 그림과 같은 정삼각형 모양의 탁자에 7명의 학생 중에서 3명이 둘러앉는 경우의 수는?

(단, 회전하여 일치하는 것은 같은 것으로 본다.)

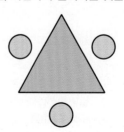

① 35　　　② 70　　　③ 105
④ 140　　　⑤ 175

핵심 예제 05

오른쪽 그림과 같은 정육면체의 각 면에 서로 다른 6가지 색을 모두 이용하여 칠하는 경우의 수를 구하시오. (단, 한 면에 한 가지 색만 칠하고, 회전하여 일치하는 것은 같은 것으로 본다.)

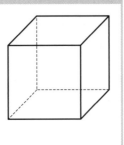

Tip

정육면체의 한 면에 한 가지 색을 칠하여 고정하면 마주 보는 면에 색을 칠하는 경우의 수가 정해지고, 나머지 4가지 색을 옆면에 칠하는 경우의 수는 서로 다른 **❶** 가지 색을 원형으로 배열하는 **❷** 의 수와 같다.

답 ❶ 4 ❷ 원순열

풀이

정육면체의 한 면에 한 가지 색을 칠하면 마주 보는 면에 색을 칠하는 경우의 수는 5이고, 두 면에 칠한 색을 제외한 4가지 색을 옆면에 칠하는 경우의 수는

$(4-1)!=3!=6$

따라서 구하는 경우의 수는

$5 \times 6 = 30$

답 30

5-1

오른쪽 그림은 정사면체 $V-ABC$에서 모서리 VA, VB, VC의 중점 P, Q, R를 지나는 평면으로 잘라 내어 만든 입체도형 $PQR-ABC$이다. 이 입체도형의 각 면에 서로 다른 5가지 색을 모두 이용하여 칠하는 경우의 수는? (단, 한 면에 한 가지 색만 칠하고, 회전하여 일치하는 것은 같은 것으로 본다.)

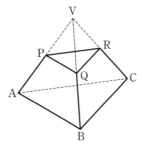

① 10   ② 20   ③ 30
④ 40   ⑤ 50

핵심 예제 06

5개의 숫자 1, 2, 3, 4, 5에서 중복을 허용하여 세 자리 자연수를 만들 때, 홀수인 것의 개수는?

① 55   ② 60   ③ 65
④ 70   ⑤ 75

Tip

서로 다른 n개에서 **❶** 개를 택하는 중복순열의 수는

$_n\Pi_r =$ **❷**

답 ❶ r ❷ n^r

풀이

일의 자리의 숫자가 될 수 있는 것은 1, 3, 5로 3개

백의 자리, 십의 자리의 숫자를 택하는 경우의 수는 5개의 숫자 1, 2, 3, 4, 5에서 2개를 택하는 중복순열의 수와 같으므로

$_5\Pi_2 = 5^2 = 25$

따라서 구하는 자연수의 개수는

$3 \times 25 = 75$

답 ⑤

6-1

10개의 숫자 0, 1, 2, …, 9에서 중복을 허용하여 네 자리 자연수를 만들 때, 짝수인 것의 개수는?

① 4250   ② 4500   ③ 4750
④ 5000   ⑤ 5250

6-2

6개의 숫자 1, 2, 3, 5, 7, 9에서 중복을 허용하여 세 자리 자연수를 만들 때, 700보다 작은 것의 개수를 구하시오.

핵심 예제 07

5개의 숫자 0, 1, 1, 2, 2를 모두 이용하여 만들 수 있는 다섯 자리 자연수의 개수는?

① 16   ② 20   ③ 24

④ 28   ⑤ 32

Tip

n개 중에서 같은 것이 각각 p개, q개, $\cdots$, r개씩 있을 때, n개를 모두 일렬로 나열하는 순열의 수는

$$\frac{\boxed{❶}}{p!q! \cdots r!} \ (\text{단}, \ p+q+ \cdots +r=\boxed{❷})$$

답 ❶ $n!$ ❷ n

풀이

5개의 숫자 0, 1, 1, 2, 2를 일렬로 나열하는 경우의 수는

$$\frac{5!}{2!2!}=30$$

만의 자리의 숫자가 0일 때, 나머지 4개의 숫자 1, 1, 2, 2를 일렬로 나열하는 경우의 수는 $\dfrac{4!}{2!2!}=6$

따라서 구하는 자연수의 개수는

$$30-6=24$$

답 ③

7-1

7개의 문자 a, a, a, b, c, d, d를 일렬로 나열할 때, 양 끝에 서로 다른 문자가 오는 경우의 수는?

① 300   ② 320   ③ 340

④ 360   ⑤ 380

7-2

6개의 숫자 1, 2, 3, 4, 5, 6을 일렬로 나열할 때, 1, 3, 5는 이 순서대로 나열하는 경우의 수를 구하시오.

핵심 예제 08

다음 그림과 같은 도로망이 있다. A 지점에서 P 지점을 거쳐 B 지점까지 최단 거리로 가는 경우의 수를 구하시오.

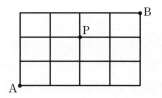

Tip

A 지점에서 P 지점을 거쳐 B 지점까지 최단 거리로 가는 경우의 수는

(A 지점에서 $\boxed{❶}$ 지점까지 최단 거리로 가는 경우의 수)

$\times (\boxed{❷}$ 지점에서 B 지점까지 최단 거리로 가는 경우의 수)

답 ❶ P ❷ P

풀이

A 지점에서 P 지점까지 최단 거리로 가는 경우의 수는

$$\frac{4!}{2!2!}=6$$

P 지점에서 B 지점까지 최단 거리로 가는 경우의 수는

$$\frac{3!}{2!}=3$$

따라서 구하는 경우의 수는

$$6 \times 3=18$$

답 18

8-1

다음 그림과 같은 도로망이 있다. A 지점에서 P 지점과 Q 지점을 모두 거치지 않고 B 지점까지 최단 거리로 가는 경우의 수를 구하시오.

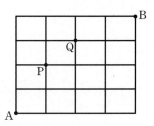

필수 체크 전략 ②

01 $_n\Pi_2 - {_7C_4} = {_nP_2} - {_5\Pi_2}$를 만족시키는 자연수 n의 값은?

(단, $n \geq 2$)

① 10　　　② 11　　　③ 12

④ 13　　　⑤ 14

> **Tip**
>
> 자연수 k $(k \geq 4)$에 대하여
>
> $_k\Pi_2 = $ ⓵ ▢
>
> $_kC_4 = \dfrac{k(k-1)(k-2)(k-3)}{4!}$
>
> $_kP_2 = $ ⓶ ▢
>
> 답 ⓵ k^2 ⓶ $k(k-1)$

02 1부터 6까지의 숫자가 하나씩 적힌 6장의 카드를 한 장씩 들고 있는 6명의 학생 중에서 4명의 학생이 다음 그림과 같은 원탁에 둘러앉으려고 한다. 원탁에 둘러앉은 학생들이 들고 있는 카드에 적힌 수의 합이 3의 배수가 되는 경우의 수는?

(단, 회전하여 일치하는 것은 같은 것으로 본다.)

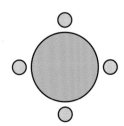

① 18　　　② 24　　　③ 30

④ 36　　　⑤ 42

> **Tip**
>
> 서로 다른 n개를 원형으로 배열하는 원순열의 수는
>
> $\dfrac{n!}{⓵▢} = (n-1)!$
>
> 답 ⓵ n

03 다음 그림과 같이 6등분한 정삼각형의 각 영역 중 5개의 영역에 서로 다른 5가지 색을 모두 이용하여 칠하는 경우의 수는? (단, 한 영역에 한 가지 색만 칠하고, 회전하여 겹쳐지는 것은 같은 것으로 본다.)

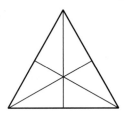

① 210　　　② 220　　　③ 230

④ 240　　　⑤ 250

> **Tip**
>
> • 6개의 영역에 서로 다른 6가지 색을 칠하는 경우의 수는 $(⓵▢ -1)!$
>
> • 6등분한 정삼각형을 회전시켰을 때 겹쳐지지 않는 자리의 수는 ⓶ ▢
>
> 답 ⓵ 6 ⓶ 2

04 121, 12021, 1578751, …과 같이 앞으로 읽어도, 뒤로 읽어도 같은 수가 되는 수를 대칭수라 한다. 다섯 자리 자연수 중 대칭수의 개수는?

① 100　　　② 300　　　③ 500

④ 700　　　⑤ 900

> **Tip**
>
> 다섯 자리 자연수가 대칭수이려면 만의 자리와 ⓵ ▢의 숫자가 같고, ⓶ ▢와 십의 자리의 숫자가 같아야 한다.
>
> 답 ⓵ 일의 자리 ⓶ 천의 자리

05

3개의 숫자 1, 2, 3에서 중복을 허용하여 여섯 자리 자연수를 만들 때, 1, 2, 3을 모두 포함하지 않는 자연수의 개수는?

① 189   ② 192   ③ 195

④ 198   ⑤ 201

Tip

3개의 숫자 1, 2, 3에서 2개를 택하고, 선택한 ❶ 개의 숫자에서 중복을 허용하여 만든 여섯 자리 자연수의 개수를 구한다.

이때 ❷ 개의 숫자로 이루어진 여섯 자리 자연수가 중복됨을 주의하자.

답 ❶ 2 ❷ 한

06

두 집합 $X = \{x \mid x$는 14 이하의 소수$\}$, $Y = \{y \mid y$는 12의 양의 약수$\}$에 대하여 X에서 Y로의 함수 f 중 $f(2) \neq 2$인 함수의 개수를 구하시오.

Tip

$X = \{2, 3, 5, 7, 11,$ ❶ $\}$

$Y = \{1, 2, 3, 4,$ ❷ $, 12\}$

답 ❶ 13 ❷ 6

07

다음과 같은 규칙으로 EVGENEIA에 있는 8개의 문자를 나열하는 경우의 수는?

> ㈎ I는 N보다 앞에 오도록 한다.
>
> ㈏ 문자 E는 연속하여 쓰지 않는다.

① 1200   ② 2400   ③ 3600

④ 4800   ⑤ 6000

Tip

n개 중에서 같은 것이 각각 p개, q개, $\cdots$, r개씩 있을 때, n개를 모두 일렬로 나열하는 순열의 수는

$$\frac{\boxed{❶}}{p! q! \cdots r!} \quad (\text{단, } p + q + \cdots + r = \boxed{❷})$$

답 ❶ $n!$ ❷ n

08

다음 그림과 같은 도로망이 있다. A 지점에서 R 지점을 거치지 않고 B 지점까지 최단 거리로 가는 경우의 수를 구하시오.

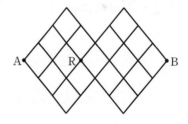

Tip

A 지점에서 R 지점을 거쳐 B 지점까지 최단 거리로 가는 경우의 수는

(A 지점에서 ❶ 지점까지 최단 거리로 가는 경우의 수) × (❷ 지점에서 B 지점까지 최단 거리로 가는 경우의 수)

답 ❶ R ❷ R

핵심 예제 01

1부터 20까지의 자연수가 하나씩 적힌 20장의 카드에서 동시에 2장의 카드를 뽑을 때, 카드에 적힌 두 수의 합이 짝수가 되는 경우의 수는?

① 85   ② 90   ③ 95

④ 100   ⑤ 105

Tip

두 수의 합이 $\boxed{❶}$ 가 되기 위해서는 두 수 모두 홀수이거나 두 수 모두 $\boxed{❷}$ 이어야 한다.

답 ❶ 짝수 ❷ 짝수

풀이

(i) 두 수 모두 홀수인 경우

10개의 자연수 $1, 3, 5, \cdots, 19$에서 2개를 택하는 조합의 수와 같으므로

$_{10}C_2 = 45$

(ii) 두 수 모두 짝수인 경우

10개의 자연수 $2, 4, 6, \cdots, 20$에서 2개를 택하는 조합의 수와 같으므로

$_{10}C_2 = 45$

(i), (ii)에서 구하는 경우의 수는

$45 + 45 = 90$

답 ②

1-1

1부터 6까지의 자연수가 하나씩 적힌 6장의 카드에서 동시에 3장의 카드를 뽑아 세 자리 자연수를 만들 때, 각 자리의 수의 합이 홀수인 경우의 수는?

① 52   ② 54   ③ 56

④ 58   ⑤ 60

핵심 예제 02

서로 다른 5개의 꽃병에 같은 종류의 꽃 8송이를 나누어 꽂을 때, 한 꽃병에 적어도 한 송이의 꽃을 꽂는 경우의 수는?

① 25   ② 30   ③ 35

④ 40   ⑤ 45

Tip

서로 다른 n개에서 $\boxed{❶}$ 개를 택하는 중복조합의 수는

$_nH_r = \boxed{❷}C_r$

답 ❶ r ❷ $n+r-1$

풀이

5개의 꽃병에 꽃을 한 송이씩 꽂은 후, 남은 3송이를 5개의 꽃병에 나누어 꽂으면 되므로 서로 다른 5개에서 3개를 택하는 중복조합의 수와 같다.

따라서 구하는 경우의 수는

$_5H_3 = {}_{5+3-1}C_3 = {}_7C_3 = 35$

답 ③

2-1

커피, 녹차, 밀크티 중에서 밀크티를 적어도 1잔을 포함하여 6잔 이상 8잔 이하의 음료를 주문하는 경우의 수는?

① 85   ② 90   ③ 95

④ 100   ⑤ 105

2-2

치킨, 피자, 짜장면 중에서 k개를 주문하는 경우의 수가 78일 때, 치킨, 피자, 짜장면을 적어도 하나씩 포함하여 k개를 주문하는 경우의 수를 구하시오.

핵심 예제 03

$abc=10^4$을 만족시키는 자연수 a, b, c의 순서쌍 (a, b, c)의 개수는?

① 200　　　② 225　　　③ 250

④ 275　　　⑤ 300

Tip

$x_1+x_2+\cdots+x_m=n$ (m, n은 자연수)을 만족시키는 음이 아닌 정수 $x_1, x_2, \cdots, x_m$의 순서쌍 $(x_1, x_2, \cdots, x_m)$의 개수는

$$\boxed{①}\text{H}\boxed{②}$$

답 ❶ m ❷ n

풀이

$abc=10^4=2^4\times5^4$이므로 $a=2^{x_1}5^{y_1}$, $b=2^{x_2}5^{y_2}$, $c=2^{x_3}5^{y_3}$이라 하면 순서쌍 (a, b, c)의 개수는 $x_1+x_2+x_3=4$, $y_1+y_2+y_3=4$를 만족시키는 음이 아닌 정수 x_n, y_n ($n=1, 2, 3$)의 순서쌍 $(x_1, x_2, x_3, y_1, y_2, y_3)$의 개수와 같다.

따라서 구하는 순서쌍의 개수는

$_3\text{H}_4\times_3\text{H}_4=_{3+4-1}\text{C}_4\times_{3+4-1}\text{C}_4=_6\text{C}_4\times_6\text{C}_4=225$

답 ②

3-1

$(x+y+z)^{13}$의 전개식에서 x, y, z의 차수가 모두 홀수인 서로 다른 항의 개수는?

① 12　　　② 15　　　③ 18

④ 21　　　⑤ 24

3-2

방정식 $a^2(a+b+c)=8$을 만족시키는 음이 아닌 정수 a, b, c의 순서쌍 (a, b, c)의 개수는?

① 3　　　② 5　　　③ 7

④ 9　　　⑤ 11

핵심 예제 04

다음 조건을 만족시키는 음이 아닌 정수 a, b, c, d, e의 순서쌍 (a, b, c, d, e)의 개수는?

| (가) $ab=0$　　　　　　　(나) $a+b+c+d+e=6$ |

① 100　　　② 110　　　③ 120

④ 130　　　⑤ 140

Tip

조건 (가)에서

$a=0, b=0$ 또는 $a\neq\boxed{①}$, $b=0$ 또는 $a=0, b\neq\boxed{②}$

으로 총 세 가지 경우가 존재한다.

답 ❶ 0 ❷ 0

풀이

(i) $a=0, b=0$

　$c+d+e=6$을 만족시키는 음이 아닌 정수 c, d, e의 순서쌍 (c, d, e)의 개수는 $_3\text{H}_6=_{3+6-1}\text{C}_6=_8\text{C}_6=28$

(ii) $a\neq0, b=0$

　$a'=a-1$이라 하면 $a'+c+d+e=5$를 만족시키는 음이 아닌 정수 a', c, d, e의 순서쌍 (a', c, d, e)의 개수와 같으므로
　$_4\text{H}_5=_{4+5-1}\text{C}_5=_8\text{C}_5=56$

(iii) $a=0, b\neq0$

　$b'=b-1$이라 하면 $b'+c+d+e=5$를 만족시키는 음이 아닌 정수 b', c, d, e의 순서쌍 (b', c, d, e)의 개수와 같으므로
　$_4\text{H}_5=_{4+5-1}\text{C}_5=_8\text{C}_5=56$

(i)~(iii)에서 구하는 순서쌍 (a, b, c, d, e)의 개수는

$28+56+56=140$

답 ⑤

4-1

방정식 $a+|b-4|+c=4$를 만족시키는 음이 아닌 정수 a, b, c의 순서쌍 (a, b, c)의 개수는?

① 25　　　② 26　　　③ 27

④ 28　　　⑤ 29

핵심 예제 05

집합 $X=\{-3, -2, -1, 0, 1, 2, 3\}$에 대하여 다음 조건을 만족시키는 함수 $f:X \longrightarrow X$의 개수를 구하시오.

> (가) $x \in X$일 때, $f(-x)=f(x)$
> (나) $x_1 \in X$, $x_2 \in X$일 때,
> $0 \leq x_1 < x_2$이면 $f(x_1) \leq f(x_2)$

Tip

조건 (가)에서

$$f(-3)=f(\boxed{\text{❶}\quad}), f(-2)=f(2), f(\boxed{\text{❷}\quad})=f(1)$$

답 ❶ 3 ❷ -1

풀이

조건 (가)에서 $f(-3)=f(3)$, $f(-2)=f(2)$, $f(-1)=f(1)$이므로 함수 f는 $f(0)$, $f(1)$, $f(2)$, $f(3)$의 값에 의하여 결정된다.

조건 (나)에서 $f(0)$, $f(1)$, $f(2)$, $f(3)$의 값은 서로 다른 7개의 원소 -3, -2, -1, 0, 1, 2, 3에서 4개를 택하여 크기순으로 대응시키면 되므로 서로 다른 7개에서 4개를 택하는 중복조합의 수와 같다.

따라서 구하는 함수 f의 개수는

$${}_7\mathrm{H}_4={}_{7+4-1}\mathrm{C}_4={}_{10}\mathrm{C}_4=210$$

답 210

핵심 예제 06

집합 $X=\{1, 2, 3, 4, 5\}$에 대하여 다음 조건을 만족시키는 함수 $f:X \longrightarrow X$의 개수는?

> (가) $f(1)f(2)=9$ (나) $f(2) \leq f(3) \leq f(4)$

① 25 ② 30 ③ 35
④ 40 ⑤ 45

Tip

조건 (가)에서 $f(1)=3$, $f(2)=\boxed{\text{❶}\quad}$

답 ❶ 3

풀이

조건 (가)에서 $f(1)=3$, $f(2)=3$

조건 (나)에서 $f(3)$, $f(4)$의 값을 정하는 경우의 수는 서로 다른 3개의 원소 3, 4, 5에서 2개를 택하는 중복조합의 수와 같으므로

$${}_3\mathrm{H}_2={}_{3+2-1}\mathrm{C}_2={}_4\mathrm{C}_2=6$$

또 $f(5)$가 될 수 있는 값은 1, 2, 3, 4, 5로 5가지

따라서 구하는 함수 f의 개수는

$$6 \times 5 = 30$$

답 ②

5-1

집합 $X=\{1, 2, 3, 4, 5, 6\}$에 대하여 다음 조건을 만족시키는 함수 $f:X \longrightarrow X$의 개수는?

> (가) $f(6)=5$
> (나) $x_1 \in X$, $x_2 \in X$일 때, $x_1 < x_2$이면 $f(x_1) \leq f(x_2)$

① 114 ② 118 ③ 122
④ 126 ⑤ 130

6-1

두 집합 $X=\{1, 2, 3, 4, 5\}$, $Y=\{3, 5, 7, 9\}$에 대하여 다음 조건을 만족시키는 함수 $f:X \longrightarrow Y$의 개수는?

> (가) $f(1)f(2)f(3) \neq 105$ (나) $f(4) \leq f(5)$

① 580 ② 620 ③ 660
④ 700 ⑤ 740

핵심 예제 07

$\left(x+\dfrac{1}{2x}\right)^5$의 전개식에서 x의 계수는?

① $\dfrac{3}{4}$ ② $\dfrac{5}{4}$ ③ $\dfrac{7}{4}$

④ $\dfrac{5}{2}$ ⑤ $\dfrac{7}{2}$

Tip

$(a+b)^n$의 전개식의 일반항은

$\boxed{①}C_r a^{n-r}b^{\boxed{②}}$ $(r=0, 1, 2, \cdots, n)$

답 **①** n **②** r

풀이

$\left(x+\dfrac{1}{2x}\right)^5$의 전개식의 일반항은

$_5C_r x^{5-r}\left(\dfrac{1}{2x}\right)^r=_5C_r\left(\dfrac{1}{2}\right)^r x^{5-2r}$

$5-2r=1$에서 $r=2$

따라서 x의 계수는

$_5C_2\times\left(\dfrac{1}{2}\right)^2=10\times\dfrac{1}{4}=\dfrac{5}{2}$

답 ④

7-1

2 이상의 자연수 n에 대하여 $(1+x)^{2n}$의 전개식에서 차수가 2 이하인 항의 합을 $f(x)$라 할 때, $f\left(\dfrac{1}{n}\right)\geq\dfrac{29}{6}$를 만족시키는 자연수 n의 최솟값은?

① 5   ② 6   ③ 7

④ 8   ⑤ 9

7-2

111^{11}의 일의 자리, 십의 자리의 수를 각각 a, b라 할 때, $a+b$의 값을 구하시오.

핵심 예제 08

$\sum\limits_{k=0}^{10}(-x)^k=\sum\limits_{k=0}^{10}a_k(1+x)^k$을 만족시키는 상수 a_i 중 a_2의 값은? (단, $i=0, 1, 2, \cdots, 10$)

① 150   ② 155   ③ 160

④ 165   ⑤ 170

Tip

$_2C_2=\boxed{①}C_3, _nC_r=_{n-1}C_{r-1}+\boxed{②}$

답 **①** 3 **②** $_{n-1}C_r$

풀이

$1+x=t$라 하면 $\sum\limits_{k=0}^{10}(1-t)^k=\sum\limits_{k=0}^{10}a_k t^k$

$\sum\limits_{k=0}^{10}(1-t)^k=1+(1-t)+(1-t)^2+\cdots+(1-t)^{10}$

이때 $(1-t)^k$의 전개식의 일반항은

$_kC_r 1^{k-r}(-t)^r=_kC_r(-1)^r t^r$ $(r=0, 1, 2, \cdots, k)$

$r=2$에서 t^2의 계수는 $_kC_2$

$\therefore a_2=_2C_2+_3C_2+_4C_2+_5C_2+\cdots+_{10}C_2$

$=_3C_3+_3C_2+_4C_2+_5C_2+\cdots+_{10}C_2$

$=_4C_3+_4C_2+_5C_2+\cdots+_{10}C_2$

$=_5C_3+_5C_2+\cdots+_{10}C_2$

$\quad\vdots$

$=_{10}C_3+_{10}C_2=_{11}C_3=165$

답 ④

8-1

자연수 $N=_4C_0\times2^5+_4C_1\times2^7+_4C_2\times2^9+_4C_3\times2^{11}+_4C_4\times2^{13}$의 각 자리의 수의 합을 구하시오.

8-2

$\sum\limits_{k=1}^{98}k(k+1)(k+2)$의 값과 같은 것은?

① $_{101}C_4$ ② $3\times_{101}C_4$ ③ $3!\times_{101}C_4$

④ $_{101}P_4$ ⑤ $3!\times_{101}P_4$

01 서로 다른 구슬 5개와 똑같은 공 5개를 3개의 상자에 나누어 담으려고 한다. 각 상자에 담기는 구슬의 개수는 1 또는 2이고 공의 개수는 1 이상이 되도록 담는 경우의 수는? (단, 상자는 서로 구별하지 않는다.)

① 40　　　　② 50　　　　③ 60
④ 80　　　　⑤ 90

Tip

각 상자에 담기는 구슬의 개수가 1 또는 2가 되도록 서로 다른 구슬 5개를 3개의 상자에 나누어 담는 경우의 수는

$$_5C_2 \times _3C_2 \times _1C_1 \times \frac{1}{\boxed{❶}\,!} = \boxed{❷}$$

답 ❶ 2 ❷ 15

02 방정식 $(a+b)(c+d)=25$를 만족시키는 자연수 a, b, c, d의 순서쌍 (a, b, c, d)의 개수는?

① 12　　　　② 16　　　　③ 20
④ 24　　　　⑤ 28

Tip

a, b, c, d가 자연수이므로
$a+b\geq\boxed{❶}$, $c+d\geq\boxed{❷}$

답 ❶ 2 ❷ 2

03 집합 $X=\{1, 2, 3, 4, 5\}$에 대하여 다음 조건을 만족시키는 함수 $f:X \longrightarrow X$의 개수는?

㈎ $f(3)$은 짝수이다.
㈏ $x_1\in X$, $x_2\in X$일 때,
　　$x_1<x_2$이면 $f(x_1)\leq f(x_2)$

① 40　　　　② 50　　　　③ 60
④ 70　　　　⑤ 80

Tip

$f(3)\in X$이고 $f(3)$은 짝수이므로
$f(3)=2$ 또는 $f(3)=\boxed{❶}$

답 ❶ 4

04 다음 조건을 만족시키는 세 자리 자연수의 개수는?

㈎ 짝수이다.
㈏ 각 자리의 수의 합은 7보다 작다.

① 16　　　　② 20　　　　③ 24
④ 30　　　　⑤ 34

Tip

짝수이므로 일의 자리의 수는 $\boxed{❶}$ 또는 2 또는 4 또는 6 또는 8
이때 세 자리 자연수의 각 자리의 수의 합이 7보다 작으므로 일의 자리의 수는 0 또는 2 또는 $\boxed{❷}$

답 ❶ 0 ❷ 4

백의 자리의 수가 1 이상이므로 6, 8은 일의 자리의 수가 될 수 없어.

05 $\left(x^n-\dfrac{1}{x^2}\right)^{10}$ 의 상수항이 양수가 되도록 하는 모든 자연수 n의 값의 합은?

① 11   ② 12   ③ 14

④ 17   ⑤ 21

Tip

$(a-b)^n$의 전개식의 일반항은

$$\boxed{\text{❶}}\,C_r a^{n-r}(-b)^r={}_nC_r(\boxed{\text{❷}})^r a^{n-r}b^r$$

$$(r=0,1,2,\cdots,n)$$

답 ❶ n ❷ -1

06 자연수 $N={}_{11}C_1+{}_{11}C_3+{}_{11}C_5+{}_{11}C_7+{}_{11}C_9$의 양의 약수의 개수는?

① 2   ② 4   ③ 6

④ 8   ⑤ 10

Tip

자연수 n에 대하여

$${}_nC_1+{}_nC_3+{}_nC_5+\cdots+{}_nC_n=\boxed{\text{❶}}$$

(단, n은 1보다 큰 홀수)

답 ❶ 2^{n-1}

07 수열 $\{a_n\}$의 첫째항부터 제n항까지의 합을 S_n이라 하자.

$$S_n={}_nC_1\times2+{}_nC_2\times2^2+\cdots+{}_nC_n\times2^n$$

일 때, a_4의 값은?

① 42   ② 48   ③ 54

④ 60   ⑤ 66

Tip

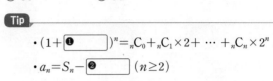

• $(1+\boxed{\text{❶}})^n={}_nC_0+{}_nC_1\times2+\cdots+{}_nC_n\times2^n$

• $a_n=S_n-\boxed{\text{❷}}$ $(n\geq2)$

답 ❶ 2 ❷ S_{n-1}

08 $\displaystyle\sum_{k=0}^{13}({}_{13}C_k)^2$의 값과 같은 것은?

① ${}_{25}C_9$ ② $({}_{13}C_7)^2$ ③ ${}_{25}C_{11}$

④ ${}_{26}C_{11}$ ⑤ ${}_{26}C_{13}$

Tip

자연수 n에 대하여 $\displaystyle\sum_{k=0}^{n}{}_nC_k\times{}_nC_{n-k}$는

$(1+x)^{\boxed{\text{❶}}}$의 전개식에서 $x^{\boxed{\text{❷}}}$의 계수와 같다.

답 ❶ $2n$ ❷ n

누구나 합격 전략

01 $_4\Pi_2 + {}_4\mathrm{H}_2$의 값을 바르게 구한 학생을 고르시오.

02 남학생 2명과 여학생 5명이 원탁에 둘러앉을 때, 남학생 2명이 이웃하여 앉는 경우의 수는?

① 120   ② 180   ③ 240

④ 300   ⑤ 360

03 집합 $X = \{1, 2, 3, 4, 5\}$에 대하여 X에서 X로의 함수 f 중 $f(2) = 3$인 함수의 개수는?

① 16   ② 81   ③ 256

④ 625   ⑤ 1296

04 6개의 숫자 1, 1, 2, 2, 3, 3에서 4개를 택하여 만들 수 있는 3의 배수의 개수는?

① 15   ② 18   ③ 21

④ 24   ⑤ 27

05 세 학생 A, B, C에게 똑같은 공 10개를 나누어 주려고 한다. 학생 A는 3개 이상, 학생 B는 2개 이상, 학생 C는 1개 이상 갖도록 나누어 주는 경우의 수는?

① 12   ② 15   ③ 18

④ 21   ⑤ 24

06 방정식 $x+y+z=-8$을 만족시키는 양이 아닌 정수 x, y, z의 순서쌍 (x, y, z)의 개수는?

① 5   ② 15   ③ 25

④ 35   ⑤ 45

양이 아닌 정수에 대해서는 어떻게 구할 수 있을까?

$x'=-x$라 하면 x'은 음이 아닌 정수가 됨을 이용해 보자.

07 $\left(x+\dfrac{2}{x}\right)^6$의 전개식에서 x^4의 계수는?

① 12   ② 60   ③ 160

④ 192   ⑤ 240

08 $_n\mathrm{C}_{19}={}_{n-1}\mathrm{C}_{19}+{}_{n-1}\mathrm{C}_{20}$을 만족시키는 자연수 n의 값은?

① 19   ② 20   ③ 37

④ 39   ⑤ 41

창의·융합·코딩 전략 ①

1 윤기는 바람개비의 4개의 날개를 서로 다른 5가지 색의 물감으로 칠하려고 한다. 이웃하는 날개에 서로 다른 색을 칠하는 경우의 수는? (단, 한 날개에 한 가지 색만 칠하고, 회전하여 일치하는 것은 같은 것으로 본다.)

① 30   ② 40   ③ 50

④ 60   ⑤ 70

Tip

서로 다른 n개를 원형으로 배열하는 원순열의 수는

$$\frac{n!}{\boxed{①}}=(n-1)!$$

🔲 ❶ n

2 다음 그림과 같이 물품 보관소에 6개의 사물함이 있다. 이 6개의 사물함에 보민이와 성훈이를 포함한 6명의 여행객의 짐을 넣을 때, 보민이의 짐과 성훈이의 짐을 서로 다른 사물함에 넣는 경우의 수는?

(단, 비어 있는 사물함이 있을 수 있다.)

① 5×6^5 ② $6^6 - 5^5$ ③ $6^6 - 1$

④ 6^6 ⑤ $6^6 + 1$

Tip

서로 다른 n개에서 $\boxed{①}$ 개를 택하는 중복순열의 수는

$_n\Pi_r = \boxed{②}$

🔲 ❶ r ❷ n^r

3 다음 그림과 같이 비어 있는 2개의 칸에 숫자 1, 2가 하나씩 적힌 책장이 있다.

2개의 칸에 수학책 4권, 영어책 3권을 모두 꽂을 때, 숫자 1이 적힌 칸에 4권, 숫자 2가 적힌 칸에 3권을 꽂는 경우의 수는? (단, 같은 과목의 책은 구별하지 않는다.)

① 32   ② 33   ③ 34

④ 35   ⑤ 36

Tip

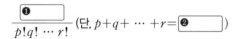

n개 중에서 같은 것이 각각 p개, q개, $\cdots$, r개씩 있을 때, n개를 모두 일렬로 나열하는 순열의 수는

$$\frac{❶}{p!q!\cdots r!} \quad (단, p+q+\cdots+r=❷)$$

답 ❶ $n!$ ❷ n

4 다음 그림과 같이 5개의 관광지 A, B, C, D, E가 직선 도로로 연결되어 있다.

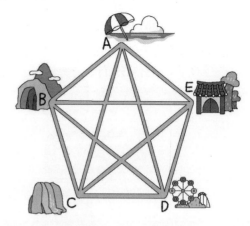

관광지 A에서 출발하여 다음 계획에 따라 4개의 관광지를 모두 방문한 후 다시 관광지 A로 돌아올 때, 관광지를 방문하는 모든 경우의 수를 구하시오.

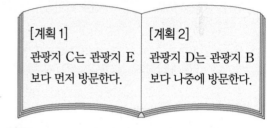

[계획 1]
관광지 C는 관광지 E보다 먼저 방문한다.

[계획 2]
관광지 D는 관광지 B보다 나중에 방문한다.

Tip

서로 다른 n개 중에서 r $(0 < r \le n)$개를 미리 정해진 순서대로 나열하는 경우의 수는

$$\frac{❶}{r!}$$

답 ❶ $n!$

5 다음 그림과 같이 1부터 6까지의 자연수가 각 면에 하나씩 적힌 정육면체 모양의 주사위가 있다.

이 주사위를 던져서 나오는 숫자를 확인하고 다시 던지는 시행을 n번 반복하여 나오는 숫자를 $a_1, a_2, a_3, \cdots, a_n$이라 하자. $a_1 \le a_2 \le a_3 \le \cdots \le a_6 \le 5$를 만족시키는 a_1, $a_2, a_3, \cdots, a_6$의 순서쌍 $(a_1, a_2, a_3, \cdots, a_6)$의 개수는?

① 150 　　② 180 　　③ 210

④ 240 　　⑤ 270

Tip

조건을 만족시키는 순서쌍 $(a_1, a_2, a_3, \cdots, a_6)$의 개수는 서로 다른 5개의 자연수 1, 2, 3, 4, 5에서 ❶ [　　　]개를 택하는 ❷ [　　　]의 수와 같다.

답 ❶ 6 ❷ 중복조합

6 3개의 행과 3개의 열로 구성된 모눈종이에 다음 규칙에 따라 숫자를 써넣는 경우의 수는?

> ㈎ 각 칸에는 4개의 숫자 1, 2, 3, 4에서 1개를 택해 써넣는다.
> ㈏ 같은 행의 칸에 써넣는 숫자는 오른쪽으로 갈수록 커진다.
> ㈐ 같은 열의 칸에 써넣는 숫자는 아래로 갈수록 같거나 커진다.

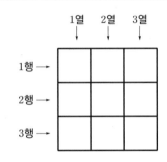

① 15 　　② 20 　　③ 25

④ 30 　　⑤ 35

Tip

조건 ㈎, ㈏에서 같은 행에 3개의 숫자를 써넣는 경우의 수는 4개의 숫자 1, 2, 3, 4에서 ❶ [　　　]개를 택하는 조합의 수와 같으므로 $_4\text{C}_{❷}$

답 ❶ 3 ❷ 3

7 사과 4개, 망고 4개, 파인애플 3개를 서로 다른 3개의 상자에 나누어 담는 경우의 수는? (단, 같은 종류의 과일은 서로 구별하지 않고, 빈 상자가 있을 수 있다.)

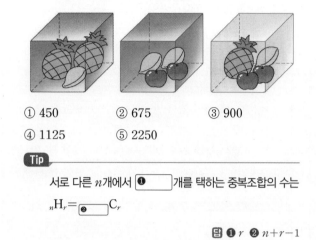

① 450　　② 675　　③ 900

④ 1125　　⑤ 2250

Tip

서로 다른 n개에서 ❶[　　]개를 택하는 중복조합의 수는

$_n\mathrm{H}_r = {}_{❷[\quad]}\mathrm{C}_r$

답 ❶ r ❷ $n+r-1$

8 은진이가 서로 다른 머리 끈 7개와 똑같은 인형 7개 중에서 7개를 택하여 민하에게 선물로 주는 경우의 수는?

이 중에서 7개를 택해 선물로 줄게!

① 127　　② 128　　③ 129

④ 130　　⑤ 131

Tip

민하에게 주는 머리 끈의 개수를 r $(r=0, 1, 2, \cdots, 7)$라 하면 민하에게 주는 인형의 개수는 ❶[　　]

이때 민하에게 주는 머리 끈을 택하는 경우의 수는

$_7\mathrm{C}_{❷[\quad]}$

답 ❶ $7-r$ ❷ r

WEEK 2 확률

공부할 내용   1. 확률의 뜻   2. 확률의 덧셈정리   3. 조건부확률   4. 사건의 독립과 종속

개념 01 사건

표본공간 S의 두 사건 A, B에 대하여

❶ A 또는 B가 일어나는 사건 ⇨ $A \cup B$

❷ A와 B가 동시에 일어나는 사건 ⇨ $A \cap B$

❸ 배반사건: A와 B가 동시에 일어나지 않을 때, 즉

$A \cap B = \boxed{❶ \qquad}$ 일 때, A와 B는 서로 배반사건

이라 한다.

❹ 여사건: 사건 A가 일어나지 않는 사건을 A의 여사

건이라 하고, 기호로 $\boxed{❷ \qquad}$ 와 같이 나타낸다.

답 ❶ $\varnothing$ ❷ A^C

확인 01

한 개의 주사위를 던지는 시행에서 소수의 눈이 나오는 사건을 A,
4의 눈이 나오는 사건을 B라 하면

① $A \cap B = \varnothing$이므로 두 사건 A, B는 서로 $\boxed{❶ \qquad}$

② A의 여사건 $A^C = \{1, 4, \boxed{❷ \qquad}\}$

답 ❶ 배반사건 ❷ 6

개념 02 확률

❶ 수학적 확률: 표본공간 S에서 각각의 근원사건이 일

어날 가능성이 모두 같은 정도로 기대될 때, 사건 A

가 일어날 $\boxed{❶ \qquad}$ 은

$$P(A) = \frac{n(A)}{n(S)}$$

❷ 통계적 확률: 일정한 조건에서 같은 시행을 n번 반복

하였을 때, 사건 A가 일어난 횟수 r_n에 대하여 시행

횟수 n이 커짐에 따라 상대도수 $\dfrac{r_n}{n}$이 일정한 값 p에

가까워지면 이 값 p를 사건 A가 일어날 $\boxed{❷ \qquad}$

이라 한다.

답 ❶ 수학적 확률 ❷ 통계적 확률

확인 02

어느 해 우리나라에서 태어난 신생아의 수는 406243명이고 그중
에서 여자아이의 수는 192179명일 때, 임의로 택한 신생아가 여
자아이일 통계적 확률은 $\boxed{❶ \qquad}$ 이다.

답 ❶ $\dfrac{192179}{406243}$

개념 03 확률의 기본 성질

표본공간이 S인 어떤 시행에서

❶ 임의의 사건 A에 대하여 $0 \leq P(A) \leq 1$

❷ 반드시 일어나는 사건 S에 대하여 $P(S) = \boxed{❶ \qquad}$

❸ 절대로 일어나지 않는 사건 $\varnothing$에 대하여

$P(\varnothing) = \boxed{❷ \qquad}$

답 ❶ 1 ❷ 0

확인 03

① 1개의 동전을 던질 때, 반드시 앞면 또는 뒷면이 나오므로
앞면 또는 뒷면이 나올 확률은 $\boxed{❶ \qquad}$

② 1개의 동전을 던질 때, 앞면과 뒷면이 동시에 나올 수 없으므로
앞면과 뒷면이 동시에 나올 확률은 $\boxed{❷ \qquad}$

답 ❶ 1 ❷ 0

개념 04 확률의 덧셈정리

❶ 두 사건 A, B에 대하여

$P(A \cup B) = P(A) + P(B) - P(A \cap B)$

❷ 두 사건 A, B가 서로 배반사건이면

$P(A \cup B) = \boxed{❶ \qquad}$

참고 사건 A의 여사건 A^C의 확률은

$P(A^C) = 1 - \boxed{❷ \qquad}$

답 ❶ $P(A) + P(B)$ ❷ $P(A)$

확인 04

1개의 주사위를 던질 때, 2의 배수의 눈이 나오는 사건을 A, 3의
배수의 눈이 나오는 사건을 B라 하면

$P(A) = \dfrac{1}{2}$, $P(B) = \dfrac{1}{3}$, $P(A \cap B) = \boxed{❶ \qquad}$

따라서 1개의 주사위를 던질 때, 2의 배수 또는 3의 배수의 눈이
나올 확률은

$P(A \cup B) = \dfrac{1}{2} + \dfrac{1}{3} - \dfrac{1}{6} = \boxed{❷ \qquad}$

답 ❶ $\dfrac{1}{6}$ ❷ $\dfrac{2}{3}$

개념 05 조건부확률

두 사건 A, B에 대하여 확률이 0이 아닌 사건 A가 일어났을 때, 사건 B가 일어날 확률을 사건 A가 일어났을 때의 사건 B의 $\boxed{① \qquad}$이라 하고, 기호로 $\mathrm{P}(B|A)$와 같이 나타낸다.

이때 사건 A가 일어났을 때의 사건 B의 조건부확률은

$$\mathrm{P}(B|A) = \frac{\boxed{②\qquad}}{\mathrm{P}(A)} \ (\text{단}, \mathrm{P}(A) > 0)$$

[답] ❶ 조건부확률 ❷ $\mathrm{P}(A \cap B)$

확인 05

1개의 주사위를 던져서 홀수의 눈이 나왔을 때, 그 눈의 수가 소수일 확률을 구하여 보자.
홀수의 눈이 나오는 사건을 A, 소수의 눈이 나오는 사건을 B라 하면
$A = \{1, 3, 5\}$, $B = \{2, 3, 5\}$, $A \cap B = \{\boxed{①}, 5\}$이므로
$\mathrm{P}(A) = \frac{3}{6} = \frac{1}{2}$, $\mathrm{P}(A \cap B) = \frac{2}{6} = \frac{1}{3}$
따라서 구하는 확률은

$$\mathrm{P}(B|A) = \frac{\mathrm{P}(A \cap B)}{\mathrm{P}(A)} = \frac{\frac{1}{3}}{\frac{1}{2}} = \boxed{②\qquad}$$

[답] ❶ 3 ❷ $\frac{2}{3}$

개념 06 확률의 곱셈정리

$\mathrm{P}(A) > 0$, $\mathrm{P}(B) > 0$인 두 사건 A, B에 대하여

$$\mathrm{P}(A \cap B) = \mathrm{P}(A)\mathrm{P}(B|A) = \mathrm{P}(B)\boxed{①\qquad}$$

[참고] $\boxed{②\qquad} = \dfrac{\mathrm{P}(A \cap B)}{\mathrm{P}(A)}$의 양변에 $\mathrm{P}(A)$를 곱하면 된다.

[답] ❶ $\mathrm{P}(A|B)$ ❷ $\mathrm{P}(B|A)$

확인 06

$\mathrm{P}(A) > 0$, $\mathrm{P}(B) > 0$인 두 사건 A, B에 대하여
$\mathrm{P}(A) = \frac{2}{3}$, $\mathrm{P}(B|A) = \frac{1}{2}$이면

$$\mathrm{P}(A \cap B) = \boxed{①\qquad} \mathrm{P}(B|A) = \frac{2}{3} \times \frac{1}{2} = \boxed{②\qquad}$$

[답] ❶ $\mathrm{P}(A)$ ❷ $\frac{1}{3}$

개념 07 사건의 독립과 종속

❶ 독립: 두 사건 A, B에 대하여 한 사건이 일어나거나 일어나지 않는 것이 다른 사건이 일어날 확률에 아무런 영향을 주지 않을 때, 즉

$$\mathrm{P}(B|A) = \mathrm{P}(B|A^c) = \mathrm{P}(B)$$
$$\text{또는 } \mathrm{P}(A|B) = \mathrm{P}(A|B^c) = \mathrm{P}(A)$$

일 때, 두 사건 A, B는 서로 $\boxed{①\qquad}$이라 한다.

❷ 종속: 두 사건 A, B가 서로 독립이 아닐 때, 즉

$$\mathrm{P}(B|A) \neq \mathrm{P}(B) \text{ 또는 } \mathrm{P}(A|B) \neq \mathrm{P}(A)$$

일 때, 두 사건 A, B는 서로 종속이라 한다.

[참고] 두 사건 A, B가 서로 독립이기 위한 필요충분조건은 $\mathrm{P}(A \cap B) = \boxed{②\qquad}$

$(\text{단}, \mathrm{P}(A) > 0, \mathrm{P}(B) > 0)$

[답] ❶ 독립 ❷ $\mathrm{P}(A)\mathrm{P}(B)$

확인 07

두 사건 A, B가 서로 독립일 때, $\mathrm{P}(A) = \frac{1}{4}$, $\mathrm{P}(B) = \frac{4}{5}$이면

$$\mathrm{P}(A \cap B) = \mathrm{P}(A)\mathrm{P}(B) = \frac{1}{4} \times \frac{4}{5} = \boxed{①\qquad}$$

[답] ❶ $\frac{1}{5}$

개념 08 독립시행의 확률

동일한 시행을 반복하는 경우 각 시행마다 일어나는 사건이 서로 독립일 때, 이러한 시행을 $\boxed{①\qquad}$이라 한다.

1회의 시행에서 사건 A가 일어날 확률이 p일 때, n회의 독립시행에서 사건 A가 r회 일어날 확률은

❶ $_{n}\mathrm{C}_{r}\,p^{r}(1-p)^{n-r}$ (단, $r = 1, 2, 3, \cdots, n-1$)

❷ $r = 0$일 때, $\boxed{②\qquad}$

❸ $r = n$일 때, p^{n}

[답] ❶ 독립시행 ❷ $(1-p)^{n}$

확인 08

1개의 동전을 5번 던져서 앞면이 3번 나올 확률은

$$_{5}\mathrm{C}_{3}\left(\frac{1}{2}\right)^{3}\left(\frac{1}{2}\right)^{2} = \boxed{①\qquad}$$

[답] ❶ $\frac{5}{16}$

1 3개의 숫자 1, 2, 3을 일렬로 나열하여 세 자리 자연수를 만들 때, 이 자연수가 짝수일 확률은?

① $\frac{1}{6}$ ② $\frac{1}{5}$ ③ $\frac{1}{3}$

④ $\frac{1}{2}$ ⑤ $\frac{2}{3}$

Tip
- 3개의 숫자 1, 2, 3을 일렬로 나열하는 경우의 수는 **❶** 이다.
- 세 자리 자연수가 짝수이려면 일의 자리의 숫자는 **❷** 이어야 한다.

답 ❶ 3! ❷ 2

2 A와 B를 포함한 4명을 일렬로 세울 때, A와 B가 이웃할 확률은?

① $\frac{3}{8}$ ② $\frac{1}{2}$ ③ $\frac{5}{8}$

④ $\frac{3}{4}$ ⑤ $\frac{7}{8}$

Tip
- A와 B를 포함한 4명을 일렬로 세우는 경우의 수는 **❶** !
- A와 B가 이웃하게 4명을 일렬로 세우는 경우의 수는 3! × **❷** !

답 ❶ 4 ❷ 2

3 흰 공 3개, 검은 공 2개가 들어 있는 주머니에서 2개의 공을 꺼냈을 때, 두 공이 같은 색일 확률은?

① $\frac{1}{10}$ ② $\frac{1}{5}$ ③ $\frac{3}{10}$

④ $\frac{2}{5}$ ⑤ $\frac{1}{2}$

Tip
- 5개의 공이 들어 있는 주머니에서 2개의 공을 꺼내는 경우의 수는 **❶**
- 두 공이 같은 색인 경우의 수는 **❷**

답 ❶ $_5C_2$ ❷ $_3C_2 + _2C_2$

4 서로 배반인 두 사건 A, B에 대하여

$$P(A) = \frac{1}{3}, \ P(A \cup B) = \frac{5}{6}$$

일 때, $P(B)$의 값은?

① $\dfrac{5}{12}$　　　　② $\dfrac{1}{2}$　　　　③ $\dfrac{7}{12}$

④ $\dfrac{2}{3}$　　　　⑤ $\dfrac{3}{4}$

Tip

• 두 사건 A, B에 대하여
  $P(A \cup B)$
  $= P(A) + P(B) - $ ❶

• 서로 배반인 두 사건 A, B에 대하여
  ❷ $= P(A) + P(B)$

답 ❶ $P(A \cap B)$ ❷ $P(A \cup B)$

5 5개의 숫자 1, 2, 3, 4, 5에서 중복을 허용하여 세 자리 정수를 만들 때, 이 정수가 홀수일 확률은?

① 0　　　　② $\dfrac{1}{5}$　　　　③ $\dfrac{2}{5}$

④ $\dfrac{3}{5}$　　　　⑤ $\dfrac{4}{5}$

Tip

• 5개의 숫자 1, 2, 3, 4, 5에서 중복을 허용하여 만들 수 있는 세 자리 정수의 개수는 ❶

• 세 자리 정수가 홀수이려면 일의 자리의 숫자는 ❷ 이어야 한다.

답 ❶ $_5\Pi_3$ ❷ 1, 3, 5

6 1부터 10까지의 자연수가 하나씩 적힌 10장의 카드가 상자에 들어 있다. 이 상자에서 임의로 3장의 카드를 동시에 꺼낼 때, 꺼낸 카드에 적힌 세 수의 최댓값이 6 이상일 확률은?

① $\dfrac{7}{12}$　　　　② $\dfrac{2}{3}$　　　　③ $\dfrac{3}{4}$

④ $\dfrac{5}{6}$　　　　⑤ $\dfrac{11}{12}$

Tip

꺼낸 카드에 적힌 세 수의 최댓값이 6 이상인 사건을 A라 하면 최댓값이 5 이하인 사건은 ❶ 이다.

답 ❶ A^C

7 키가 서로 다른 5명을 일렬로 세울 때, 앞에서 세 번째 사람이 자신과 이웃한 두 사람보다 키가 작을 확률은?

① $\dfrac{1}{3}$ ② $\dfrac{1}{2}$ ③ $\dfrac{3}{5}$

④ $\dfrac{2}{3}$ ⑤ $\dfrac{3}{4}$

Tip

• 5명을 일렬로 세우는 경우의 수는 **❶**

• 5명을 키가 작은 순서대로 a, b, c, d, e라 하면 앞에서 세 번째에 세울 수 있는 사람은 **❷** , b, c이다.

답 **❶** 5! **❷** a

8 두 사건 A, B에 대하여
$$\mathrm{P}(A)=0.3, \mathrm{P}(A\cap B)=0.2, \mathrm{P}(A|B)=0.4$$
일 때, $\mathrm{P}(A\cup B)$의 값은?

① 0.2   ② 0.3   ③ 0.4

④ 0.5   ⑤ 0.6

Tip

사건 B가 일어났을 때의 사건 A의 조건부확률은

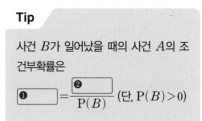

$$\text{❶} = \frac{\text{❷}}{\mathrm{P}(B)} \ (\text{단}, \mathrm{P}(B)>0)$$

답 **❶** $\mathrm{P}(A|B)$ **❷** $\mathrm{P}(A\cap B)$

9 다음 표는 어느 학급의 학생들을 대상으로 동생이 있는지 없는지를 조사한 결과이다.

(단위: 명)

	동생 있음.	동생 없음.
남학생	5	15
여학생	8	7

이 학급에서 임의로 선택한 한 명이 남학생일 때, 그 학생에게 동생이 없을 확률은?

① $\dfrac{7}{12}$ ② $\dfrac{2}{3}$ ③ $\dfrac{3}{4}$

④ $\dfrac{5}{6}$ ⑤ $\dfrac{11}{12}$

Tip

이 학급에서 임의로 한 명을 선택할 때, 남학생인 사건을 A, 동생이 없는 사건을 B라 하면 이 학급에서 임의로 선택한 한 명이 동생이 없는 남학생일 확률은 **❶**

답 **❶** $\mathrm{P}(A\cap B)$

10 흰 공 3개, 검은 공 5개가 들어 있는 주머니에서 임의로 공을 한 개씩 두 번 꺼낼 때, 두 번째 꺼낸 공이 흰 공일 확률은? (단, 꺼낸 공은 다시 넣지 않는다.)

① $\dfrac{1}{8}$　　　　② $\dfrac{1}{4}$　　　　③ $\dfrac{3}{8}$

④ $\dfrac{1}{2}$　　　　⑤ $\dfrac{5}{8}$

흰 공, 흰 공 또는 검은 공, 흰 공의 순서로 공을 뽑을 확률을 구하면 돼.

Tip

첫 번째 꺼낸 공이 흰 공인 사건을 A, 두 번째 꺼낸 공이 흰 공인 사건을 B라 하면

$\mathrm{P}(A)=$ ❶ ▢

$\mathrm{P}(B|A)=$ ❷ ▢

답 ❶ $\dfrac{3}{8}$　❷ $\dfrac{2}{7}$

11 한 개의 동전을 3번 던질 때, 앞면이 2번 나올 확률은 $\dfrac{q}{p}$이다. 서로소인 두 자연수 p, q에 대하여 $p+q$의 값을 구하시오.

Tip

1회의 시행에서 사건 A가 일어날 확률이 p일 때, n회의 독립시행에서 사건 A가 r회 일어날 확률은

$_n\mathrm{C}_r$ ❶ ▢ $^r(1-p)^{❷ ▢}$

(단, $r=0, 1, 2, \cdots, n$)

답 ❶ p　❷ $n-r$

12 다음 그림과 같이 수직선 위를 움직이는 점 P가 원점에 있다. 한 개의 주사위를 던져서 소수의 눈이 나오면 양의 방향으로 2만큼, 그 이외의 눈이 나오면 음의 방향으로 1만큼 점 P를 이동시킨다. 주사위를 4번 던질 때, 점 P의 위치가 2일 확률은?

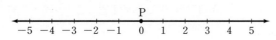

① $\dfrac{3}{8}$　　　　② $\dfrac{1}{2}$　　　　③ $\dfrac{5}{8}$

④ $\dfrac{3}{4}$　　　　⑤ $\dfrac{7}{8}$

Tip

주사위를 4번 던질 때 소수의 눈이 나오는 횟수를 x라 하면 그 이외의 눈이 나오는 횟수는 ❶ ▢

즉 주사위를 4번 던진 후 점 P의 위치는

❷ ▢ $-(4-x)$

답 ❶ $4-x$　❷ $2x$

필수 체크 전략 ①

핵심 예제 01

두 사건 A, B에 대하여 다음 보기에서 옳은 것만을 있는 대로 고르시오.

> 보기
> ㄱ. $P(A \cap B) = P(A)P(B)$
> ㄴ. $P(A \cup B) \leq P(A) + P(B)$
> ㄷ. $P(A \cap B) < P(A \cup B)$

Tip

두 사건 A, B에 대하여

$P(A \cup B) = $ ❶ $\boxed{}$ $+ P(B) - $ ❷ $\boxed{}$

답 ❶ $P(A)$ ❷ $P(A \cap B)$

풀이

ㄱ. 표본공간 $S = \{1, 2, 3, 4, 5, 6\}$에 대하여 두 사건 A, B가
$A = \{1, 2\}$, $B = \{1, 3\}$이면 $A \cap B = \{1\}$
이때

$P(A) = \dfrac{2}{6} = \dfrac{1}{3}$, $P(B) = \dfrac{2}{6} = \dfrac{1}{3}$, $P(A \cap B) = \dfrac{1}{6}$

이므로 $P(A \cap B) \neq P(A)P(B)$

ㄴ. $P(A \cup B) = P(A) + P(B) - P(A \cap B)$
$\leq P(A) + P(B)$

ㄷ. $A = B = \varnothing$이면 $P(A \cup B) = 0$, $P(A \cap B) = 0$이므로
$P(A \cap B) = P(A \cup B)$

따라서 옳은 것은 ㄴ이다.

답 ㄴ

1-1

1부터 12까지의 자연수가 하나씩 적힌 12장의 카드 중에서 임의로 한 장의 카드를 뽑을 때, 카드에 적힌 수가 짝수인 사건을 A, 12의 약수인 사건을 B라 하자. 사건 $A^C \cap B$와 배반인 사건의 개수를 구하시오. (단, A^C는 A의 여사건이다.)

두 사건 A, B가 서로 배반사건이면
$A \cap B = \varnothing$이야!

핵심 예제 02

집합 $A = \{1, 2, 3, 4, 5, 6\}$의 부분집합 X가 다음 조건을 만족시킨다.

> ㈎ 집합 X의 모든 원소의 곱은 짝수이다.
> ㈏ 집합 X의 원소 중에는 3의 배수가 한 개 이상 있다.

집합 A의 모든 부분집합 중에서 임의로 한 개의 집합을 택할 때, 택한 집합이 집합 X일 확률을 구하시오. (단, 집합의 원소가 한 개일 때, 그 원소를 모든 원소의 곱으로 생각한다.)

Tip

집합 A의 원소의 개수가 6이므로
집합 A의 모든 부분집합의 개수는 ❶ $\boxed{}$

답 ❶ 2^6

풀이

집합 A의 부분집합의 개수는 $2^6 = 64$
조건 ㈎, ㈏에서 집합 X는 2, 4, 6 중 한 개 이상을 원소로 가져야 하고, 3, 6 중 한 개 이상을 원소로 가져야 한다.

(i) $6 \in X$이면 조건 ㈎, ㈏를 모두 만족시키므로 집합 X의 개수는 $2^5 = 32$

(ii) $6 \notin X$이면 $3 \in X$이고, 2, 4 중 적어도 하나를 원소로 가져야 한다. 즉 집합 X의 개수는 $2^4 - 2^2 = 12$

(i), (ii)에서 구하는 확률은

$\dfrac{32 + 12}{64} = \dfrac{11}{16}$

답 $\dfrac{11}{16}$

2-1

1부터 5까지의 자연수가 하나씩 적힌 5장의 카드가 주머니에 들어 있다. 이 주머니에서 갑이 임의로 2장의 카드를 뽑고 을이 남은 3장의 카드 중에서 임의로 1장의 카드를 뽑을 때, 갑이 뽑은 2장의 카드에 적힌 수의 곱이 을이 뽑은 카드에 적힌 수보다 작을 확률은?

① $\dfrac{1}{6}$ ② $\dfrac{1}{5}$ ③ $\dfrac{1}{4}$

④ $\dfrac{1}{3}$ ⑤ $\dfrac{1}{2}$

핵심 예제 03

한 개의 주사위를 두 번 던져서 나온 눈의 수를 차례로 a, b 라 할 때, 삼차함수 $f(x)=(x+2)(x-2)(x-5)$에 대하여 $f(a)f(b)<0$이 성립할 확률을 구하시오.

Tip

$f(x)=(x+2)(x-2)(x-5)=0$을 만족시키는 자연수 x의 값은 **❶** [   ] 또는 5이다.

답 ❶ 2

풀이

한 개의 주사위를 두 번 던져서 나오는 경우의 수는

$6\times6=36$

이때

$f(1)>0$, $f(2)=0$, $f(3)<0$, $f(4)<0$, $f(5)=0$, $f(6)>0$

이므로 $f(a)f(b)<0$을 만족시키는 순서쌍 (a, b)의 개수는

$(1, 3)$, $(1, 4)$, $(3, 1)$, $(3, 6)$, $(4, 1)$, $(4, 6)$, $(6, 3)$, $(6, 4)$로 8

따라서 구하는 확률은

$\dfrac{8}{36}=\dfrac{2}{9}$

답 $\dfrac{2}{9}$

3-1

다음 그림과 같이 9개의 수 5^1, 5^2, 5^3, $\cdots$, 5^9이 배열되어 있다. 각 행에서 임의로 한 개씩 선택한 세 수의 곱을 3으로 나눈 나머지가 2가 될 확률은?

5^1	5^2	5^3
5^4	5^5	5^6
5^7	5^8	5^9

① $\dfrac{13}{27}$　　　② $\dfrac{5}{9}$　　　③ $\dfrac{17}{27}$

④ $\dfrac{19}{27}$　　　⑤ $\dfrac{7}{9}$

핵심 예제 04

5개의 숫자 1, 2, 2, 3, 3이 하나씩 적힌 카드로 다섯 자리 자연수를 만들 때, 이 자연수가 23000보다 클 확률은?

① $\dfrac{1}{5}$　　　② $\dfrac{2}{5}$　　　③ $\dfrac{3}{5}$

④ $\dfrac{4}{5}$　　　⑤ $\dfrac{9}{10}$

Tip

n개 중에서 같은 것이 각각 p개, q개, $\cdots$, r개씩 있을 때, n개를 일렬로 나열하는 순열의 수는

$\dfrac{\boxed{❶}}{p!\,q!\,\cdots\,r!}$ (단, $p+q+\cdots+r=\boxed{❷}$)

답 ❶ $n!$ ❷ n

풀이

5개의 숫자 1, 2, 2, 3, 3을 일렬로 나열하는 경우의 수는

$\dfrac{5!}{2!2!}=30$

(i) 23□□□ 꼴인 자연수의 개수

　1, 2, 3을 일렬로 나열하는 경우의 수와 같으므로

　$3!=6$

(ii) 3□□□□ 꼴인 자연수의 개수

　1, 2, 2, 3을 일렬로 나열하는 경우의 수와 같으므로

　$\dfrac{4!}{2!}=12$

(i), (ii)에서 다섯 자리 자연수가 23000보다 큰 경우의 수는

$6+12=18$

따라서 구하는 확률은

$\dfrac{18}{30}=\dfrac{3}{5}$

답 ③

4-1

6개의 문자 A, A, A, B, B, C가 하나씩 적힌 6장의 카드가 있다. 6장의 카드를 한 번씩 사용하여 일렬로 나열할 때, 양 끝에 다른 문자가 적힌 카드가 나올 확률을 구하시오.

핵심 예제 05

집합 $X=\{1, 2, 3, 4\}$에 대하여 함수 $f:X \longrightarrow X$가

$$f(1)<f(2)<f(3)<f(4)$$

를 만족시킬 확률을 구하시오.

Tip

원소의 개수가 각각 m, n인 두 집합 X, Y에 대하여 X에서 Y로의 함수의 개수는

$$_n\Pi_m = \boxed{❶}$$

답 ❶ n^m

풀이

X에서 X로의 함수 f의 개수는

$$_4\Pi_4 = 256$$

$f(1)<f(2)<f(3)<f(4)$를 만족시키는 함수 f의 개수는 서로 다른 4개에서 4개를 택하는 순열의 수이므로

$$_4P_4 = 24$$

따라서 구하는 확률은

$$\frac{24}{256} = \frac{3}{32}$$

답 $\dfrac{3}{32}$

핵심 예제 06

A형 3명, B형 3명, O형 3명 중에서 임의로 2명을 뽑을 때, 혈액형이 같을 확률은?

① $\dfrac{1}{4}$ ② $\dfrac{1}{3}$ ③ $\dfrac{5}{12}$

④ $\dfrac{1}{2}$ ⑤ $\dfrac{7}{12}$

Tip

세 사건 A, B, C가 서로 배반사건이면

$$A\cap B\cap C = \boxed{❶} \text{이므로}$$

$$P(A\cap B\cap C) = \boxed{❷}$$

답 ❶ $\varnothing$ ❷ 0

풀이

9명의 학생 중에서 임의로 2명의 학생을 뽑을 때, 혈액형이 모두 A형인 사건을 A, B형인 사건을 B, O형인 사건을 C라 하면

$$P(A)=\frac{_3C_2}{_9C_2}=\frac{1}{12}, \ P(B)=\frac{_3C_2}{_9C_2}=\frac{1}{12}$$

$$P(C)=\frac{_3C_2}{_9C_2}=\frac{1}{12}$$

이때 세 사건 A, B, C는 서로 배반사건이므로 구하는 확률은

$$P(A\cup B\cup C)=P(A)+P(B)+P(C)$$

$$=\frac{1}{12}+\frac{1}{12}+\frac{1}{12}=\frac{1}{4}$$

답 ①

5-1

두 집합 $X=\{1, 2, 3, 4\}$, $Y=\{0, 1, 2\}$에 대하여 함수 $f:X \longrightarrow Y$가 $\sum\limits_{k=1}^{4} f(k)=4$를 만족시킬 확률을 구하시오.

집합 Y의 원소를 이용하여
$f(1)+f(2)+f(3)+f(4)=4$를
만족시키는 경우를 생각해 봐.

6-1

6개의 숫자 1, 1, 1, 2, 3, 4가 하나씩 적힌 6개의 공이 주머니에 들어 있다. 이 주머니에서 임의로 4개의 공을 동시에 꺼내어 일렬로 나열할 때, 공에 적힌 수가 작은 것부터 크기 순으로 공을 나열할 확률을 구하시오.

핵심 예제 07

남학생 3명, 여학생 3명이 어느 요양 시설에서 하루에 한 명씩 6일 동안 봉사 활동을 하려고 한다. 봉사 활동 순서를 임의로 정할 때, 첫째 날 또는 셋째 날 또는 여섯째 날에 남학생이 봉사 활동을 하게 될 확률을 구하시오.

(단, 6명 모두 봉사 활동을 해야 한다.)

Tip

• 6명의 학생이 봉사 활동 순서를 정하는 경우의 수는
❶ !

• 사건 A의 여사건 A^c에 대하여
$P(A^c)=1-$ ❷

답 ❶ 6 ❷ $P(A)$

풀이

첫째 날 또는 셋째 날 또는 여섯째 날에 남학생이 봉사 활동을 하게 되는 사건을 A라 하면 A^c는 첫째 날, 셋째 날, 여섯째 날 모두 여학생이 봉사 활동을 하게 되는 사건이므로

$$P(A^c)=\frac{3!\times 3!}{6!}=\frac{1}{20}$$

따라서 구하는 확률은
$$P(A)=1-P(A^c)$$
$$=1-\frac{1}{20}=\frac{19}{20}$$

답 $\frac{19}{20}$

핵심 예제 08

방정식 $a+b+c=9$를 만족시키는 음이 아닌 정수 a, b, c의 순서쌍 (a, b, c) 중에서 임의로 한 개를 선택할 때, $a<3$ 또는 $b<3$인 순서쌍 (a, b, c)일 확률을 구하시오.

Tip

$a'=a-3$, $b'=b-3$이라 하면 방정식 $a'+b'+c=3$을 만족시키는 음이 아닌 정수 a', b', c의 순서쌍 (a', b', c)의 개수는
$$_3H_❶=_5C_3=❷$$

답 ❶ 3 ❷ 10

풀이

방정식 $a+b+c=9$를 만족시키는 음이 아닌 정수 a, b, c의 순서쌍 (a, b, c) 중에서 임의로 한 개를 선택할 때, $a<3$ 또는 $b<3$인 순서쌍 (a, b, c)를 선택하는 사건을 A라 하면 A^c는 $a\geq 3, b\geq 3$인 순서쌍 (a, b, c)를 선택하는 사건이므로

$$P(A^c)=\frac{_3H_3}{_3H_9}=\frac{10}{55}=\frac{2}{11}$$

따라서 구하는 확률은
$$P(A)=1-P(A^c)$$
$$=1-\frac{2}{11}=\frac{9}{11}$$

답 $\frac{9}{11}$

7-1

검은 공 3개, 흰 공 4개, 노란 공 3개가 들어 있는 주머니가 있다. 이 주머니에서 임의로 3개의 공을 동시에 꺼낼 때, 적어도 검은 공이 한 개 이상 나올 확률은?

① $\frac{11}{24}$　　② $\frac{13}{24}$　　③ $\frac{5}{8}$

④ $\frac{17}{24}$　　⑤ $\frac{19}{24}$

8-1

7개의 숫자 1, 2, 3, 4, 5, 6, 7에서 서로 다른 네 개를 이용하여 네 자리 자연수를 만들 때, 그 수가 6700 이하일 확률은?

① $\frac{1}{6}$　　② $\frac{1}{2}$　　③ $\frac{2}{3}$

④ $\frac{3}{4}$　　⑤ $\frac{5}{6}$

01 다음 그림과 같은 도로망이 있다. A 지점에서 C 지점을 거쳐 B 지점까지 최단 거리로 갈 확률은?

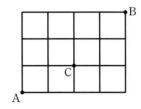

① $\dfrac{18}{35}$ ② $\dfrac{19}{35}$ ③ $\dfrac{4}{7}$

④ $\dfrac{3}{5}$ ⑤ $\dfrac{22}{35}$

Tip

A 지점에서 C 지점을 거쳐 B 지점까지 최단 거리로 가는 경우의 수는

(A 지점에서 [❶] 지점까지 최단 거리로 가는 경우의 수)

×(C 지점에서 [❷] 지점까지 최단 거리로 가는 경우의 수)

답 ❶ C ❷ B

02 두 사건 A, B에 대하여
$$1-\mathrm{P}(A^C \cup B^C)=\{\mathrm{P}(A)\}^2,$$
$$3\mathrm{P}(A \cap B)+\mathrm{P}(A)=2$$
일 때, $\mathrm{P}(A \cap B)$의 값은? (단, A^C는 A의 여사건이다.)

① $\dfrac{7}{18}$ ② $\dfrac{4}{9}$ ③ $\dfrac{1}{2}$

④ $\dfrac{5}{9}$ ⑤ $\dfrac{11}{18}$

Tip

$A^C \cup B^C=($ [❶] $)^C$이므로

[❷] $-\mathrm{P}(A^C \cup B^C)=\mathrm{P}(A \cap B)$

답 ❶ $A \cap B$ ❷ 1

03 한 개의 주사위를 던질 때, 홀수의 눈이 나오는 사건을 A, 소수의 눈이 나오는 사건을 B라 하자. $\mathrm{P}(A \cup B^C)$의 값은? (단, B^C는 B의 여사건이다.)

① $\dfrac{1}{6}$ ② $\dfrac{1}{3}$ ③ $\dfrac{1}{2}$

④ $\dfrac{2}{3}$ ⑤ $\dfrac{5}{6}$

Tip

- 두 사건 A, B는 각각

  $A=\{1, 3, 5\}$, $B=\{2,$ [❶] $, 5\}$

- 두 사건 A, B에 대하여

  $\mathrm{P}(A \cup B)=\mathrm{P}(A)+\mathrm{P}(B)-$ [❷]

답 ❶ 3 ❷ $\mathrm{P}(A \cap B)$

04 집합 $A=\{1, 2, 3, 4, 5, 6\}$의 공집합이 아닌 부분집합 중에서 임의로 한 개의 집합을 선택할 때, 선택한 집합의 원소 중에서 가장 큰 원소와 가장 작은 원소의 합이 7일 확률은?

① $\dfrac{1}{6}$ ② $\dfrac{1}{5}$ ③ $\dfrac{1}{4}$

④ $\dfrac{1}{3}$ ⑤ $\dfrac{1}{2}$

Tip

두 집합 A, B에 대하여 $n(A)=p$, $n(B)=q$일 때, $A \subset X \subset B$를 만족시키는 집합 X의 개수는
$2^{[❶]}$

답 ❶ $q-p$

05 서로 다른 세 개의 주사위를 던져서 나온 세 눈의 수의 최대공약수가 2일 확률은?

① $\dfrac{25}{216}$ ② $\dfrac{35}{216}$ ③ $\dfrac{43}{216}$

④ $\dfrac{55}{216}$ ⑤ $\dfrac{65}{216}$

Tip

세 개의 주사위를 던져서 나오는 모든 경우의 수는

$_6\Pi_3=\boxed{❶}{}^3=216$

답 ❶ 6

06 서로 다른 세 개의 주사위를 던져서 나온 눈의 수를 각각 a, b, c라 하자. 세 수 a, b, c가 다음 조건을 만족시킬 확률은?

> ㈎ $a+b+c$는 3의 배수이다.
> ㈏ abc는 짝수이다.

① $\dfrac{5}{24}$ ② $\dfrac{1}{4}$ ③ $\dfrac{7}{24}$

④ $\dfrac{1}{3}$ ⑤ $\dfrac{3}{8}$

Tip

• 어떤 자연수 A의 각 자리의 수의 합이 $\boxed{❶}$ 의 배수이면 자연수 A는 3의 배수이다.

• abc가 짝수이려면 a, b, c 중 적어도 하나는 $\boxed{❷}$ 이어야 한다.

답 ❶ 3 ❷ 짝수

07 세 집합
$$X=\{1,2,3\},\ Y=\{1,2\},\ Z=\{2,3,4,5\}$$
에 대하여 두 함수 $f:X \longrightarrow Y$, $g:Y \longrightarrow Z$가 있다. 함수 h를 $h=g\circ f$로 정의할 때, 함수 h의 치역의 원소가 한 개일 확률은?

① $\dfrac{3}{16}$ ② $\dfrac{1}{4}$ ③ $\dfrac{5}{16}$

④ $\dfrac{3}{8}$ ⑤ $\dfrac{7}{16}$

Tip

X에서 Y로의 함수 f의 개수는 Y의 2개의 원소 1, 2에서 3개를 택하는 $\boxed{❶}$ 의 수와 같으므로

$\boxed{❷}\Pi_3=2^3=8$

답 ❶ 중복순열 ❷ 2

08 4개의 숫자 1, 2, 3, 4가 하나씩 적힌 4장의 카드가 각각 들어 있는 세 상자 A, B, C가 있다. 각 상자에서 카드를 1장씩 꺼낼 때, 꺼낸 3장의 카드에 적힌 숫자의 합이 6일 확률은?

① $\dfrac{1}{32}$ ② $\dfrac{1}{16}$ ③ $\dfrac{3}{32}$

④ $\dfrac{1}{8}$ ⑤ $\dfrac{5}{32}$

Tip

꺼낸 3장의 카드에 적힌 숫자의 합이 6이 되려면

1, 1, $\boxed{❶}$ 또는 1, 2, 3 또는 2, $\boxed{❷}$, 2의 카드를 꺼내야 한다.

답 ❶ 4 ❷ 2

핵심 예제 01

다음 표는 어느 도서관 이용자 300명을 대상으로 성별과 나이를 조사한 결과이다.

(단위: 명)

	19세 이하	20대	30대	40세 이상
남성	40	a	$60-a$	100
여성	35	$45-b$	b	20

도서관 이용자 300명 중에서 30대가 차지하는 비율은 20 %이다. 이 도서관 이용자 300명 중에서 임의로 선택한 1명이 남성일 때, 이 이용자가 20대일 확률과 임의로 선택한 1명이 여성일 때, 이 이용자가 20대일 확률이 서로 같다. $a+b$의 값을 구하시오.

Tip

사건 A가 일어났을 때의 사건 B의 조건부확률은

$$\boxed{\text{❶}} = \frac{\boxed{\text{❷}}}{\mathrm{P}(A)} \text{ (단, } \mathrm{P}(A)>0)$$

답 ❶ $\mathrm{P}(B|A)$ ❷ $\mathrm{P}(A\cap B)$

풀이

도서관 이용자 300명 중에서 30대가 차지하는 비율이 20 %이므로 $(60-a)+b=300\times0.2$ ∴ $a=b$ ……㉠

도서관 이용자 300명 중에서 임의로 선택한 1명이 남성인 사건을 A, 20대인 사건을 B라 하면

$$\mathrm{P}(B|A)=\frac{a}{200}, \mathrm{P}(B|A^c)=\frac{45-b}{100}$$

즉 $\mathrm{P}(B|A)=\mathrm{P}(B|A^c)$이므로 $\frac{a}{200}=\frac{45-b}{100}$

$a=2(45-b)$ ∴ $a+2b=90$ ……㉡

㉠, ㉡을 연립하여 풀면 $a=30, b=30$

∴ $a+b=30+30=60$

답 60

1-1

여학생 100명과 남학생 200명을 대상으로 영화 A와 영화 B의 관람 여부를 조사하였다. 그 결과 모든 학생은 적어도 한 편의 영화를 관람하였고, 영화 A를 관람한 학생 180명 중 여학생이 50명이었으며, 영화 B를 관람한 학생 170명 중 여학생이 73명이었다. 두 영화 A, B를 모두 관람한 학생 중에서 임의로 한 명을 뽑을 때, 이 학생이 여학생일 확률을 구하시오.

핵심 예제 02

1부터 6까지의 자연수 중에서 임의로 서로 다른 두 수를 선택한다. 선택한 두 수의 곱이 짝수일 때, 이 두 수의 합이 5의 배수일 확률을 구하시오.

Tip

• 선택한 두 수의 곱이 짝수인 경우의 수는 전체 경우의 수에서 선택한 두 수의 곱이 ❶ 인 경우의 수를 빼면 된다.
• 1부터 6까지의 자연수 중에서 선택한 두 수의 곱이 홀수인 경우의 수는 1, 3, ❷ 에서 2개를 선택하는 경우의 수와 같다.

답 ❶ 홀수 ❷ 5

풀이

1부터 6까지의 자연수 중에서 임의로 선택한 두 수의 곱이 짝수인 사건을 X, 합이 5의 배수인 사건을 Y라 하면

$$\mathrm{P}(X)=\frac{{}_6\mathrm{C}_2-{}_3\mathrm{C}_2}{{}_6\mathrm{C}_2}=\frac{12}{15}=\frac{4}{5}, \mathrm{P}(X\cap Y)=\frac{3}{{}_6\mathrm{C}_2}=\frac{3}{15}=\frac{1}{5}$$

따라서 구하는 확률은

$$\mathrm{P}(Y|X)=\frac{\mathrm{P}(X\cap Y)}{\mathrm{P}(X)}=\frac{\frac{1}{5}}{\frac{4}{5}}=\frac{1}{4}$$

답 $\frac{1}{4}$

2-1

다음 그림과 같은 좌표평면 위의 15개의 점에서 임의로 선택한 점 (a, b)에 대하여 $a+b$의 값이 소수일 때, ab의 값이 1보다 클 확률은?

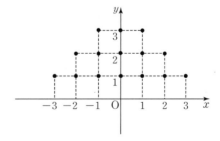

① $\frac{1}{15}$ ② $\frac{1}{12}$ ③ $\frac{1}{9}$

④ $\frac{1}{6}$ ⑤ $\frac{1}{3}$

핵심 예제 03

주머니 A에는 자연수 1, 2, 3, 4, 5가 하나씩 적힌 5장의 카드가 들어 있고, 주머니 B에는 자연수 6, 7, 8, 9, 10이 하나씩 적힌 5장의 카드가 들어 있다. 두 주머니 A, B에서 임의로 카드를 한 장씩 꺼냈다. 꺼낸 2장의 카드에 적힌 두 수의 합이 3의 배수일 때, 주머니 A에서 꺼낸 카드에 적힌 수가 3의 배수일 확률을 구하시오.

Tip

두 주머니 A, B에서 나오는 수를 각각 a, b라 하면
순서쌍 (a, b)에 대하여 $a+b$의 값이 3의 배수가 되는 경우는
$(1, 8)$, $(2, \boxed{❶ \quad})$, $(2, 10)$, $(3, 6)$, $(3, 9)$, $(4, 8)$,
$(5, 7)$, $(5, \boxed{❷ \quad})$

답 ❶ 7 ❷ 10

풀이

꺼낸 2장의 카드에 적힌 두 수의 합이 3의 배수인 사건을 X, 주머니 A에서 꺼낸 카드에 적힌 수가 3의 배수인 사건을 Y라 하면
$$P(X) = \frac{8}{{}_5C_1 \times {}_5C_1} = \frac{8}{25}, \quad P(X \cap Y) = \frac{2}{{}_5C_1 \times {}_5C_1} = \frac{2}{25}$$
따라서 구하는 확률은
$$P(Y \mid X) = \frac{P(X \cap Y)}{P(X)} = \frac{\frac{2}{25}}{\frac{8}{25}} = \frac{1}{4}$$

답 $\frac{1}{4}$

핵심 예제 04

흰 구슬 4개와 검은 구슬 6개가 들어 있는 주머니에서 임의로 구슬을 한 개씩 두 번 꺼낼 때, 두 개의 구슬이 모두 흰 구슬일 확률을 구하시오.

(단, 꺼낸 구슬은 다시 넣지 않는다.)

Tip

꺼낸 구슬을 다시 넣지 않으므로 첫 번째 꺼낸 구슬이 흰색인 사건을 A, 두 번째 꺼낸 구슬이 흰색인 사건을 B라 하면 사건 B는 사건 A에 영향을 받는다. 즉 구하는 확률은
$$P(A \cap B) = P(A) \boxed{❶ \quad}$$

답 ❶ $P(B \mid A)$

풀이

첫 번째 꺼낸 구슬이 흰색인 사건을 A, 두 번째 꺼낸 구슬이 흰색인 사건을 B라 하면
$$P(A) = \frac{4}{10} = \frac{2}{5}, \quad P(B \mid A) = \frac{3}{9} = \frac{1}{3}$$
따라서 구하는 확률은
$$P(A \cap B) = P(A)P(B \mid A) = \frac{2}{5} \times \frac{1}{3} = \frac{2}{15}$$

답 $\frac{2}{15}$

3-1

다음 규칙에 따라 한 개의 주사위를 이용하여 점수를 얻는 시행을 한다.

(가) 주사위를 한 번 던져서 나온 눈의 수가 4 이상이면 나온 눈의 수를 점수로 한다.
(나) 주사위를 한 번 던져서 나온 눈의 수가 4보다 작으면 한 번 더 던져서 나온 눈의 수를 점수로 한다.

1회 시행의 결과로 얻은 점수가 4점 이상일 때, 주사위를 처음 던져서 나온 눈의 수가 2일 확률을 구하시오.

4-1

흰 공과 검은 공이 합쳐서 10개가 들어 있는 주머니에서 임의로 공을 한 개씩 두 번 꺼낼 때, 첫 번째 꺼낸 공이 흰 공, 두 번째 꺼낸 공이 검은 공일 확률은 $\frac{7}{30}$이다. 흰 공의 개수를 구하시오.

(단, 꺼낸 공은 다시 넣지 않고, 흰 공이 검은 공보다 많다.)

핵심 예제 05

두 사건 A, B가 서로 독립이고
$$P(A)+P(B)=1$$
일 때, $P(A \cup B)$의 최솟값을 구하시오.

Tip

두 사건 A, B에 대하여
$$P(A \cup B) = P(A) + P(B) - \boxed{❶}$$

답 ❶ $P(A \cap B)$

풀이

$P(A) = p \ (0 \le p \le 1)$라 하면 $P(B) = 1-p$
$$P(A \cup B) = P(A) + P(B) - P(A \cap B)$$
$$= 1 - P(A)P(B) \ (\because A \text{와 } B \text{가 서로 독립})$$
$$= 1 - p(1-p)$$
$$= p^2 - p + 1 = \left(p - \frac{1}{2}\right)^2 + \frac{3}{4}$$

따라서 $p = \dfrac{1}{2}$일 때, $P(A \cup B)$는 최솟값 $\dfrac{3}{4}$을 갖는다.

답 $\dfrac{3}{4}$

5-1

두 사건 A, B에 대하여
$$P(A \cap B) = \frac{1}{9}, \ P(B|A) = \frac{1}{2}$$
일 때, $P(A)$의 값을 구하시오.

5-2

두 사건 A, B가 서로 독립이고
$$P(A) = P(B), \ P(A \cup B) = \frac{8}{9}$$
일 때, $P(A)$의 값은?

① $\dfrac{1}{6}$ ② $\dfrac{1}{3}$ ③ $\dfrac{1}{2}$

④ $\dfrac{2}{3}$ ⑤ $\dfrac{5}{6}$

핵심 예제 06

다음 표는 어느 지역 학생들을 대상으로 안경 착용 여부를 조사한 결과이다.

(단위: 명)

	남학생	여학생
안경을 씀.	n	18
안경을 쓰지 않음.	14	$2n-3$

이 학생들 중에서 임의로 한 명을 선택할 때, 그 학생이 남학생인 사건을 A, 안경을 쓴 사건을 B라 하자. 두 사건 A, B가 서로 독립일 때, n의 값은?

① 10 ② 12 ③ 14
④ 16 ⑤ 18

Tip

두 사건 A, B가 서로 독립이기 위한 필요충분조건은
$$P(A \cap B) = \boxed{❶} \quad (\text{단, } P(A) > 0, P(B) > \boxed{❷})$$

답 ❶ $P(A)P(B)$ ❷ 0

풀이

$$P(A) = \frac{n+14}{3n+29}, \ P(B) = \frac{n+18}{3n+29} \text{이고}$$

사건 $A \cap B$는 안경을 쓴 남학생인 사건이므로
$$P(A \cap B) = \frac{n}{3n+29}$$

이때 두 사건 A, B가 서로 독립이므로
$$P(A \cap B) = P(A)P(B)$$
$$\frac{n}{3n+29} = \frac{n+14}{3n+29} \times \frac{n+18}{3n+29}$$
$$n(3n+29) = (n+14)(n+18)$$
$$(2n+21)(n-12) = 0 \qquad \therefore n = 12$$

답 ②

6-1

표본공간 $S = \{1, 2, 3, \cdots, 12\}$에 대하여 사건 A가 $A = \{3, 6, 9, 12\}$일 때, 사건 A와 독립이고 $n(A \cap X) = 2$인 사건 X의 개수는?

(단, $n(A)$는 집합 A의 원소의 개수를 나타낸다.)

① 380 ② 420 ③ 460
④ 500 ⑤ 540

핵심 예제 07

A. B 두 팀이 축구 경기를 할 때, A팀이 B팀을 이길 확률이 $\dfrac{1}{4}$이라 한다. 먼저 2번을 이기면 우승하는 게임에서 A팀이 우승할 확률을 구하시오.

(단, 비기는 경우는 없다.)

Tip

1회의 시행에서 사건 A가 일어날 확률이 p일 때, n회의 독립시행에서 사건 A가 r회 일어날 확률은

$$_n C_r\,\boxed{\text{❶}}\,(1-p)^{n-r} \ (\text{단, } r=\boxed{\text{❷}}, 1, 2, \cdots, n)$$

답 ❶ p^r ❷ 0

풀이

(i) 2번째 게임에서 A팀이 우승할 확률은

$$_2 C_2\left(\frac{1}{4}\right)^2=\frac{1}{16}$$

(ii) 3번째 게임에서 A팀이 우승할 확률은

$$_2 C_1\left(\frac{1}{4}\right)^1\left(\frac{3}{4}\right)^1\times\frac{1}{4}=\frac{3}{32}$$

(i), (ii)에서 구하는 확률은

$$\frac{1}{16}+\frac{3}{32}=\frac{5}{32}$$

답 $\dfrac{5}{32}$

핵심 예제 08

한 개의 주사위를 던져서 나온 눈의 수를 k라 할 때, 좌표평면에서 원 $(x-\sqrt{3})^2+(y-1)^2=k$의 내부에 원점 $(0, 0)$이 있는 사건을 A라 하자. 한 개의 주사위를 5번 던질 때, 사건 A가 2번 일어날 확률은?

① $\dfrac{40}{243}$ ② $\dfrac{20}{81}$ ③ $\dfrac{80}{243}$

④ $\dfrac{100}{243}$ ⑤ $\dfrac{40}{81}$

Tip

• 원 $(x-a)^2+(y-b)^2=r^2$의 중심의 좌표는 $(\boxed{\text{❶}}, b)$

• 점 $(\sqrt{3}, 1)$과 원점 $(0, 0)$ 사이의 거리는

$$\sqrt{(\sqrt{3})^2+1^2}=\boxed{\text{❷}}$$

답 ❶ a ❷ 2

풀이

원 $(x-\sqrt{3})^2+(y-1)^2=k$의 내부에 원점 $(0, 0)$이 있으려면 원의 반지름의 길이가 2보다 커야 하므로

$$\sqrt{k}>2 \quad \therefore k>4$$

즉 한 개의 주사위를 던져서 눈의 수가 5, 6이 나오면 된다.

한 번의 시행에서 사건 A가 일어날 확률은

$$\frac{2}{6}=\frac{1}{3}$$

따라서 한 개의 주사위를 5번 던질 때, 사건 A가 2번 일어날 확률은

$$_5 C_2\left(\frac{1}{3}\right)^2\left(\frac{2}{3}\right)^3=\frac{80}{243}$$

답 ③

7-1

서로 다른 2개의 동전을 던져서 모두 앞면이 나오거나 모두 뒷면이 나오면 10점, 앞면 1개, 뒷면 1개가 나오면 5점을 얻는다고 한다. 이때 서로 다른 2개의 동전을 8번 던져서 얻은 점수의 합이 50점이 될 확률은?

① $\dfrac{7}{64}$ ② $\dfrac{15}{128}$ ③ $\dfrac{1}{8}$

④ $\dfrac{17}{128}$ ⑤ $\dfrac{9}{64}$

8-1

어떤 제품을 생산하는 세 공장 A, B, C가 있다. 두 공장 A, B에서 생산한 제품의 불량률은 각각 10 %이고, 공장 C에서 생산한 제품의 불량률은 20 %이다. 세 공장 중 임의로 한 공장을 선택하고, 그 공장에서 생산한 제품 3개를 선택할 때, 2개가 불량품일 확률은?

① $\dfrac{1}{50}$ ② $\dfrac{1}{40}$ ③ $\dfrac{1}{30}$

④ $\dfrac{1}{20}$ ⑤ $\dfrac{1}{10}$

필수 체크 전략 ②

01 다음 표는 어느 운동 동호회의 회원들을 대상으로 야구와 축구의 선호도를 조사한 결과이다.

(단위: 명)

	야구	축구
남자 회원	12	5
여자 회원	x	15

동호회의 회원 중에서 임의로 뽑은 한 명이 여자 회원이 었을 때, 이 사람이 야구를 선호할 확률은 $\dfrac{1}{4}$이다. 이때 x 의 값은?

① 5   ② 6   ③ 7

④ 8   ⑤ 9

Tip

사건 A가 일어났을 때의 사건 B의 조건부확률은

 $=\dfrac{\boxed{❷}}{\mathrm{P}(A)}$ (단, $\mathrm{P}(A)>0$)

🔒 ❶ $\mathrm{P}(B|A)$ ❷ $\mathrm{P}(A\cap B)$

02 1부터 8까지의 자연수가 하나씩 적힌 8개의 공이 들어 있는 주머니에서 임의로 3개의 공을 동시에 꺼낸다. 꺼낸 3개의 공에 적힌 수의 최댓값이 6보다 클 때, 최솟값이 3보다 작을 확률은?

① $\dfrac{1}{9}$ ② $\dfrac{2}{9}$ ③ $\dfrac{1}{3}$

④ $\dfrac{4}{9}$ ⑤ $\dfrac{5}{9}$

Tip

1부터 8까지의 자연수가 하나씩 적힌 8개의 공이 들어 있는 주머니에서 임의로 3개의 공을 동시에 꺼내는 경우의 수는

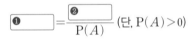 $_{\boxed{❶}}\mathrm{C}_3=\boxed{❷}$

🔒 ❶ 8 ❷ 56

03 두 집합 $X=\{1, 2, 3\}$, $Y=\{-1, 1, 2\}$에 대하여 함수 $f:X \longrightarrow Y$가 $\log_2 f(1)f(2)f(3)=1$을 만족시킬 때, $\log_2 f(1)+\log_2 f(2)+\log_2 f(3)=1$일 확률은?

① $\dfrac{1}{6}$ ② $\dfrac{1}{5}$ ③ $\dfrac{1}{4}$

④ $\dfrac{1}{3}$ ⑤ $\dfrac{1}{2}$

Tip

• X에서 Y로의 함수 f의 개수는 Y의 원소 $-1, 1, 2$에서 3개를 택하는 중복순열의 수와 같으므로

$\boxed{❶}\Pi_3=3^3=27$

• $\log_2 N$이 정의되기 위한 조건은

진수의 조건 ⇨ $N>\boxed{❷}$

🔒 ❶ 3 ❷ 0

04 딸기 맛 사탕 6개와 레몬 맛 사탕 8개가 들어 있는 주머니에서 A와 B가 임의로 사탕을 한 개씩 차례로 꺼낼 때, B가 레몬 맛 사탕을 꺼낼 확률은?

(단, 꺼낸 사탕은 다시 넣지 않는다.)

① $\dfrac{1}{7}$ ② $\dfrac{2}{7}$ ③ $\dfrac{3}{7}$

④ $\dfrac{4}{7}$ ⑤ $\dfrac{5}{7}$

Tip

두 사건 A, E에 대하여

$\mathrm{P}(E)=\mathrm{P}(A\cap E)+\mathrm{P}(A^c\cap E)$

$\phantom{\mathrm{P}(E)}=\boxed{❶}\mathrm{P}(E|A)+\mathrm{P}(A^c)\boxed{❷}$

🔒 ❶ $\mathrm{P}(A)$ ❷ $\mathrm{P}(E|A^c)$

05 1부터 10까지의 자연수가 하나씩 적힌 10장의 카드가 있다. 이 중 한 장의 카드를 뽑을 때, 카드에 적힌 수가 홀수인 사건을 A, m의 약수인 사건을 B라 하자. 두 사건 A, B가 서로 독립이 되도록 하는 모든 m의 값의 합은? (단, m은 10 이하의 자연수이다.)

① 16   ② 17   ③ 18

④ 19   ⑤ 20

Tip

두 사건 A, B가 서로 독립이기 위한 필요충분조건은

$\mathrm{P}(A \cap B) = $ ❶ ☐

(단, $\mathrm{P}(A) > 0$, $\mathrm{P}(B) > $ ❷ ☐)

답 ❶ $\mathrm{P}(A)\mathrm{P}(B)$ ❷ 0

06 수직선 위를 움직이는 점 P가 있다. 한 개의 동전을 던져서 앞면이 나오면 음의 방향으로 1만큼, 뒷면이 나오면 양의 방향으로 2만큼 점 P를 이동시킨다. 동전을 9번 던질 때, 원점에서 출발한 점 P가 다시 원점으로 돌아올 확률은?

① $\dfrac{15}{128}$ ② $\dfrac{17}{128}$ ③ $\dfrac{19}{128}$

④ $\dfrac{21}{128}$ ⑤ $\dfrac{23}{128}$

Tip

독립시행의 확률의 활용 문제를 풀 때는 다음과 같은 방법을 이용한다.

(ⅰ) 방정식을 이용하여 사건의 ❶ ☐ 횟수를 구한다.

(ⅱ) 독립시행의 ❷ ☐ 을 이용한다.

답 ❶ 시행 ❷ 확률

07 다음과 같은 첫 번째 시행과 두 번째 시행에서 앞면이 나온 횟수의 합을 X라 하자.

> 첫 번째 시행: 동전 한 개를 6회 던진다.
>
> 두 번째 시행: 첫 번째 시행에서 뒷면이 나온 횟수만큼 동전 한 개를 던진다.

$\mathrm{P}(X=2)$의 값은?

① $\dfrac{105}{2^{12}}$ ② $\dfrac{115}{2^{12}}$ ③ $\dfrac{125}{2^{12}}$

④ $\dfrac{135}{2^{12}}$ ⑤ $\dfrac{145}{2^{12}}$

Tip

첫 번째 시행에서 동전의 앞면이 나오는 횟수를 x라 하면 첫 번째 시행에서 동전의 뒷면이 나오는 횟수는

❶ ☐ $-x$

답 ❶ 6

08 수직선 위를 움직이는 점 P가 있다. 한 개의 주사위를 던져서 짝수의 눈이 나오면 양의 방향으로 1만큼, 홀수의 눈이 나오면 음의 방향으로 1만큼 점 P를 이동시킨다. 주사위를 6번 던진 후 원점에서 출발한 점 P가 다시 원점으로 돌아올 때, 점 P가 점 $\mathrm{A}(1)$을 지나올 확률을 구하시오.

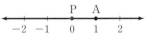

Tip

한 개의 주사위를 던져서 짝수의 눈이 나오는 횟수를 x라 하면 주사위를 6번 던진 후 점 P가 있을 위치는

$x - ($ ❶ ☐ $)$, 즉 $2x-6$이다.

답 ❶ $6-x$

01 숫자 1, 2, 3, 4, 5가 하나씩 적힌 공이 각각 2개씩 총 10개의 공이 들어 있는 주머니에서 임의로 3개의 공을 동시에 꺼낼 때, 꺼낸 공에 적힌 숫자가 모두 다르며 최댓값이 4일 확률은?

① $\dfrac{1}{10}$ ② $\dfrac{1}{5}$ ③ $\dfrac{3}{10}$

④ $\dfrac{2}{5}$ ⑤ $\dfrac{1}{2}$

02 서로 배반인 두 사건 A, B에 대하여
$$\mathrm{P}(A \cup B) = \dfrac{5}{7}, \ \mathrm{P}(A^c \cap B) = \dfrac{4}{7}$$
일 때, $\mathrm{P}(A \cap B^c)$의 값은? (단, X^c는 X의 여사건이다.)

① $\dfrac{1}{7}$ ② $\dfrac{2}{7}$ ③ $\dfrac{3}{7}$

④ $\dfrac{4}{7}$ ⑤ $\dfrac{5}{7}$

03 내일 비가 올 확률이 40 %, 내일과 모레 모두 비가 올 확률이 20 %이다. 내일 또는 모레 비가 올 확률이 60 %일 때, 모레 비가 올 확률은?

① 0.1 ② 0.2 ③ 0.3
④ 0.4 ⑤ 0.5

04 남학생과 여학생의 비율이 1 : 2인 어느 학급에서 프로 야구를 시청한 인원을 조사한 결과, 남학생 중 30 %가 시청했다고 응답하였고, 여학생 중 50 %가 시청했다고 응답하였다. 이 학급의 학생 중 임의로 선택한 한 명이 프로 야구를 시청했다고 응답한 학생일 때, 그 학생이 남학생일 확률은?

① $\dfrac{1}{13}$ ② $\dfrac{2}{13}$ ③ $\dfrac{3}{13}$

④ $\dfrac{4}{13}$ ⑤ $\dfrac{5}{13}$

남학생과 여학생의 수를 각각 x, $2x$라 하면 프로 야구를 시청한 남학생과 여학생은 각각 몇 명일까?

프로 야구를 시청한 남학생은 $0.3x$명이고 프로 야구를 시청한 여학생은 x명이야.

05 두 사건 A, B가 서로 독립이고

$$\mathrm{P}(A)=\frac{1}{3},\ \mathrm{P}(B)=\frac{1}{3}$$

일 때, $\mathrm{P}(A \cup B)$의 값은?

① $\dfrac{1}{3}$ ② $\dfrac{4}{9}$ ③ $\dfrac{5}{9}$

④ $\dfrac{2}{3}$ ⑤ $\dfrac{7}{9}$

06 한 개의 주사위를 3번 던져서 나온 눈의 수를 차례로 a, b, c라 할 때, a와 bc의 값이 모두 짝수일 확률은?

① $\dfrac{1}{8}$ ② $\dfrac{1}{4}$ ③ $\dfrac{3}{8}$

④ $\dfrac{1}{2}$ ⑤ $\dfrac{5}{8}$

07 한 개의 주사위를 4번 던질 때, 홀수의 눈이 적어도 1번 나올 확률은?

① $\dfrac{7}{16}$ ② $\dfrac{9}{16}$ ③ $\dfrac{11}{16}$

④ $\dfrac{13}{16}$ ⑤ $\dfrac{15}{16}$

08 수직선 위를 움직이는 점 P가 있다. 한 개의 동전을 던져서 앞면이 나오면 1만큼, 뒷면이 나오면 -1만큼 점 P를 이동시킨다. 한 개의 동전을 6번 던질 때, 원점에서 출발한 점 P가 6번째에 처음으로 원점으로 돌아올 확률은?

① $\dfrac{1}{32}$ ② $\dfrac{1}{16}$ ③ $\dfrac{3}{32}$

④ $\dfrac{1}{8}$ ⑤ $\dfrac{5}{32}$

원점에서 출발한 점 P가 6번째에 처음으로 원점으로 돌아와야 하므로 이전 시행에서는 원점에 도착하면 안 돼!

창의·융합·코딩 전략 ①

1 다음은 TV쇼 '문어 게임'에 대한 설명이다.

> 다섯 개의 상자 중 하나에 100만 원의 상금이 들어 있습니다. 상금 100만 원의 주인공은 누가 될까요?

(1) 첫 번째 선택
'문어 게임'의 참가자는 1, 2, 3, 4, 5의 숫자가 적혀 있는 다섯 개의 상자 중 하나의 상자를 선택한다.

(2) 진행자가 첫 번째 선택에서 선택되지 않은 상자 중 100만 원이 들어 있지 않은 상자를 하나 열어 비어 있음을 보여 준다. (진행자는 상금 100만 원이 들어 있는 상자를 알고 있다.)
(3) 두 번째 선택
첫 번째 선택을 유지하거나, 첫 번째 선택을 바꾸어 다른 상자를 선택한다.
(4) 진행자는 참가자가 두 번째 선택에서 고른 상자를 열어 상금 100만 원이 들어 있는지 확인한다.

참가자가 첫 번째 선택을 바꾸어 상금을 받게 될 확률은?

① $\dfrac{1}{15}$ ② $\dfrac{2}{15}$ ③ $\dfrac{1}{5}$

④ $\dfrac{4}{15}$ ⑤ $\dfrac{1}{3}$

Tip

첫 번째 선택을 바꾸어 상금을 받으려면

(1) ❶ [　　　] 번째 선택이 틀려야 한다.

(2) 진행자는 상금이 없는 상자를 보여 준다.

(3) 상금은 첫 번째 선택에서 고른 상자와 진행자가 열어서 보여 준 상자를 제외한 ❷ [　　　] 상자 중 하나에 들어 있다.

답 ❶ 첫 ❷ 세

2 한 개의 주사위를 한 번 던져서 5 이상의 눈이 나오면 흰 색을 칠하고, 4 이하의 눈이 나오면 검은 색을 칠하여 다음 그림의 영역을 구분하려고 한다. 주사위를 5번 던져서 왼쪽부터 한 칸씩 색을 칠할 때, 그림이 3개의 영역으로 구분될 확률은?

(단, 같은 색이 칠해진 이웃한 칸은 구분되지 않는다.)

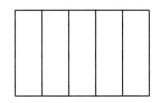

① $\dfrac{8}{27}$ ② $\dfrac{10}{27}$ ③ $\dfrac{4}{9}$

④ $\dfrac{14}{27}$ ⑤ $\dfrac{16}{27}$

Tip

한 개의 주사위를 한 번 던질 때

5 이상의 눈이 나와 흰 색을 칠하게 될 확률은 ❶ [　　　]

4 이하의 눈이 나와 검은 색을 칠하게 될 확률은 ❷ [　　　]

답 ❶ $\dfrac{1}{3}$ ❷ $\dfrac{2}{3}$

3 공이 각각 5개씩 들어 있는 3개의 상자에 1, 2, 3의 숫자가 적혀 있다. 각 상자에 들어 있는 5개의 공 중에서 상자에 적혀 있는 숫자만큼 검은 공이, 나머지는 흰 공이 들어 있다.

1번 상자에서 임의로 2개의 공을 꺼낼 때, 검은 공이 포함되어 있으면 [실행 1]을, 검은 공이 포함되어 있지 않으면 [실행 2]를 한다.

> [실행 1]
> 꺼낸 공을 임의로 한 개씩 2번 상자와 3번 상자에 넣은 후 2번 상자에서 공을 한 개 꺼낸다.
> [실행 2]
> 꺼낸 공을 임의로 한 개씩 2번 상자와 3번 상자에 넣은 후 3번 상자에서 공을 한 개 꺼낸다.

최종적으로 꺼낸 공이 검은 공이었을 때, 1번 상자에서 꺼낸 공에 검은 공이 포함되어 있었을 확률은?

① $\dfrac{1}{14}$ ② $\dfrac{1}{7}$ ③ $\dfrac{3}{14}$

④ $\dfrac{2}{7}$ ⑤ $\dfrac{5}{14}$

Tip

다음과 같은 경우로 나누어 확률을 구한다.
(i) 1번 상자에서 꺼낸 공에 **❶ [　　　]** 이 포함되는 경우
　① 2번 상자에 검은 공을 넣었을 때, 2번 상자에서 검은 공을 꺼내는 경우
　② 2번 상자에 **❷ [　　　]** 을 넣었을 때, 2번 상자에서 검은 공을 꺼내는 경우
(ii) 1번 상자에서 꺼낸 공에 검은 공이 포함되지 않은 경우

답 ❶ 검은 공 **❷** 흰 공

---

4 다음 그림과 같이 12개의 전구와 전광판으로 이루어진 신호기가 있다.

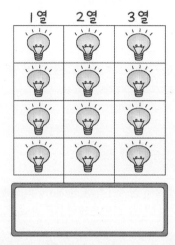

m열의 전구가 n개 켜져 있는 경우 $n \times 5^{m-1}$으로 계산되고, 세 개의 열이 계산된 수의 합이 전광판에 나타난다. 12개의 전구 중 임의로 2개를 켤 때, 전광판에 3의 배수가 나타날 확률은?

① $\dfrac{16}{33}$ ② $\dfrac{6}{11}$ ③ $\dfrac{20}{33}$

④ $\dfrac{2}{3}$ ⑤ $\dfrac{8}{11}$

예를 들어 1열에서 1개, 2열에서 4개, 3열에서 2개의 전구가 켜지면 전광판에 $1+20+50=71$이 나타나.

Tip

m열에서 켜져 있는 전구 한 개는 **❶ [　　　]** 으로 계산된다. 즉
1열에서 켜져 있는 전구 한 개는 1
2열에서 켜져 있는 전구 한 개는 5
3열에서 켜져 있는 전구 한 개는 **❷ [　　　]**
로 계산된다.

답 ❶ 5^{m-1} **❷** 25

창의·융합·코딩 전략 ②

5 어느 학급 학생 20명을 대상으로 과목 A와 과목 B에 대한 선호도를 조사하였다. 이 조사에 참여한 학생은 과목 A와 과목 B 중 하나를 선택하였고, 각 학생이 선택한 과목별 인원수는 다음과 같다.

(단위: 명)

	과목 A	과목 B
남학생	2	8
여학생	6	4

이 조사에 참여한 학생 중에서 임의로 선택한 한 명이 남학생일 때, 그 학생이 과목 B를 선택하였을 확률은?

조사에 참여한 남학생은 10명이야.

임의로 선택한 한 명이 남학생인 사건을 A, 과목 B를 선택한 사건을 B라 하자.

그럼 $P(B|A)$의 값을 구하면 돼.

① $\dfrac{1}{5}$　　② $\dfrac{2}{5}$　　③ $\dfrac{3}{5}$

④ $\dfrac{4}{5}$　　⑤ $\dfrac{6}{7}$

Tip

사건 A가 일어났을 때의 사건 B의 조건부확률은

$$P(B|A)=\dfrac{\boxed{❶}}{P(A)}\ (단, P(A)>0)$$

🔑 ❶ $P(A\cap B)$

6 6명의 학생 A, B, C, D, E, F가 같은 영화를 보기 위해 함께 영화관에 갔다. 다음 그림과 같이 영화관에는 총 6개의 좌석만 남아 있었다. ㈎ 구역에는 1열에 2개의 좌석이 남아 있었고, ㈏ 구역에는 1열에 2개와 2열에 2개의 좌석이 남아 있었다. 6명의 학생 모두가 남아 있는 6개의 좌석을 임의로 배정 받기로 하였다. 두 학생 A, B가 서로 다른 구역의 좌석을 배정 받았을 때, 두 학생 C, D가 같은 구역에 있는 같은 열의 좌석을 배정 받을 확률은?

① $\dfrac{1}{18}$　　② $\dfrac{1}{12}$　　③ $\dfrac{1}{9}$

④ $\dfrac{5}{36}$　　⑤ $\dfrac{1}{6}$

Tip

두 학생 A, B가 서로 다른 구역의 좌석을 배정 받는 사건을 X, 두 학생 C, D가 같은 구역에 있는 같은 열의 좌석을 배정 받는 사건을 Y라 하면

$$P(X)=\dfrac{\boxed{❶}\times(2\times4\times4!)}{6!}$$

$$P(X\cap Y)=\dfrac{2\times(2\times4\times2\times2)}{\boxed{❷}}$$

🔑 ❶ 2 ❷ 6!

7 다음 그림과 같이 주머니 A에는 1부터 5까지의 자연수가 하나씩 적힌 5장의 카드가 들어 있고, 주머니 B와 C에는 1부터 3까지의 자연수가 하나씩 적힌 3장의 카드가 각자 들어 있다. 갑은 주머니 A에서, 을은 주머니 B에서, 병은 주머니 C에서 각자 임의로 1장의 카드를 꺼낸다. 이 시행에서 갑이 꺼낸 카드에 적힌 수가 을이 꺼낸 카드에 적힌 수보다 클 때, 갑이 꺼낸 카드에 적힌 수가 을과 병이 꺼낸 카드에 적힌 수의 합보다 클 확률은?

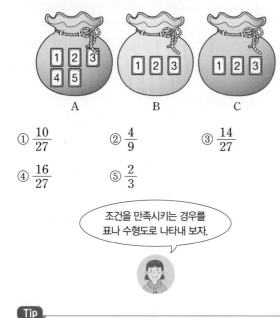

A   B   C

① $\dfrac{10}{27}$ ② $\dfrac{4}{9}$ ③ $\dfrac{14}{27}$

④ $\dfrac{16}{27}$ ⑤ $\dfrac{2}{3}$

> 조건을 만족시키는 경우를 표나 수형도로 나타내 보자.

Tip

갑, 을, 병이 꺼낸 카드에 적힌 자연수를 각각 a, b, c라 하자. $a>b$일 때 $a>b+c$인 경우를 표로 나타내면 다음과 같다.

a	b	c
❶	1	—
3	1	1
	2	—
4	1	1, 2
	2	1
	3	—
5	1	❷
	2	1, 2
	3	1

답 ❶ 2 ❷ 1, 2, 3

8 어느 질병에 대한 치료법으로 1차 치료를 하고, 1차 치료에 성공한 환자는 완치된 것으로 판단한다. 1차 치료에 실패한 환자들만 2차 치료를 하고 2차 치료에 성공한 환자는 완치된 것으로 판단한다. 한 명의 환자가 1차 치료에 성공할 확률은 $\dfrac{1}{2}$, 1차 치료에 실패한 환자가 2차 치료에 성공할 확률은 $\dfrac{2}{3}$이다. 4명의 환자를 대상으로 이 치료법을 적용하였을 때, 완치된 것으로 판단되는 환자가 2명일 확률은? (단, 각 환자의 치료의 성공은 서로 독립이다.)

① $\dfrac{8}{72}$ ② $\dfrac{25}{216}$ ③ $\dfrac{1}{8}$

④ $\dfrac{29}{216}$ ⑤ $\dfrac{31}{216}$

> 1차 치료에 성공하거나 1차 치료에 실패하고 2차 치료에 성공하는 경우 완치된 것으로 판단해.

> 4명의 환자를 대상으로 이 치료법을 적용하는 것은 4번의 독립시행으로 볼 수 있어.

Tip

1회의 시행에서 사건 A가 일어날 확률이 p일 때, n회의 독립시행에서 사건 A가 ❶ 회 일어날 확률은

$$_n\mathrm{C}_r \,❷\,^r (1-p)^{n-r} \ (단, r=0, 1, 2, \cdots, n)$$

답 ❶ r ❷ p

전편 마무리 전략

여러 가지 순열

원순열의 수

서로 다른 n개를 원형으로 배열하는 원순열의 수는

$$(n-1)!$$

5명의 학생이 원탁에 둘러앉는 경우의 수는

$$(5-1)!=4!=24$$

중복순열의 수

서로 다른 n개에서 r개를 택하는 중복순열의 수는

$$_n\Pi_r=n^r$$

4개의 숫자 1, 2, 3, 4로 중복을 허용하여 만들 수 있는 두 자리 자연수의 개수는

$$_4\Pi_2=4^2=16$$

같은 것이 있는 순열의 수

n개 중에서 같은 것이 각각 p개, q개, $\cdots$, r개씩 있을 때, n개를 모두 일렬로 나열하는 순열의 수는

$$\frac{n!}{p!q!\cdots r!}\ (\text{단, } p+q+\cdots+r=n)$$

banana에 있는 6개의 문자를 일렬로 나열하는 경우의 수는

$$\frac{6!}{3!2!}=60$$

중복조합

서로 다른 n개에서 r개를 택하는 중복조합의 수는

$$_n\mathrm{H}_r=_{n+r-1}\mathrm{C}_r$$

4개의 숫자 1, 2, 3, 4에서 중복을 허용하여 2개를 택하는 경우의 수는

$$_4\mathrm{H}_2=_{4+2-1}\mathrm{C}_2=_5\mathrm{C}_2=10$$

$_n\mathrm{C}_r$에서는 $0\le r\le n$이어야 하지만 $_n\mathrm{H}_r$에서는 중복하여 택할 수 있으므로 $r>n$일 수도 있어.

이항정리

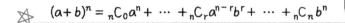

$$(a+b)^n=_n\mathrm{C}_0a^n+\cdots+_n\mathrm{C}_ra^{n-r}b^r+\cdots+_n\mathrm{C}_nb^n$$

$(a+b)^n$의 전개식에 $a=1$, $b=x$를 대입하면 $(1+x)^n=_n\mathrm{C}_0+_n\mathrm{C}_1x+_n\mathrm{C}_2x^2+\cdots+_n\mathrm{C}_nx^n$이야. 이 식을 이용하여 이항계수의 성질을 알 수 있어.

이항계수의 성질

(1) $_n\mathrm{C}_0+_n\mathrm{C}_1+_n\mathrm{C}_2+\cdots+_n\mathrm{C}_n=2^n$

(2) $_n\mathrm{C}_0-_n\mathrm{C}_1+_n\mathrm{C}_2-_n\mathrm{C}_3+\cdots+(-1)^n{}_n\mathrm{C}_n=0$

(3) $_{2n}\mathrm{C}_0+_{2n}\mathrm{C}_2+_{2n}\mathrm{C}_4+\cdots+_{2n}\mathrm{C}_{2n}=_{2n}\mathrm{C}_1+_{2n}\mathrm{C}_3+_{2n}\mathrm{C}_5+\cdots+_{2n}\mathrm{C}_{2n-1}=2^{2n-1}$

확률의 기본 성질

표본공간이 S인 어떤 시행에서

(1) 임의의 사건 A에 대하여 $0 \leq P(A) \leq 1$

(2) 반드시 일어나는 사건 S에 대하여 $P(S)=1$

(3) 절대로 일어나지 않는 사건 $\varnothing$에 대하여 $P(\varnothing)=0$

흰 공 3개가 들어 있는 상자에서 임의로 한 개의 공을 꺼낼 때, 흰 공이 나올 확률은 1, 검은 공이 나올 확률은 0이야.

확률의 덧셈정리

두 사건 A, B가 서로 배반사건이면 $A \cap B = \varnothing$이야.

'적어도 ~인 사건', '~가 아닌 사건', '~ 이상인 사건' 등의 확률은 여사건의 확률을 이용하여 구하면 편리해.

두 사건 A, B에 대하여
$P(A \cup B) = P(A) + P(B) - P(A \cap B)$

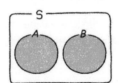

두 사건 A, B가 서로 배반사건이면
$P(A \cup B) = P(A) + P(B)$

사건 A의 여사건 A^C의 확률은
$P(A^C) = 1 - P(A)$

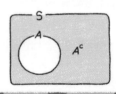

확률의 곱셈정리

조건부확률

사건 A가 일어났을 때의 사건 B의 조건부확률은

$$P(B|A) = \frac{P(A \cap B)}{P(A)} \ (단, P(A) > 0)$$

$P(B|A) = P(B)$ 또는 $P(A|B) = P(A)$일 때, 두 사건 A, B는 서로 독립이야.

확률의 곱셈정리

$P(A) > 0$, $P(B) > 0$인 두 사건 A, B에 대하여
$P(A \cap B) = P(A)P(B|A) = P(B)P(A|B)$

신유형·신경향 전략

01 다음 그림과 같이 크기가 다른 빨간 링, 파란 링, 노란 링이 3개씩 있다. 9개의 링을 빨간 막대, 파란 막대, 노란 막대에 다음 조건을 만족시키도록 꽂는 경우의 수를 구하시오.

> (개) 같은 색의 링은 크기가 큰 것부터 꽂는다.
> (내) 같은 색의 링은 같은 막대에 꽂는다.
> (대) 비어 있는 막대가 있을 수 있다.

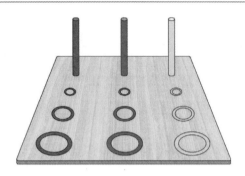

Tip

· 조건 (개)에서 같은 색의 링을 꽂는 순서가 정해져 있으므로 같은 것이 **❶** 개씩 있는 9개의 링을 꽂는 경우의 수를 구한다.

· n개 중에서 같은 것이 각각 p개, q개, $\cdots$, r개씩 있을 때, n개를 모두 일렬로 나열하는 경우의 수는

$$\dfrac{\boxed{❷}\,!}{p!q!\cdots r!}$$

(단, $p+q+\cdots+r=n$)

답 ❶ 3 ❷ n

02 다음 그림과 같이 버튼을 한 번 누를 때마다 각각 1개, 2개, 3개의 사탕이 나오는 세 자판기 A, B, C가 있다. 사탕을 얻기 위해 자판기의 버튼을 순서대로 누르는 방법의 수를 구하려고 한다. 예를 들어 3개의 사탕을 얻기 위해 버튼을 순서대로 누르는 방법의 수는 3가지이다. 이때 5개의 사탕을 얻기 위해 버튼을 순서대로 누르는 방법의 수를 구하시오.

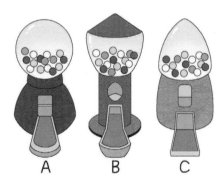

A B C

Tip

세 자판기 A, B, C의 버튼을 누르는 횟수를 각각 x, y, z라 하면

$x+2y+\boxed{❶}\,z=5$이므로 이를 만족시키는 순서쌍 (x, y, z)는

$(0, 1, 1), (1, 2, 0), (2, 0, 1), (3, 1, 0),$

$(\boxed{❷}, 0, 0)$

답 ❶ 3 ❷ 5

03 다음 그림과 같이 상자 A와 상자 B에 각각 4개의 너구리 인형과 4개의 토끼 인형이 들어 있다.

상자 A   상자 B

이때 두 사람에게 너구리 인형과 토끼 인형을 각각 한 개 이상씩 받도록 나누어 주는 경우의 수를 구하시오.

Tip

· 먼저 두 사람에게 너구리 인형과 토끼 인형을 각각 한 개씩 나누어 준 후, 남은 인형을 두 사람에게 나누어 주는 경우의 수를 구한다.

· 서로 다른 [❶   ]개에서 r개를 택하는 중복조합의 수는
$$_n\mathrm{H}_r = {}_{n+r-1}\mathrm{C}_{[❷]}$$

답 ❶ n ❷ r

04 2개의 숫자 1, 2가 각각 하나씩 적힌 2개의 구슬이 들어 있는 주머니에서 한 개의 구슬을 꺼내 숫자를 확인하고 다시 넣는 시행을 2회 반복할 때, 구슬에 적힌 숫자를 순서대로 a, b라 하자. 좌표평면 위의 두 점 $\mathrm{A}(a, 1)$, $\mathrm{B}(b, 3)$에 대하여 삼각형 OAB의 넓이를 S라 할 때, $S \geq 1$일 확률을 구하시오. (단, O는 원점이다.)

Tip

한 개의 구슬을 꺼내 숫자를 확인하고 다시 넣는 시행을 2회 반복하므로 순서쌍 (a, b)는

[❶   ], $(1, 2)$, $(2, 1)$, $(2, 2)$

답 ❶ $(1, 1)$

05 두 상자 A, B와 모양과 크기가 같은 18개의 공이 있다. 상자 A에는 공 a개를 넣고 상자 B에는 남은 공을 넣은 후, 다음의 시행을 반복한다.

> ㈎ 상자 A에 들어 있는 공의 개수가 a ($a=0, 1, 2, \cdots, 18$)일 때, 함수 $f(a)$는
> $$f(a)=\begin{cases} a & (a=0, 1, \cdots, 9) \\ 18-a & (a=10, 11, \cdots, 18) \end{cases}$$
> ㈏ 동전을 한 개 던져서 앞면이 나오면 상자 B에서 A로 $f(a)$개의 공을 이동시키고 뒷면이 나오면 상자 A에서 상자 B로 $f(a)$개의 공을 이동시킨다.

위 시행을 n회 반복한 후 18개의 공이 모두 상자 A에 들어 있을 확률을 $p_n(a)$이라 하자. $p_1(a)=\dfrac{1}{2}$을 만족시키는 모든 자연수 a의 값의 합을 구하시오.

06 다음 그림과 같이 1부터 5까지의 자연수가 각각 하나씩 적힌 공이 들어 있는 주머니가 있다. 이 주머니에서 한 개씩 세 번 공을 꺼낼 때, 첫 번째 꺼낸 공에 적힌 수가 홀수인 사건을 A, 꺼낸 세 개의 공에 적힌 모든 수의 합이 홀수인 사건을 B라 할 때, $\mathrm{P}(A^c \cup B^c)$의 값을 구하시오. (단, 꺼낸 공은 다시 넣지 않는다.)

07 다음 표는 어느 회사에서 전체 직원 360명을 대상으로 재직 연수와 새로운 조직 개편안에 대한 찬반 여부를 조사한 결과이다. 직원의 재직 연수가 10년 미만인 사건과 직원이 조직 개편안에 찬성한 사건이 서로 독립일 때, a의 값을 구하시오.

(단위: 명)

재직 연수 \ 찬반 여부	찬성	반대
10년 미만	a	$72-a$
10년 이상	$150-a$	$138+a$

Tip

두 사건 A, B가 서로 독립이면
$$\mathrm{P}(A \cap B) = \boxed{❶} \mathrm{P}(B)$$

답 ❶ $\mathrm{P}(A)$

08 남학생과 여학생의 수가 같은 어느 학급에서 급식에 대한 만족도를 조사한 결과, 남학생 중 70 %가 급식에 만족한다고 응답했고, 여학생 중 50 %가 급식에 만족한다고 응답했다. 이 학급의 학생 중 임의로 선택한 한 명이 급식에 만족한다고 응답한 학생일 때, 그 학생이 남학생일 확률을 구하시오.

Tip

이 학급의 남학생의 수를 x라 하면 전체 학생의 수는 ❶⬛

급식에 만족한다고 응답한 남학생과 여학생의 수는 각각 $0.7x$, ❷⬛

답 ❶ $2x$ ❷ $0.5x$

01

헝가리인 3명, 중국인 3명, 영국인 2명이 원탁에 둘러앉을 때, 헝가리인은 헝가리인끼리, 영국인은 영국인끼리 이웃하여 앉는 경우의 수는?

① 280   ② 284   ③ 288
④ 292   ⑤ 296

02

다음 그림과 같이 서로 합동인 정삼각형이므로 이루어진 4개의 영역을 서로 다른 4가지 색을 모두 사용하여 칠하는 경우의 수는? (단, 각 영역에 한 가지 색만 칠하고, 회전하여 일치하는 것은 같은 것으로 본다.)

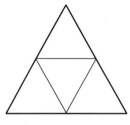

① 6   ② 8   ③ 10
④ 12   ⑤ 14

03

두 집합 $X = \{p, q, r\}$, $Y = \{13, 17, 19, 23, 29\}$에 대하여 X에서 Y로의 함수의 개수를 a, 일대일함수의 개수를 b라 할 때, $a+b$의 값은?

① 180   ② 185   ③ 190
④ 195   ⑤ 200

04

7개의 문자 A, A, A, B, B, C, D에서 4개를 택하여 일렬로 나열할 때, 문자 A를 2개 이상 포함하도록 나열하는 경우의 수는?

① 38   ② 42   ③ 46
④ 50   ⑤ 54

05

5개의 문자 A와 5개의 문자 B를 일렬로 나열할 때, 'AB'가 한 번만 나오는 경우의 수는?

① 25   ② 28   ③ 31

④ 34   ⑤ 37

06

$(a+2b+c)^{11}+(d+13e+15f)^{17}$의 전개식에서 서로 다른 항의 개수는?

① 241   ② 245   ③ 249

④ 253   ⑤ 257

07

3명의 학생에게 4개의 딸기 맛 사탕과 6개의 포도 맛 사탕을 다음 조건을 만족시키도록 모두 나누어 주는 경우의 수는?

(단, 같은 맛의 사탕은 구별하지 않는다.)

> (가) 딸기 맛 사탕은 한 명의 학생에게 최대 2개까지 줄 수 있다.
> (나) 각 학생이 받은 총 사탕의 개수는 짝수이고, 사탕을 하나도 받지 못한 학생은 없다.

① 36   ② 38   ③ 40

④ 42   ⑤ 44

08

다음 조건을 만족시키는 자연수 a, b, c, d의 순서쌍 (a, b, c, d)의 개수는?

> (가) $a+b+c+d=8$
> (나) a, b는 모두 2의 배수이다.

① 1   ② 2   ③ 3

④ 4   ⑤ 5

09

부등식 $a+b+c+d+e<4$를 만족시키는 음이 아닌 정수 a, b, c, d, e의 순서쌍 (a, b, c, d, e)의 개수는?

① 10   ② 20   ③ 35

④ 56   ⑤ 84

a, b, c, d, e가 음이 아닌 정수이니까 중복조합을 이용하면 주어진 부등식을 만족시키는 해의 개수를 구할 수 있어!

맞아. $a+b+c+d+e$의 값이 0, 1, 2, 3일 때를 생각해 봐!

10

방정식 $(a+b)(c+d+e)=49$를 만족시키는 자연수 $a, b, c,$ d, e의 순서쌍 (a, b, c, d, e)의 개수는?

① 75   ② 80   ③ 85

④ 90   ⑤ 95

11

두 집합

$$X=\{1, 2, 3, 4\},$$
$$Y=\{y \mid y$$는 11 이하의 음이 아닌 정수$$\}$$

에 대하여 다음 조건을 만족시키는 함수 $f: X \longrightarrow Y$의 개수는?

(가) $f(1)+f(2)+f(3)+f(4)=11$
(나) $f(1)>f(2)+1>2$

① 30   ② 32   ③ 34

④ 36   ⑤ 38

12

$(x+2)^{19}$의 전개식에서 x^k의 계수가 x^{k+1}의 계수보다 크도록 하는 자연수 k의 최솟값은?

① 4   ② 5   ③ 6

④ 7   ⑤ 8

13

$(\sqrt{2}x+\sqrt[3]{2}y)^8$의 전개식에서 계수가 유리수인 모든 항의 계수의 합은?

① 128   ② 172   ③ 192

④ 224   ⑤ 240

14

$(x^3+2x+1)\left(x-\dfrac{1}{x}\right)^{13}$의 전개식에서 x^4의 계수는?

① -4290 ② -858 ③ 0

④ 858   ⑤ 4290

15

어느 금요일로부터 15^{17}일째 되는 날은 무슨 요일인가?

① 월요일   ② 화요일   ③ 수요일

④ 토요일   ⑤ 일요일

16

집합 $U=\{x\,|\,x$는 49 이하의 자연수$\}$에 대하여 다음 조건을 만족시키는 U의 부분집합 A의 개수는 2^k일 때, k의 값은?

> (개) $\{1, 2, 4, 6, 8, 20\}\cap A=\varnothing$
> (내) 집합 A의 원소는 22개 이상이다.

① 42   ② 49   ③ 56

④ 63   ⑤ 70

01

표본공간 $S = \{1, 2, 3, 4, 5, 6, 7, 8\}$에 대하여 사건 A, B가 $A = \{2, 4, 6, 8\}$, $B = \{1, 3, 4, 6, 7\}$일 때, 사건 A, B와 모두 배반인 사건의 개수는?

① 1   ② 2   ③ 3

④ 4   ⑤ 5

02

한 개의 주사위를 두 번 던져서 첫 번째 나온 눈의 수를 a, 두 번째 나온 눈의 수를 b라 할 때, ab가 4 또는 6인 사건을 A, $a+b$의 값이 짝수인 사건을 B라 하자. $P(A \cap B)$의 값은?

① $\dfrac{1}{36}$ ② $\dfrac{1}{18}$ ③ $\dfrac{1}{12}$

④ $\dfrac{1}{9}$ ⑤ $\dfrac{5}{36}$

03

1부터 10까지의 자연수가 하나씩 적힌 10장의 카드가 주머니에 들어 있다. 이 주머니에서 임의로 4장의 카드를 동시에 꺼낼 때, 꺼낸 카드에 적힌 네 수의 합이 홀수이고 곱이 5의 배수일 확률은?

① $\dfrac{2}{7}$ ② $\dfrac{32}{105}$ ③ $\dfrac{34}{105}$

④ $\dfrac{12}{35}$ ⑤ $\dfrac{38}{105}$

04

3 이상의 자연수 n에 대하여 원의 둘레를 $2n$등분하는 $2n$개의 점 중에서 3개를 택하여 만든 삼각형이 직각삼각형이 될 확률이 $\dfrac{3}{13}$일 때, n의 값은?

① 6   ② 7   ③ 8

④ 9   ⑤ 10

05

1부터 6까지의 자연수가 하나씩 적힌 6개의 공을 일정한 간격으로 원의 둘레에 나열할 때, 이웃한 2개의 공에 적힌 수의 합의 최댓값이 10일 확률은?

(단, 회전하여 일치하는 것은 같은 것으로 본다.)

① $\dfrac{3}{10}$ ② $\dfrac{2}{5}$ ③ $\dfrac{1}{2}$

④ $\dfrac{3}{5}$ ⑤ $\dfrac{7}{10}$

이웃한 2개의 공에 적힌 수의 합의 최댓값이 10이 될 때는 언제일까?

6이 적힌 공이 4가 적힌 공과 이웃하고, 5가 적힌 공과 이웃하지 않을 때야!

06

집합 $X = \{1, 2, 3, 4\}$에 대하여 X에서 X로의 함수 f를 만들 때, $f(1) \le f(3)$일 확률은?

① $\dfrac{1}{8}$ ② $\dfrac{1}{4}$ ③ $\dfrac{3}{8}$

④ $\dfrac{1}{2}$ ⑤ $\dfrac{5}{8}$

07

방정식 $a+b+c+d=9$를 만족시키는 음이 아닌 정수 a, b, c, d의 순서쌍 (a, b, c, d) 중에서 임의로 한 개를 선택할 때, $a>b>1$인 순서쌍 (a, b, c, d)일 확률은?

① $\dfrac{19}{120}$ ② $\dfrac{1}{6}$ ③ $\dfrac{7}{40}$

④ $\dfrac{11}{60}$ ⑤ $\dfrac{1}{10}$

08

1부터 8까지의 자연수가 하나씩 적힌 정팔면체 모양의 주사위를 2번 던질 때, 바닥에 닿은 면에 적힌 눈의 수를 차례로 a, b라 하자. ab가 16의 배수이거나 45 이상일 확률은?

① $\dfrac{7}{64}$ ② $\dfrac{9}{64}$ ③ $\dfrac{11}{64}$

④ $\dfrac{13}{64}$ ⑤ $\dfrac{15}{64}$

09

상자 A에는 흰 공 5개, 상자 B에는 검은 공 5개가 들어 있다. 다음과 같이 [실행 1]부터 [실행 3]까지 할 때, 상자 B의 흰 공의 개수가 짝수일 확률은?

> [실행 1] 상자 A에서 임의로 2개의 공을 동시에 꺼내어 상자 B에 넣는다.
> [실행 2] 상자 B에서 임의로 2개의 공을 동시에 꺼내어 상자 A에 넣는다.
> [실행 3] 상자 A에서 임의로 2개의 공을 동시에 꺼내어 상자 B에 넣는다.

① $\dfrac{1}{7}$ ② $\dfrac{2}{7}$ ③ $\dfrac{3}{7}$

④ $\dfrac{4}{7}$ ⑤ $\dfrac{5}{7}$

10

집합 $A=\{1, 2, 3, 4\}$의 부분집합 중 임의로 한 개를 택할 때, 3을 원소로 갖지 않을 확률은?

① 0 ② $\dfrac{1}{4}$ ③ $\dfrac{1}{2}$

④ $\dfrac{3}{4}$ ⑤ 1

11

한 개의 주사위를 4번 던져서 나온 눈의 수를 차례로 a_1, a_2, a_3, a_4라 할 때, $(a_1-a_3)^2+(a_2-a_4)^2\neq0$일 확률은?

① $\dfrac{1}{36}$ ② $\dfrac{7}{36}$ ③ $\dfrac{7}{18}$

④ $\dfrac{7}{9}$ ⑤ $\dfrac{35}{36}$

조건을 만족시키는 모든 경우를 찾아야 할까?

여사건의 확률을 이용하면 쉽게 구할 수 있어!

12

두 사건 A, B에 대하여
$$\mathrm{P}(A)=\frac{1}{3}, \ \mathrm{P}(A|B)=\frac{1}{4}, \ \mathrm{P}(A^C \cap B^C)=\frac{1}{8}$$
일 때, $\mathrm{P}(B)$의 값은?

① $\dfrac{4}{9}$ ② $\dfrac{1}{2}$ ③ $\dfrac{5}{9}$

④ $\dfrac{2}{3}$ ⑤ $\dfrac{13}{18}$

13

다음 표는 두 지역 A, B에서 팝과 재즈의 선호도를 조사한 결과이다.

(단위: 명)

	A 지역	B 지역
팝	a	$100-2a$
재즈	$100-a$	$2a$

두 지역 A, B에서 각각 한 명씩 임의로 뽑은 두 사람이 같은 장르를 선호할 때, 그 장르가 팝일 확률이 $\dfrac{4}{13}$이다. a의 값은?

① 5   ② 10   ③ 15
④ 20   ⑤ 25

14

표본공간이 S인 두 사건 A, B에 대하여 보기에서 옳은 것만을 있는 대로 고른 것은? (단, $0<\mathrm{P}(A)<1$, $0<\mathrm{P}(B)<1$)

┌ 보기 ┐
ㄱ. $A \subset B$이면 $\mathrm{P}(B|A)=1$
ㄴ. A, B가 서로 배반사건이면 $\mathrm{P}(B|A)=\mathrm{P}(B|A^c)$
ㄷ. $\mathrm{P}(A \cap B)=\mathrm{P}(A)\mathrm{P}(B)$이면
$\quad \mathrm{P}(B|A)+\mathrm{P}(B^c|A^c)=1$

① ㄱ   ② ㄷ   ③ ㄱ, ㄴ
④ ㄱ, ㄷ   ⑤ ㄱ, ㄴ, ㄷ

15

어떤 주사위는 1의 눈이 적힌 면부터 k $(k=1, 2, 3, 4, 5)$의 눈이 적힌 면까지 빨간색이고, $(k+1)$의 눈이 적힌 면부터 6의 눈이 적힌 면까지 파란색이다. 이 주사위를 던질 때, 짝수의 눈이 나오는 사건을 A, 빨간 면이 나오는 사건을 B라 하자. 보기에서 옳은 것만을 있는 대로 고른 것은?

┌ 보기 ┐
ㄱ. $k=3$일 때, $\mathrm{P}(A)=\dfrac{1}{2}$
ㄴ. $k=4$일 때, $\mathrm{P}(A \cap B)=\dfrac{1}{8}$
ㄷ. 두 사건 A, B가 서로 독립이기 위한 k의 개수는 2이다.

① ㄱ   ② ㄴ   ③ ㄱ, ㄷ
④ ㄴ, ㄷ   ⑤ ㄱ, ㄴ, ㄷ

16

A, B 두 팀이 배구 경기를 할 때, A팀이 B팀을 이길 확률이 $\dfrac{2}{3}$라 한다. 7번의 경기 중 먼저 4번의 경기를 이기면 우승하는 게임에서 A팀이 우승했을 때, 6번째 경기에서 A팀이 우승할 확률은? (단, 비기는 경우는 없다.)

① $\dfrac{30}{113}$ ② $\dfrac{10}{37}$ ③ $\dfrac{34}{113}$
④ $\dfrac{34}{111}$ ⑤ $\dfrac{37}{113}$

memo

단기간 고득점을 위한 2주

전략 질주

고등 전략

내신전략 시리즈

국어/영어/수학

필수 개념을 꽉~ 잡아 주는 초단기 내신 전략서!

수능전략 시리즈

국어/영어/수학/사회/과학

빈출 유형을 철저히 분석하여 반영한 고효율·고득점 전략서!

book.chunjae.co.kr

교재 내용 문의 ·················· 교재 홈페이지 ▶ 고등 ▶ 교재상담

교재 내용 외 문의 ·················· 교재 홈페이지 ▶ 고객센터 ▶ 1:1문의

발간 후 발견되는 오류 ············· 교재 홈페이지 ▶ 고등 ▶ 학습지원 ▶ 학습자료실

수능공략 필승학습!
단기간에 끝장내자!

실전에 강한
수능전략

BOOK 2

수학
영역 확률과 통계

천재교육

실 전 에 강 한
수능전략

수학영역 **확률과 통계**

수능전략

수·학·영·역

확률과 통계

BOOK 2

BOOK 1
1주, 2주

BOOK 2
1주, 2주

BOOK 3
정답과 해설

본책인 BOOK 1과 BOOK2의 구성은 아래와 같습니다.

주 도입

본격적인 학습에 앞서, 재미있는 만화를
살펴보며 이번 주에 학습할 내용을 확인해
봅니다.

1일

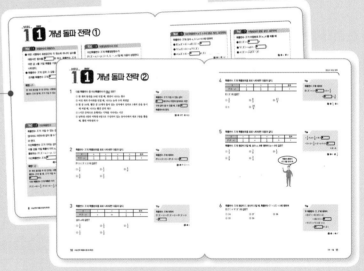

개념 돌파 전략

수능을 대비하기 위해 꼭 알아야 할 핵심
개념을 익힌 뒤, 간단한 문제를 풀며 개념을
잘 이해했는지 확인해 봅니다.

2일, 3일

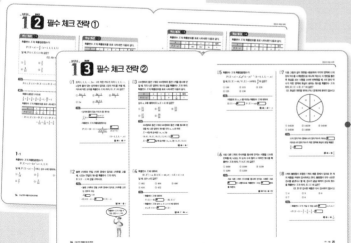

필수 체크 전략

기출문제에서 선별한 대표 유형 문제와 쌍둥이
문제를 함께 풀며 문제에 접근하는 과정과 해결
전략을 체계적으로 익혀 봅니다.

주 마무리 코너

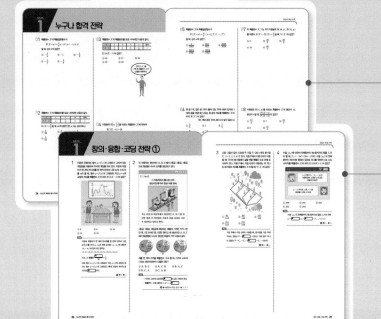

누구나 합격 전략
수능 유형에 맞춘 기초 연습 문제를 풀며
학습 자신감을 높일 수 있습니다.

창의 · 융합 · 코딩 전략
수능에서 요구하는 융복합적 사고력과
문제 해결력을 기를 수 있습니다.

권 마무리 코너

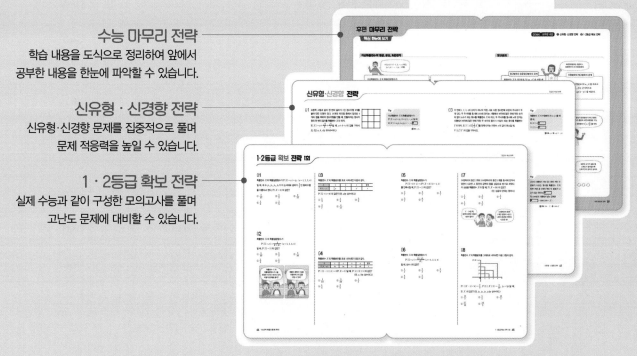

수능 마무리 전략
학습 내용을 도식으로 정리하여 앞에서
공부한 내용을 한눈에 파악할 수 있습니다.

신유형 · 신경향 전략
신유형·신경향 문제를 집중적으로 풀며
문제 적응력을 높일 수 있습니다.

1 · 2등급 확보 전략
실제 수능과 같이 구성한 모의고사를 풀며
고난도 문제에 대비할 수 있습니다.

이 책의 차례

BOOK 2

WEEK 1

이항분포

1일 개념 돌파 전략 ①, ② 008

2일 필수 체크 전략 ①, ② 014

3일 필수 체크 전략 ①, ② 020

🌱 누구나 합격 전략 026

🌱 창의·융합·코딩 전략 ①, ② 028

WEEK 2

정규분포와 통계적 추정

1일 개념 돌파 전략 ①, ② 034

2일 필수 체크 전략 ①, ② 040

3일 필수 체크 전략 ①, ② 046

🌱 누구나 합격 전략 052

🌱 창의·융합·코딩 전략 ①, ② 054

🌱 후편 마무리 전략 058

🌱 신유형·신경향 전략 060

🌱 1·2등급 확보 전략 064

BOOK 1

WEEK 1

경우의 수

1일 개념 돌파 전략 ①, ② ·········· 008

2일 필수 체크 전략 ①, ② ·········· 014

3일 필수 체크 전략 ①, ② ·········· 020

🌱 누구나 합격 전략 ·········· 026

🌱 창의·융합·코딩 전략 ①, ② ·········· 028

WEEK 2

확률

1일 개념 돌파 전략 ①, ② ·········· 034

2일 필수 체크 전략 ①, ② ·········· 040

3일 필수 체크 전략 ①, ② ·········· 046

🌱 누구나 합격 전략 ·········· 052

🌱 창의·융합·코딩 전략 ①, ② ·········· 054

🌱 전편 마무리 전략 ·········· 058

🌱 신유형·신경향 전략 ·········· 060

🌱 1·2등급 확보 전략 ·········· 064

파이팅!!

이항분포

공부할 내용   1. 확률변수와 확률분포   2. 이산확률변수   3. 이항분포

개념 01 확률변수와 확률분포

❶ 어떤 시행에서 표본공간의 각 원소에 하나의 실수를 대응시킨 함수를 **❶〔 〕**라 하고, 확률변수 X가 어떤 값 x를 가질 확률을 기호로 $\mathrm{P}(X=x)$와 같이 나타낸다.

❷ 확률변수 X의 값과 그 값을 가질 확률 사이의 대응 관계를 확률변수 X의 **❷〔 〕**라 한다.

답 ❶ 확률변수 ❷ 확률분포

확인 01

한 개의 동전을 두 번 던지는 시행에서 앞면이 나오는 횟수를 확률변수 X라 할 때, X가 가질 수 있는 값은 0, 1, **❶〔 〕**이다.

답 ❶ 2

개념 02 이산확률변수

확률변수 X가 가질 수 있는 값이 유한개이거나 무한히 많더라도 자연수와 같이 셀 수 있을 때, X를 **❶〔 〕**라 한다.

이산확률변수 X가 가지는 값이 $x_1, x_2, \cdots, x_n$이고 X가 이들 값을 가질 확률이 각각 $p_1, p_2, \cdots, p_n$일 때, X의 확률분포는 $\mathrm{P}(X=x_i)=p_i \ (i=1, 2, \cdots, n)$이고, 이를 이산확률변수 X의 **❷〔 〕**라 한다.

답 ❶ 이산확률변수 ❷ 확률질량함수

확인 02

한 개의 동전을 두 번 던지는 시행에서 앞면이 나오는 횟수를 확률변수 X라 할 때, X가 가질 수 있는 값은 0, 1, 2이므로 X는 **❶〔 〕**이다.

이때 확률변수 X의 확률은 각각

$$\mathrm{P}(X=0)=\frac{1}{4}, \ \mathrm{P}(X=1)=\frac{1}{2}, \ \mathrm{P}(X=2)=\boxed{❷}$$

답 ❶ 이산확률변수 ❷ $\frac{1}{4}$

개념 03 확률질량함수의 성질

이산확률변수 X의 확률질량함수가 $\mathrm{P}(X=x_i)=p_i \ (i=1, 2, \cdots, n)$일 때, 다음이 성립한다.

❶ $0 \le p_i \le \boxed{❶} \ (i=1, 2, \cdots, n)$

❷ $p_1+p_2+\cdots+p_n=\boxed{❷}$

❸ $\mathrm{P}(x_i \le X \le x_j)=p_i+p_{i+1}+p_{i+2}+\cdots+p_j$
(단, $j=1, 2, \cdots, n$이고 $i \le j$)

답 ❶ 1 ❷ 1

확인 03

한 개의 동전을 2번 던지는 시행에서 앞면이 나오는 횟수를 확률변수 X라 할 때,

① $0 \le \mathrm{P}(X=x) \le 1 \ (x=0, 1, 2)$

② $\mathrm{P}(X=0)+\mathrm{P}(X=1)+\mathrm{P}(X=2)=\frac{1}{4}+\frac{1}{2}+\frac{1}{4}=\boxed{❶}$

③ $\mathrm{P}(1 \le X \le 2)=\mathrm{P}(X=1)+\mathrm{P}(X=2)=\frac{1}{2}+\frac{1}{4}=\boxed{❷}$

답 ❶ 1 ❷ $\frac{3}{4}$

개념 04 이산확률변수의 기댓값(평균), 분산, 표준편차

이산확률변수 X의 확률질량함수가 $\mathrm{P}(X=x_i)=p_i \ (i=1, 2, \cdots, n)$일 때, 확률변수 X의

❶ 기댓값(평균): $\mathrm{E}(X)=x_1p_1+x_2p_2+\cdots+x_np_n$

❷ 분산: $\mathrm{V}(X)=\mathrm{E}((X-m)^2)=\boxed{❶}-\{\mathrm{E}(X)\}^2$
(단, $m=\mathrm{E}(X)$)

❸ 표준편차: $\sigma(X)=\boxed{❷}$

답 ❶ $\mathrm{E}(X^2)$ ❷ $\sqrt{\mathrm{V}(X)}$

확인 04

확률변수 X의 확률분포를 표로 나타내면 다음과 같다.

X	1	2	3	합계
$\mathrm{P}(X=x)$	$\frac{1}{3}$	$\frac{1}{3}$	$\frac{1}{3}$	1

① $\mathrm{E}(X)=1\times\frac{1}{3}+2\times\frac{1}{3}+3\times\frac{1}{3}=\boxed{❶}$

② $\mathrm{V}(X)=1^2\times\frac{1}{3}+2^2\times\frac{1}{3}+3^2\times\frac{1}{3}-2^2=\frac{2}{3}$

③ $\sigma(X)=\sqrt{\frac{2}{3}}=\frac{\boxed{❷}}{3}$

답 ❶ 2 ❷ $\sqrt{6}$

확률변수 X와 상수 a, b $(a \neq 0)$에 대하여

❶ $\mathrm{E}(aX+b)=a\mathrm{E}(X)+$ [❶]

❷ $\mathrm{V}(aX+b)=a^2\mathrm{V}(X)$

❸ $\sigma(aX+b)=$ [❷] $\sigma(X)$

답 ❶ b ❷ $|a|$

확인 05

확률변수 X의 평균이 2, 분산이 9일 때, 확률변수 $Y=-3X+5$의 평균, 분산, 표준편차는 다음과 같다.

① $\mathrm{E}(Y)=\mathrm{E}(-3X+5)=(-3)\times\mathrm{E}(X)+5$
$=(-3)\times2+5=$ [❶]

② $\mathrm{V}(Y)=\mathrm{V}(-3X+5)=(-3)^2\times\mathrm{V}(X)$
$=(-3)^2\times9=$ [❷]

③ $\sigma(Y)=\sigma(-3X+5)=|-3|\times\sigma(X)=3\times\sqrt{9}=9$

답 ❶ -1 ❷ 81

확률변수 X가 이항분포 $\mathrm{B}(n, p)$를 따를 때

❶ $\mathrm{E}(X)=$ [❶] p

❷ $\mathrm{V}(X)=np(1-$ [❷] $)$

❸ $\sigma(X)=\sqrt{np(1-p)}$

답 ❶ n ❷ p

확인 07

확률변수 X가 이항분포 $\mathrm{B}\left(36, \dfrac{1}{6}\right)$을 따를 때, X의 평균, 분산, 표준편차는 다음과 같다.

① $\mathrm{E}(X)=36\times\dfrac{1}{6}=$ [❶]

② $\mathrm{V}(X)=36\times\dfrac{1}{6}\times\left(1-\dfrac{1}{6}\right)=5$

③ $\sigma(X)=$ [❷]

답 ❶ 6 ❷ $\sqrt{5}$

1회의 시행에서 사건 A가 일어날 확률이 p일 때, n회의 독립시행에서 사건 A가 일어나는 횟수를 확률변수 X라 하자. 확률변수 X가 가지는 값은 $0, 1, 2, \cdots, n$이며, 그 확률질량함수는

$$\mathrm{P}(X=x)=\begin{cases} {}_n\mathrm{C}_0(1-p)^n & (x=0) \\ {}_n\mathrm{C}_x p^x(1-p)^{n-x} & (0<x<n) \\ {}_n\mathrm{C}_n p^n & (x=n) \end{cases}$$

이다. 이때 확률변수 X의 확률분포를 [❶] 라 하고, 이것을 기호로 [❷] 로 나타낸다.

답 ❶ 이항분포 ❷ $\mathrm{B}(n, p)$

확인 06

한 개의 주사위를 36번 던지는 독립시행에서 3의 눈이 나오는 횟수를 확률변수 X라 하자. 1회의 시행에서 3의 눈이 나오는 확률이 [❶] 이므로 확률변수 X는 이항분포 $\mathrm{B}\left(\text{[❷]}, \dfrac{1}{6}\right)$을 따른다.

답 ❶ $\dfrac{1}{6}$ ❷ 36

어떤 시행에서 사건 A가 일어날 수학적 확률이 p일 때, n회의 독립시행에서 사건 A가 일어나는 횟수를 확률변수 X라 하면 임의의 양수 h에 대하여 n이 커짐에 따라 확률 $\mathrm{P}\left(\left|\dfrac{X}{n}-p\right|<h\right)$는 점점 [❶] 에 가까워진다. 이것을 [❷] 이라 한다.

답 ❶ 1 ❷ 큰수의 법칙

확인 08

큰수의 법칙에 의하면 시행 횟수가 충분히 클 때, 통계적 확률은 [❶] 에 가까워지므로 자연 현상이나 사회 현상에서 수학적 확률을 구하기 곤란한 경우 [❷] 을 대신 사용할 수 있다.

답 ❶ 수학적 확률 ❷ 통계적 확률

개념 돌파 전략 ②

1 다음 확률변수 중 이산확률변수가 <u>아닌</u> 것은?

① 한 개의 동전을 10번 던질 때, 뒷면이 나오는 횟수

② 여섯 개의 주사위를 던질 때, 나오는 눈의 수의 최댓값

③ 흰 공 10개, 빨간 공 15개가 들어 있는 상자에서 임의로 5개의 공을 동시에 꺼낼 때, 나오는 빨간 공의 개수

④ 1시간 간격으로 운행되는 기차를 기다리는 시간

⑤ 남학생 4명과 여학생 6명으로 구성되어 있는 동아리에서 대표 3명을 뽑을 때, 뽑힌 여학생의 수

Tip

확률변수 X가 가질 수 있는 값이 ❶ 개이거나 무한히 많더라도 자연수와 같이 셀 수 있을 때, X를 ❷ 확률변수라 한다.

🔑 ❶ 유한 ❷ 이산

2 확률변수 X의 확률분포를 표로 나타내면 다음과 같다.

X	0	1	2	3	합계
$P(X=x)$	$\frac{1}{3}$	$\frac{1}{9}$	$\frac{1}{3}$	$\frac{2}{9}$	1

$P(1 \le X \le 2)$의 값은?

① $\frac{2}{9}$ ② $\frac{1}{3}$ ③ $\frac{4}{9}$

④ $\frac{5}{9}$ ⑤ $\frac{2}{3}$

Tip

확률변수 X에 대하여

$P(1 \le X \le 2) = P(X=1) + ❶$

🔑 ❶ $P(X=2)$

3 확률변수 X의 확률분포를 표로 나타내면 다음과 같다.

X	1	2	3	합계
$P(X=x)$	a	$2a$	$\frac{1}{4}$	1

상수 a의 값은?

① $\frac{1}{6}$ ② $\frac{1}{5}$ ③ $\frac{1}{4}$

④ $\frac{1}{3}$ ⑤ $\frac{1}{2}$

Tip

확률변수 X에 대하여

$P(X=1) + P(X=2) + P(X=3)$
$= ❶$

🔑 ❶ 1

4 확률변수 X의 확률분포를 표로 나타내면 다음과 같다.

X	1	3	5	합계
$P(X=x)$	$\frac{1}{3}$	$\frac{1}{2}$	$\frac{1}{6}$	1

$E(X)$의 값은?

① $\frac{5}{2}$ ② $\frac{8}{3}$ ③ $\frac{17}{6}$

④ 3 ⑤ $\frac{19}{6}$

Tip

확률변수 X에 대하여

$E(X)=1\times\boxed{❶}+3\times\frac{1}{2}$

$+\boxed{❷}\times\frac{1}{6}$

답 ❶ $\frac{1}{3}$ ❷ 5

5 확률변수 X의 확률분포를 표로 나타내면 다음과 같다.

X	1	2	4	8	합계
$P(X=x)$	$\frac{1}{4}$	a	$\frac{1}{8}$	b	1

확률변수 X의 평균이 5일 때, 상수 a, b에 대하여 $2a+b$의 값은?

① $\frac{1}{4}$ ② $\frac{3}{8}$ ③ $\frac{1}{2}$

④ $\frac{5}{8}$ ⑤ $\frac{3}{4}$

Tip

· $\frac{1}{4}+a+\frac{1}{8}+b=\boxed{❶}$

· $5=1\times\frac{1}{4}+2\times a+4\times\boxed{❷}$

$+8\times b$

답 ❶ 1 ❷ $\frac{1}{8}$

확률의 총합이 1인 것을 잊지 마.

6 확률변수 X의 평균이 7, 분산이 3일 때, 확률변수 $Y=2X+1$에 대하여 $E(Y)+V(Y)$의 값은?

① 24 ② 27 ③ 30

④ 33 ⑤ 36

Tip

두 확률변수 X, Y에 대하여

· $E(Y)=E(2X+1)$

$=2E(X)+\boxed{❶}$

· $V(Y)=V(2X+1)$

$=\boxed{❷}V(X)$

답 ❶ 1 ❷ 2^2

개념 돌파 전략 ②

7 확률변수 X의 확률분포를 표로 나타내면 다음과 같다.

X	0	1	2	합계
$P(X=x)$	$\frac{2}{7}$	$\frac{3}{7}$	$\frac{2}{7}$	1

$E(7X-3)$의 값은?

① 2   ② 3   ③ 4

④ 5   ⑤ 6

Tip

확률변수 X에 대하여

· $E(X)=0\times \boxed{❶}+1\times \frac{3}{7}+2\times \frac{2}{7}$

· $E(7X-3)=7E(X)-\boxed{❷}$

답 ❶ $\frac{2}{7}$ ❷ 3

8 확률변수 X가 이항분포 $B\left(720, \frac{1}{6}\right)$을 따를 때, $E(X)+\sigma(X)$의 값은?

① 90   ② 100   ③ 110

④ 120   ⑤ 130

Tip

확률변수 X가 이항분포 $B(n, p)$를 따를 때

· $E(X)=\boxed{❶}\,p$

· $\sigma(X)=\sqrt{np(\boxed{❷})}$

답 ❶ n ❷ $1-p$

9 한 개의 주사위를 12번 던져서 3의 배수의 눈이 나오는 횟수를 확률변수 X라 할 때, $E(X)$의 값은?

① 1   ② 2   ③ 3

④ 4   ⑤ 5

Tip

한 개의 주사위를 던져서 3의 배수의 눈이 나올 확률이 $\boxed{❶}$이므로

확률변수 X는 이항분포 $B\left(\boxed{❷}, \frac{1}{3}\right)$을 따른다.

답 ❶ $\frac{1}{3}$ ❷ 12

10 확률변수 X가 이항분포 $B\left(100, \dfrac{1}{4}\right)$을 따를 때, $\sigma(2X-1)$의 값은?

① $2\sqrt{3}$　　　　② $3\sqrt{3}$　　　　③ $4\sqrt{3}$

④ $5\sqrt{3}$　　　　⑤ $6\sqrt{3}$

Tip

확률변수 X가 이항분포 $B\left(100, \dfrac{1}{4}\right)$을 따를 때

- $\mathrm{V}(X)=100\times\boxed{❶}\times\dfrac{3}{4}$
- $\sigma(X)=\sqrt{100\times\dfrac{1}{4}\times\boxed{❷}}$

답 ❶ $\dfrac{1}{4}$　❷ $\dfrac{3}{4}$

11 이항분포 $B\left(n, \dfrac{1}{3}\right)$을 따르는 확률변수 X의 평균이 6일 때, $n\mathrm{V}(X)$의 값은?

① 18　　　　② 24　　　　③ 36

④ 48　　　　⑤ 72

Tip

확률변수 X가 이항분포 $B\left(n, \dfrac{1}{3}\right)$을 따를 때

- $\mathrm{E}(X)=\boxed{❶}\times\dfrac{1}{3}$
- $\mathrm{V}(X)=n\times\dfrac{1}{3}\times\boxed{❷}$

답 ❶ n　❷ $\dfrac{2}{3}$

12 한 개의 주사위를 36번 던져서 홀수의 눈이 나오는 횟수를 확률변수 X라 할 때, $\mathrm{E}(2X-1)$의 값은?

① 3　　　　② 9　　　　③ 18

④ 35　　　　⑤ 36

한 개의 주사위를 던지는 각 시행은 서로 독립이야.

Tip

한 개의 주사위를 던져서 홀수의 눈이 나올 확률이 $\boxed{❶}$이므로 확률변수 X는 이항분포 $B\left(\boxed{❷}, \dfrac{1}{2}\right)$을 따른다.

답 ❶ $\dfrac{1}{2}$　❷ 36

필수 체크 전략 ①

핵심 예제 01

확률변수 X의 확률질량함수가

$$P(X=x)=\frac{x}{k}\ (x=1,\ 2,\ 3,\ 4,\ 5)$$

일 때, $P(1 \le X \le 3)$의 값은?

(단, k는 0이 아닌 상수이다.)

① $\frac{1}{3}$ ② $\frac{2}{5}$ ③ $\frac{7}{15}$

④ $\frac{8}{15}$ ⑤ $\frac{3}{5}$

Tip

$$P(1 \le X \le 3)=P(X=1)+P(X=2)+\boxed{❶}$$

답 ❶ $P(X=3)$

풀이

확률의 총합은 1이므로

$$\frac{1}{k}+\frac{2}{k}+\frac{3}{k}+\frac{4}{k}+\frac{5}{k}=1,\ \frac{15}{k}=1 \quad \therefore k=15$$

확률변수 X의 확률분포를 표로 나타내면 다음과 같다.

X	1	2	3	4	5	합계
$P(X=x)$	$\frac{1}{15}$	$\frac{2}{15}$	$\frac{1}{5}$	$\frac{4}{15}$	$\frac{1}{3}$	1

$$\therefore P(1 \le X \le 3)=P(X=1)+P(X=2)+P(X=3)$$
$$=\frac{1}{15}+\frac{2}{15}+\frac{1}{5}=\frac{2}{5}$$

답 ②

1-1

확률변수 X의 확률질량함수가

$$P(X=x)=kx^2\ (x=1,\ 2,\ 3)$$

일 때, $P(X=a)=\frac{2}{7}$이다. 상수 k에 대하여 ak의 값은?

① $\frac{1}{14}$ ② $\frac{1}{7}$ ③ $\frac{3}{14}$

④ $\frac{2}{7}$ ⑤ $\frac{5}{14}$

핵심 예제 02

확률변수 X의 확률분포를 표로 나타내면 다음과 같다.

X	1	2	3	4	합계
$P(X=x)$	$\frac{1}{8}$	a	b	c	1

네 수 $\frac{1}{8}$, a, b, c가 이 순서대로 등차수열을 이룰 때, $24a-12b+4c$의 값을 구하시오.

Tip

- 확률의 총합은 1이므로 $\boxed{❶}+a+b+c=1$
- 세 수 a, b, c가 이 순서대로 등차수열을 이루므로
  $$2b=\boxed{❷}+c$$

답 ❶ $\frac{1}{8}$ ❷ a

풀이

확률의 총합은 1이므로

$$\frac{1}{8}+a+b+c=1,\ a+b+c=\frac{7}{8} \quad \cdots\cdots ㉠$$

세 수 a, b, c가 이 순서대로 등차수열을 이루므로

$$2b=a+c \quad \cdots\cdots ㉡$$

㉠에 ㉡을 대입하여 풀면 $3b=\frac{7}{8}$ $\quad \therefore b=\frac{7}{24}$

또 세 수 $\frac{1}{8}$, a, $\frac{7}{24}$이 이 순서대로 등차수열을 이루므로

$$2a=\frac{1}{8}+\frac{7}{24} \quad \therefore a=\frac{5}{24}$$

㉠에 $a=\frac{5}{24}$, $b=\frac{7}{24}$을 대입하여 풀면 $c=\frac{3}{8}$

$$\therefore 24a-12b+4c=24\times\frac{5}{24}-12\times\frac{7}{24}+4\times\frac{3}{8}=3$$

답 3

2-1

확률변수 X의 확률질량함수가

$$P(X=x)=p_x\ (x=1,\ 2,\ 3)$$

일 때, 세 수 p_1, p_2, p_3가 이 순서대로 공비가 3인 등비수열을 이룬다고 한다. $P(X=3)-P(X=1)$의 값을 구하시오.

등비중항을 이용해 봐.

핵심 예제 03

확률변수 X의 확률분포를 표로 나타내면 다음과 같다.

X	-1	0	1	2	합계
$P(X=x)$	$\dfrac{2}{5}$	$20a^2$	$10a^2$	$3a$	1

$P(X^2-3X+2\leq0)$의 값은? (단, a는 상수이다.)

① $\dfrac{1}{4}$ ② $\dfrac{1}{3}$ ③ $\dfrac{2}{5}$

④ $\dfrac{3}{7}$ ⑤ $\dfrac{8}{17}$

Tip

$$P(X^2-3X+2\leq0)=P((\boxed{❶})(X-2)\leq0)$$
$$=P(\boxed{❷}\leq X\leq2)$$

답 ❶ $X-1$ ❷ 1

풀이

확률의 총합은 1이므로

$\dfrac{2}{5}+20a^2+10a^2+3a=1$, $30a^2+3a-\dfrac{3}{5}=0$

$150a^2+15a-3=0$, $3(5a+1)(10a-1)=0$

$\therefore a=\dfrac{1}{10}$ $(\because a>0)$

$\therefore P(X^2-3X+2\leq0)=P(1\leq X\leq2)$

$\qquad\qquad\qquad\qquad\quad =P(X=1)+P(X=2)$

$\qquad\qquad\qquad\qquad\quad =10\times\left(\dfrac{1}{10}\right)^2+3\times\dfrac{1}{10}=\dfrac{2}{5}$

답 ③

3-1

확률변수 X의 확률분포를 표로 나타내면 다음과 같다.

X	0	1	2	합계
$P(X=x)$	$\dfrac{1}{3}a$	$\dfrac{1}{3}$	a^2	1

$P(X-2\geq0)$의 값은?

① $\dfrac{1}{9}$ ② $\dfrac{2}{9}$ ③ $\dfrac{1}{3}$

④ $\dfrac{4}{9}$ ⑤ $\dfrac{5}{9}$

핵심 예제 04

확률변수 X의 확률분포를 표로 나타내면 다음과 같다.

X	-1	0	1	2	합계
$P(X=x)$	$\dfrac{1}{3}$	a	$\dfrac{1}{4}$	b	1

$E(X)=\dfrac{2}{3}$일 때, $V(X)$의 값을 구하시오.

(단, a, b는 상수이다.)

Tip

확률변수 X의 확률질량함수
$P(X=x_i)=p_i$ $(i=1, 2, \cdots, n)$에 대하여

· $\boxed{❶}=x_1p_1+x_2p_2+\cdots+x_np_n$

· $V(X)=E(X^2)-\boxed{❷}$

답 ❶ $E(X)$ ❷ $\{E(X)\}^2$

풀이

확률의 총합은 1이므로

$\dfrac{1}{3}+a+\dfrac{1}{4}+b=1$, $a+b+\dfrac{7}{12}=1$

$\therefore a+b=\dfrac{5}{12}$ ……㉠

또 $E(X)=\dfrac{2}{3}$이므로

$-1\times\dfrac{1}{3}+0\times a+1\times\dfrac{1}{4}+2\times b=\dfrac{2}{3}$

$2b-\dfrac{1}{12}=\dfrac{2}{3}$ $\therefore b=\dfrac{3}{8}$

㉠에 $b=\dfrac{3}{8}$을 대입하여 풀면

$a=\dfrac{1}{24}$

따라서

$E(X^2)=(-1)^2\times\dfrac{1}{3}+0^2\times\dfrac{1}{24}+1^2\times\dfrac{1}{4}+2^2\times\dfrac{3}{8}$

$\qquad\quad =\dfrac{25}{12}$

이므로 $V(X)=E(X^2)-\{E(X)\}^2=\dfrac{25}{12}-\left(\dfrac{2}{3}\right)^2=\dfrac{59}{36}$

답 $\dfrac{59}{36}$

4-1

확률변수 X의 확률분포를 표로 나타내면 다음과 같다.

X	-1	0	1	2	합계
$P(X=x)$	$\dfrac{1}{2}a^2$	$\dfrac{1}{2}a^2$	$\dfrac{1}{3}a$	$\dfrac{1}{3}$	1

$V(X)$의 값을 구하시오. (단, a는 상수이다.)

핵심 예제 05

확률변수 X의 확률분포를 표로 나타내면 다음과 같다.

X	0	1	2	3	합계
$P(X=x)$	$\frac{2}{5}$	$\frac{3}{10}$	$\frac{1}{5}$	$\frac{1}{10}$	1

$E(aX+b)=3$, $V(aX+b)=4$일 때, 상수 a, b에 대하여 a^2+2b^2의 값을 구하시오. (단, $a>0$)

Tip

확률변수 X와 상수 a, b $(a \neq 0)$에 대하여

· $E(aX+b)=aE(X)+$ 【❶ 】

· $V(aX+b)=$ 【❷ 】 $V(X)$

답 ❶ b ❷ a^2

풀이

$E(X)=0 \times \frac{2}{5}+1 \times \frac{3}{10}+2 \times \frac{1}{5}+3 \times \frac{1}{10}=1$

$E(X^2)=0^2 \times \frac{2}{5}+1^2 \times \frac{3}{10}+2^2 \times \frac{1}{5}+3^2 \times \frac{1}{10}=2$

이므로 $V(X)=E(X^2)-\{E(X)\}^2=2-1^2=1$

이때

$E(aX+b)=aE(X)+b=a+b=3$

$V(aX+b)=a^2V(X)=a^2=4$

이므로

$a=2$ $(\because a>0)$, $b=1$

$\therefore a^2+2b^2=2^2+2 \times 1^2=6$

답 6

5-1

확률변수 X의 확률분포를 표로 나타내면 다음과 같다.

X	-1	0	1	합계
$P(X=x)$	a	$2a$	a	1

$\sigma(6X+1)$의 값은?

① $3\sqrt{2}$ ② $4\sqrt{2}$ ③ $5\sqrt{2}$

④ $6\sqrt{2}$ ⑤ $7\sqrt{2}$

핵심 예제 06

숫자 1, 2, 3, 4, 5가 하나씩 적힌 5개의 공이 들어 있는 주머니에서 임의로 2개의 공을 동시에 꺼낼 때, 홀수가 적힌 공의 개수를 확률변수 X라 하자. $E(5X+1)$의 값은?

① 7 ② 8 ③ 9

④ 10 ⑤ 11

Tip

· 5개의 공에서 임의로 2개의 공을 꺼내는 경우의 수는

$_5C_2=$ 【❶ 】

· 확률변수 X가 가질 수 있는 값은 0, 1, 【❷ 】

답 ❶ 10 ❷ 2

풀이

확률변수 X가 가질 수 있는 값은 0, 1, 2이고, 그 확률은 각각

$P(X=0)=\dfrac{_2C_2 \times _3C_0}{_5C_2}=\dfrac{1}{10}$

$P(X=1)=\dfrac{_2C_1 \times _3C_1}{_5C_2}=\dfrac{3}{5}$

$P(X=2)=\dfrac{_2C_0 \times _3C_2}{_5C_2}=\dfrac{3}{10}$

이므로 X의 확률분포를 표로 나타내면 다음과 같다.

X	0	1	2	합계
$P(X=x)$	$\frac{1}{10}$	$\frac{3}{5}$	$\frac{3}{10}$	1

따라서 $E(X)=0 \times \frac{1}{10}+1 \times \frac{3}{5}+2 \times \frac{3}{10}=\frac{6}{5}$이므로

$E(5X+1)=5E(X)+1=5 \times \frac{6}{5}+1=7$

답 ①

먼저 확률변수 X의 평균을 구한 다음 평균의 성질을 이용해 봐.

6-1

흰 공 3개, 빨간 공 2개, 검은 공 2개가 들어 있는 주머니에서 임의로 3개의 공을 동시에 꺼낼 때, 나오는 빨간 공의 개수를 확률변수 X라 하자. $49\{E(X)+V(X)\}$의 값을 구하시오.

핵심 예제 07

이항분포 $B(n, p)$를 따르는 확률변수 X에 대하여
$$E(2X-5)=175, \ \sigma(2X-5)=12$$
일 때, n의 값은?

① 130   ② 135   ③ 140

④ 145   ⑤ 150

Tip

이항분포 $B(n, p)$를 따르는 확률변수 X에 대하여
$$E(X)=\boxed{❶}\ p, \ \sigma(X)=\sqrt{n\boxed{❷}(1-p)}$$

답 ❶ n ❷ p

풀이

$E(2X-5)=2E(X)-5=175$이므로 $E(X)=90$

$\sigma(2X-5)=2\sigma(X)=12$이므로 $\sigma(X)=6$

이때 확률변수 X가 이항분포 $B(n, p)$를 따르므로

$E(X)=np=90$ ……㉠

$\sigma(X)=\sqrt{np(1-p)}=6$ ……㉡

㉡에 ㉠을 대입하면

$\sqrt{90(1-p)}=6, \ 1-p=\dfrac{2}{5}$ $\therefore p=\dfrac{3}{5}$

㉠에 $p=\dfrac{3}{5}$을 대입하면

$n \times \dfrac{3}{5}=90$ $\therefore n=150$

답 ⑤

핵심 예제 08

이항분포 $B(n, p)$를 따르는 확률변수 X에 대하여
$$P(X=1)=6P(X=0), \ P(X=2)=2P(X=1)$$
일 때, $E(X)$의 값은?

① 2   ② 3   ③ 4

④ 7   ⑤ 8

Tip

이항분포 $B(n, p)$를 따르는 확률변수 X에 대하여

· $P(X=k)={}_n C_k \boxed{❶}(1-p)^{n-k}$ (단, $0<k<n$)

· $E(X)=n\boxed{❷}$

답 ❶ p^k ❷ p

풀이

확률변수 X의 확률질량함수는
$$P(X=x)=\begin{cases} {}_n C_0 (1-p)^n & (x=0) \\ {}_n C_k p^k (1-p)^{n-k} & (0<x<n) \\ {}_n C_n p^n & (x=n) \end{cases}$$

이므로

$P(X=1)=6P(X=0)$에서

${}_n C_1 p(1-p)^{n-1}=6 \times {}_n C_0 (1-p)^n, \ np(1-p)^{n-1}=6(1-p)^n$

$np=6(1-p), \ np+6p=6$ ……㉠

또 $P(X=2)=2P(X=1)$에서

${}_n C_2 p^2 (1-p)^{n-2}=2 \times {}_n C_1 p(1-p)^{n-1}$

$\dfrac{n(n-1)}{2}p^2(1-p)^{n-2}=2np(1-p)^{n-1}$

$(n-1)p=4(1-p), \ np+3p=4$ ……㉡

㉠, ㉡을 연립하여 풀면

$n=3, \ p=\dfrac{2}{3}$ $\therefore E(X)=3 \times \dfrac{2}{3}=2$

답 ①

7-1

이항분포 $B(n, p)$를 따르는 확률변수 X에 대하여
$$E(3X-4)=32, \ V(3X-4)=90$$
일 때, n의 값은?

① 45   ② 54   ③ 63

④ 72   ⑤ 81

8-1

이항분포 $B(8, p)$를 따르는 확률변수 X에 대하여
$$5P(X=2)=2P(X=4)$$
일 때, $V(X)$의 값은?

① 2   ② 3   ③ 4

④ 7   ⑤ 8

01 흰 구슬 7개와 검은 구슬 3개가 들어 있는 주머니에서 구슬 5개를 동시에 꺼낼 때, 나오는 흰 구슬의 개수를 확률변수 X라 하자. $P(X<a)=\dfrac{1}{2}$을 만족시키는 정수 a의 값은?

① 1 　　　② 2 　　　③ 3

④ 4 　　　⑤ 5

> **Tip**
> • 10개의 공에서 임의로 5개의 공을 뽑는 경우의 수는
> $_{10}C_5=$ ❶
> • 확률변수 X가 가질 수 있는 값은 2, 3, 4, ❷
>
> 답 ❶ 252 ❷ 5

02 한 개의 주사위를 한 번 던져서 나오는 눈의 수를 3으로 나눈 나머지를 확률변수 X라 하자. $V(X)$의 값은?

① $\dfrac{2}{3}$ 　　　② 1 　　　③ $\dfrac{4}{3}$

④ $\dfrac{5}{3}$ 　　　⑤ 2

> **Tip**
> 3, 6을 3으로 나눈 나머지는 ❶ 이고, 1, 4를 3으로 나눈 나머지는 1이고, 2, 5를 3으로 나눈 나머지는 2이므로 확률변수 X가 가질 수 있는 값은 0, ❷ , 2이다.
>
> 답 ❶ 0 ❷ 1

03 확률변수 X의 확률분포를 그래프로 나타내면 다음 그림과 같다.

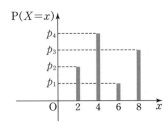

$P(2\le X\le 6)=\dfrac{7}{10}$, $P(6\le X\le 8)=\dfrac{2}{5}$, $p_2=\dfrac{1}{2}p_4$일 때, $E(X)$의 값을 구하시오.

(단, p_1, p_2, p_3, p_4는 상수이다.)

> **Tip**
> • $P(2\le X\le 6)=P(X=2)+$ ❶ $+P(X=6)$
> • $P(6\le X\le 8)=P(X=6)+$ ❷
>
> 답 ❶ $P(X=4)$ ❷ $P(X=8)$

04 확률변수 X의 확률질량함수가 다음을 만족시킨다.

> (가) $P(X=k+1)=P(X=k)+d$ $(k=1, 2, 3, \cdots, 7)$
> (나) $P(X=7)=\dfrac{7}{48}$

$E(X)$의 값을 구하시오. (단, d는 상수이다.)

> **Tip**
> • $P(X=k+1)-P(X=k)=$ ❶
> • $P(X=k)=P(X=1)+($ ❷ $)d$
> 　　　　　　　　　 $(k=1, 2, 3, \cdots, 8)$
>
> 답 ❶ d ❷ $k-1$

05 확률변수 X의 확률분포를 표로 나타내면 다음과 같다.

X	0	1	2	3	합계
$P(X=x)$	$\dfrac{2}{a}$	$\dfrac{3}{a}$	$\dfrac{3}{a}$	$\dfrac{2}{a}$	1

$\sigma(10X+a)$의 값은? (단, a는 0이 아닌 상수이다.)

① 10   ② $\sqrt{105}$ ③ $\sqrt{110}$

④ 11   ⑤ $\sqrt{130}$

Tip

확률의 총합은 **❶** 이므로

$$\frac{2}{a}+\frac{3}{a}+\frac{3}{a}+\frac{2}{a}=\boxed{❷}$$

답 ❶ 1 ❷ 1

$\sigma(10X+a)=10\sigma(X)$야.

06 1이 적힌 구슬이 1개, 2가 적힌 구슬이 2개, 3이 적힌 구슬이 3개, …, 10이 적힌 구슬이 10개 들어 있는 주머니에서 임의로 1개의 구슬을 꺼낼 때, 구슬에 적힌 숫자를 확률변수 X라 하자. $V(5X+2)$의 값은?

① 58   ② 96   ③ 135

④ 150   ⑤ 200

Tip

• 주머니에 들어 있는 구슬의 총 개수는

$$1+2+\cdots+9+10=\sum_{k=1}^{10}k=\frac{10\times\boxed{❶}}{2}=55$$

• 확률변수 X의 확률질량함수는

$$P(X=k)=\frac{\boxed{❷}}{55}\ (k=1,2,3,\cdots,10)$$

답 ❶ 11 ❷ k

07 확률변수 X의 확률분포를 표로 나타내면 다음과 같다.

X	0	$\cdots$	k	$\cdots$	n	합계
$P(X=x)$	${}_nC_0q^n$	$\cdots$	${}_nC_kp^kq^{n-k}$	$\cdots$	${}_nC_np^n$	1

$E(X)=2$, $V(X)=\dfrac{9}{5}$일 때, $P(X<2)$의 값은?

(단, $0<p<1$, $q=1-p$)

① $\dfrac{29}{10}\left(\dfrac{9}{10}\right)^{19}$ ② $\dfrac{17}{9}\left(\dfrac{8}{9}\right)^{18}$ ③ $\dfrac{25}{8}\left(\dfrac{7}{8}\right)^{17}$

④ $\dfrac{13}{10}\left(\dfrac{9}{10}\right)^{19}$ ⑤ $\dfrac{31}{20}\left(\dfrac{17}{20}\right)^{17}$

Tip

이항분포 $B(n,p)$를 따르는 확률변수 X에 대하여

• $P(X=k)=\boxed{❶}\,p^k(1-p)^{n-k}$

$$(k=0,1,2,\cdots,n)$$

• $P(X<2)=\boxed{❷}+P(X=1)$

답 ❶ ${}_nC_k$ ❷ $P(X=0)$

08 자연수 n에 대하여 확률변수 X의 확률질량함수가

$$P(X=x)={}_nC_x2^{n-x}\left(\frac{1}{3}\right)^n\ (x=0,1,2,\cdots,n)$$

이고 $V(2X+1)=160$일 때, $E(X^2)$의 값은?

① 580   ② 960   ③ 2580

④ 3100   ⑤ 3640

Tip

확률변수 X의 확률질량함수가

$$P(X=k)={}_nC_kp^k(\boxed{❶})^{n-k}\ (k=0,1,2,\cdots,n)$$

이므로 X는 이항분포 $\boxed{❷}$를 따른다.

답 ❶ $1-p$ ❷ $B(n,p)$

필수 체크 전략 ①

핵심 예제 01

확률변수 X의 확률질량함수가

$$P(X=x)=\frac{k}{x(x+2)} \ (x=1, 2, 3, \cdots, 8)$$

일 때, $P(X<2)$의 값은? (단, k는 상수이다.)

① $\frac{9}{29}$　　　② $\frac{11}{29}$　　　③ $\frac{13}{29}$

④ $\frac{15}{29}$　　　⑤ $\frac{17}{29}$

Tip

- $\displaystyle\sum_{x=1}^{8} P(X=x)=\sum_{x=1}^{8}\frac{k}{x(x+2)}=$ **❶**

- $\dfrac{1}{k(k+2)}=$ **❷** $\left(\dfrac{1}{k}-\dfrac{1}{k+2}\right)$

답 ❶ 1 ❷ $\frac{1}{2}$

풀이

확률의 총합은 1이므로

$$\sum_{x=1}^{8} P(X=x)=\sum_{x=1}^{8}\frac{k}{x(x+2)}=\sum_{x=1}^{8}\frac{k}{2}\left(\frac{1}{x}-\frac{1}{x+2}\right)$$
$$=\frac{k}{2}\left(1-\frac{1}{3}+\frac{1}{2}-\frac{1}{4}+\cdots+\frac{1}{8}-\frac{1}{10}\right)$$
$$=\frac{k}{2}\left(1+\frac{1}{2}-\frac{1}{9}-\frac{1}{10}\right)=\frac{29}{45}k=1$$

따라서 $k=\frac{45}{29}$이므로

$$P(X<2)=P(X=1)=\frac{1}{3}\times\frac{45}{29}=\frac{15}{29}$$

답 ④

핵심 예제 02

확률변수 X의 확률질량함수가

$$P(X=x)=ax+a \ (x=1, 2, 3)$$

일 때, $E(9X)$의 값은? (단, a는 상수이다.)

① 18　　　② 20　　　③ 22

④ 24　　　⑤ 26

Tip

- $\displaystyle\sum_{x=1}^{3} P(X=x)=\sum_{x=1}^{3}(ax+a)=$ **❶**

- $P(X=x)=\left(\boxed{\textbf{❷}}\right)a \ (x=1, 2, 3)$

답 ❶ 1 ❷ $x+1$

풀이

확률의 총합은 1이므로

$$2a+3a+4a=1, \ 9a=1 \qquad \therefore a=\frac{1}{9}$$

확률변수 X의 확률분포를 표로 나타내면 다음과 같다.

X	1	2	3	합계
$P(X=x)$	$\frac{2}{9}$	$\frac{1}{3}$	$\frac{4}{9}$	1

따라서 $E(X)=1\times\frac{2}{9}+2\times\frac{1}{3}+3\times\frac{4}{9}=\frac{20}{9}$이므로

$$E(9X)=9E(X)=9\times\frac{20}{9}=20$$

답 ②

> 확률의 성질을 이용하여 상수 a의 값을 구해 봐.

1-1

확률변수 X의 확률질량함수가

$$P(X=x)=\frac{x}{10} \ (x=1, 2, 3, 4)$$

일 때, $P(X=a)+P(X=b)=\frac{1}{2}$을 만족시키는 두 자연수 a, b에 대하여 가능한 a^2+b^2의 값의 합을 구하시오.

2-1

확률변수 X의 확률질량함수가

$$P(X=x)=\frac{3x-2}{12} \ (x=1, 2, 3)$$

일 때, $V(-3X+1)$의 값을 구하시오.

핵심 예제 03

흰 공 3개와 검은 공 3개가 들어 있는 주머니에서 임의로 1개의 공을 꺼내는 시행을 흰 공 3개를 모두 꺼낼 때까지 반복할 때, 주머니에 남아 있는 검은 공의 개수를 확률변수 X라 하자. $P(X=1)$의 값은?

(단, 꺼낸 공은 다시 넣지 않는다.)

① $\dfrac{1}{10}$　　② $\dfrac{1}{5}$　　③ $\dfrac{3}{10}$

④ $\dfrac{2}{5}$　　⑤ $\dfrac{1}{2}$

Tip

$X=1$일 때, ❶ 　　 번째로 공을 꺼낼 때까지 흰 공 2개, 검은 공 2개를 꺼내고, ❷ 　　 번째에 흰 공을 꺼내는 경우이다.

답 ❶ 4 ❷ 5

풀이

4번째 공을 꺼낼 때까지 흰 공 2개, 검은 공 2개를 꺼내고, 5번째에 흰 공을 꺼내는 경우이므로

$$P(X=1)=\frac{{}_3C_2 \times {}_3C_2}{{}_6C_4} \times \frac{{}_1C_1}{{}_2C_1}=\frac{3}{10}$$

답 ③

3-1

1이 적힌 공이 1개, 2가 적힌 공이 2개, k가 적힌 공이 k개 들어 있는 주머니에서 임의로 1개의 공을 꺼낼 때, 공에 적힌 수를 확률변수 X라 하자. $P(X=k)=\dfrac{1}{2}$일 때, 2보다 큰 자연수 k의 값은?

① 3　　② 4　　③ 5

④ 6　　⑤ 7

핵심 예제 04

모양이 비슷한 병뚜껑 5개 중에서 A병에 맞는 뚜껑이 1개 있다. 이 병뚜껑 5개 중에서 임의로 1개를 택하여 A병에 맞는 뚜껑인지 확인하려고 할 때, A병에 맞는 뚜껑을 찾을 때까지 확인한 횟수를 확률변수 X라 하자. $E(X)$의 값은?

(단, 한 번 확인한 뚜껑은 다시 확인하지 않는다.)

① 1　　② 2　　③ 3

④ 4　　⑤ 5

Tip

확률변수 X의 확률질량함수
$P(X=x_i)=p_i$ $(i=1, 2, \cdots, n)$에 대하여
❶ 　　 $=x_1p_1+x_2p_2+ \cdots +x_np_n$

답 ❶ $E(X)$

풀이

확률변수 X가 가질 수 있는 값은 1, 2, 3, 4, 5이고, 그 확률은 각각

$$P(X=1)=\frac{1}{5},\ P(X=2)=\frac{4}{5}\times\frac{1}{4}=\frac{1}{5}$$

$$P(X=3)=\frac{4}{5}\times\frac{3}{4}\times\frac{1}{3}=\frac{1}{5}$$

$$P(X=4)=\frac{4}{5}\times\frac{3}{4}\times\frac{2}{3}\times\frac{1}{2}=\frac{1}{5}$$

$$P(X=5)=\frac{4}{5}\times\frac{3}{4}\times\frac{2}{3}\times\frac{1}{2}\times1=\frac{1}{5}$$

이므로 X의 확률분포를 표로 나타내면 다음과 같다.

X	1	2	3	4	5	합계
$P(X=x)$	$\dfrac{1}{5}$	$\dfrac{1}{5}$	$\dfrac{1}{5}$	$\dfrac{1}{5}$	$\dfrac{1}{5}$	1

$$\therefore E(X)=1\times\frac{1}{5}+2\times\frac{1}{5}+3\times\frac{1}{5}+4\times\frac{1}{5}+5\times\frac{1}{5}=3$$

답 ③

4-1

숫자 1, 1, 1, 2, 2, 3이 하나씩 적힌 6개의 공이 들어 있는 주머니에서 임의로 2개의 공을 동시에 꺼낼 때, 꺼낸 공에 적힌 두 수의 합을 확률변수 X라 하자. $E(X)$의 값은?

① 2　　② $\dfrac{7}{3}$　　③ $\dfrac{8}{3}$

④ 3　　⑤ $\dfrac{10}{3}$

핵심 예제 05

이항분포 $B(n, p)$를 따르는 확률변수 X에 대하여

$$E(X)=12, \ V(X)=3$$

일 때, 이항분포 $B(n^2, p^2)$을 따르는 확률변수 Y의 분산은?

① 61   ② 63   ③ 65

④ 67   ⑤ 69

Tip

이항분포 $B(n, p)$를 따르는 확률변수 X에 대하여

$E(X)=$ ❶⬚ p, $V(X)=np(\fbox{❷⬚})$

閏 ❶ n ❷ $1-p$

풀이

확률변수 X가 이항분포 $B(n, p)$를 따르므로

$E(X)=np=12$ ······㉠

$V(X)=np(1-p)=3$ ······㉡

㉡에 ㉠을 대입하면

$12(1-p)=3, \ 1-p=\dfrac{1}{4}$ $\therefore p=\dfrac{3}{4}$

㉠에 $p=\dfrac{3}{4}$을 대입하면

$\dfrac{3}{4}n=12$ $\therefore n=16$

따라서 확률변수 Y는 이항분포 $B\left(256, \dfrac{9}{16}\right)$를 따르므로

$V(Y)=256\times\dfrac{9}{16}\times\dfrac{7}{16}=63$

閏 ②

평균, 분산을 이용하여 n, p의 값을 구해 봐.

5-1

두 확률변수 X, Y는 각각 이항분포 $B\left(49, \dfrac{3}{7}\right)$, $B\left(n, \dfrac{1}{3}\right)$을 따른다. $V(2X)=V(Y)$일 때, 자연수 n의 값을 구하시오.

핵심 예제 06

흰 공 3개, 검은 공 1개가 들어 있는 상자에서 임의로 1개의 공을 꺼내어 흰 공이면 1점, 검은 공이면 3점을 얻는 게임을 12회 반복할 때, 얻는 점수를 확률변수 X라 하자. $E(X)$의 값을 구하시오.

Tip

이 게임을 12회 반복할 때, 흰 공이 나오는 횟수를 확률변수 Y라 하면 검은 공이 나오는 횟수는 ❶⬚ 이므로

$X=Y+$ ❷⬚ $(12-Y)$

閏 ❶ $12-Y$ ❷ 3

풀이

1개의 공을 꺼낼 때, 흰 공이 나올 확률은 $\dfrac{3}{4}$

이 게임을 12회 반복할 때, 흰 공이 나오는 횟수를 확률변수 Y라 하면 Y는 이항분포 $B\left(12, \dfrac{3}{4}\right)$을 따른다.

$\therefore E(Y)=12\times\dfrac{3}{4}=9$

이때 검은 공이 나오는 횟수는 $12-Y$이므로

$X=Y+3(12-Y)=36-2Y$

$\therefore E(X)=E(36-2Y)=36-2E(Y)=36-2\times9=18$

閏 18

6-1

한 개의 주사위를 한 번 던져서 나오는 눈의 수가 3의 배수이면 3점을 얻고, 3의 배수가 아니면 1점을 얻는 게임을 240번 반복할 때, 얻을 수 있는 점수의 기댓값은?

① 400   ② 410   ③ 420

④ 430   ⑤ 440

핵심 예제 07

이항분포 $B(n, p)$를 따르는 확률변수 X가 다음 조건을 만족시킬 때, $E(X^2)$의 값을 구하시오. (단, $p \neq 0$)

> (가) $V(X) = 12$
> (나) $\dfrac{P(X=n-1)}{P(X=n)} = 192$

Tip

- $V(X) = E(X^2) - \{E(X)\}^2$이므로

  $E(X^2) = \boxed{\text{❶}} + \{E(X)\}^2$

- 이항분포 $B(n, p)$를 따르는 확률변수 X에 대하여

  $P(X=k) = {}_n C_k\, p^k (\boxed{\text{❷}})^{n-k}$

답 ❶ $V(X)$ ❷ $1-p$

풀이

조건 (가)에서 $V(X) = np(1-p) = 12$ ······ ㉠

조건 (나)에서 $\dfrac{P(X=n-1)}{P(X=n)} = \dfrac{{}_n C_{n-1}\, p^{n-1}(1-p)}{{}_n C_n\, p^n} = 192$

$\dfrac{np^{n-1}(1-p)}{p^n} = 192$, $n(1-p) = 192p$ ······ ㉡

㉠에 ㉡을 대입하면

$192p^2 = 12$, $p^2 = \dfrac{1}{16}$ ∴ $p = \dfrac{1}{4}$ ($\because 0 < p \leq 1$)

㉠에 $p = \dfrac{1}{4}$을 대입하면

$\dfrac{3}{16} n = 12$ ∴ $n = 64$

즉 확률변수 X는 이항분포 $B\left(64, \dfrac{1}{4}\right)$을 따르므로

$E(X) = 64 \times \dfrac{1}{4} = 16$

∴ $E(X^2) = V(X) + \{E(X)\}^2 = 12 + 16^2 = 268$

답 268

7-1

한 개의 주사위를 14번 던져서 6의 약수의 눈이 나오는 횟수를 확률변수 X라 할 때, $\dfrac{P(X=k)}{P(X=k+1)} = 1$을 만족시키는 상수 k의 값을 구하시오.

핵심 예제 08

이항분포 $B\left(10, \dfrac{1}{4}\right)$을 따르는 확률변수 X에 대하여

$\displaystyle\sum_{r=0}^{10} (r+1)^2 \,{}_{10}C_r \left(\dfrac{1}{4}\right)^r \left(\dfrac{3}{4}\right)^{10-r}$의 값은?

① $\dfrac{3}{4}$ ② $\dfrac{35}{8}$ ③ $\dfrac{43}{8}$

④ $\dfrac{63}{8}$ ⑤ $\dfrac{113}{8}$

Tip

$\displaystyle\sum_{r=0}^{10} (r+1)^2 P(X=r)$

$= \displaystyle\sum_{r=0}^{10} (r^2 + 2r + 1) P(X=r)$

$= \displaystyle\sum_{r=0}^{10} r^2 P(X=r) + 2\sum_{r=0}^{10} r P(X=r) + \sum_{r=0}^{10} P(X=r)$

$= E(X^2) + \boxed{\text{❶}}\, E(X) + \boxed{\text{❷}}$

답 ❶ 2 ❷ 1

풀이

확률변수 X의 확률질량함수는

$P(X=r) = {}_{10}C_r \left(\dfrac{1}{4}\right)^r \left(\dfrac{3}{4}\right)^{10-r}$ $(r = 0, 1, 2, \cdots, 10)$

이고 X는 이항분포 $B\left(10, \dfrac{1}{4}\right)$을 따르므로

$E(X) = 10 \times \dfrac{1}{4} = \dfrac{5}{2}$, $V(X) = 10 \times \dfrac{1}{4} \times \dfrac{3}{4} = \dfrac{15}{8}$

∴ $\displaystyle\sum_{r=0}^{10} (r+1)^2 \,{}_{10}C_r \left(\dfrac{1}{4}\right)^r \left(\dfrac{3}{4}\right)^{10-r}$

$= \displaystyle\sum_{r=0}^{10} (r+1)^2 P(X=r)$

$= E(X^2) + 2E(X) + 1$

$= [V(X) + \{E(X)\}^2] + 2E(X) + 1$

$= \dfrac{15}{8} + \left(\dfrac{5}{2}\right)^2 + 2 \times \dfrac{5}{2} + 1 = \dfrac{113}{8}$

답 ⑤

8-1

이항분포 $B\left(25, \dfrac{1}{5}\right)$을 따르는 확률변수 X에 대하여

$A = \displaystyle\sum_{k=0}^{25} 2 \times {}_{25}C_k \left(\dfrac{1}{5}\right)^k \left(\dfrac{4}{5}\right)^{25-k}$

$B = \displaystyle\sum_{k=0}^{25} 5k \times {}_{25}C_k \left(\dfrac{1}{5}\right)^k \left(\dfrac{4}{5}\right)^{25-k}$

$C = \displaystyle\sum_{k=0}^{25} k^2 \times {}_{25}C_k \left(\dfrac{1}{5}\right)^k \left(\dfrac{4}{5}\right)^{25-k}$

일 때, $A - B + C$의 값을 구하시오.

필수 체크 전략 ②

01 숫자 1, 3, 5, ⋯, $2n-1$이 적힌 카드가 각각 1, 2, 3, ⋯, n장씩 들어 있는 상자에서 임의로 1장의 카드를 꺼낼 때, 카드에 적힌 숫자를 확률변수 X라 하자. $\mathrm{E}(X)$의 값은?

① $\dfrac{4n-1}{4}$ ② $\dfrac{4n-1}{3}$ ③ $\dfrac{4n-1}{2}$

④ $2n$ ⑤ $\dfrac{4n+1}{2}$

Tip

• 상자에 들어 있는 카드의 총 개수는

$$\sum_{k=1}^{n} k = \frac{\boxed{❶}\,(n+1)}{2}$$

• 확률변수 X의 확률질량함수는

$$\mathrm{P}(X=2k-1) = \frac{k}{\dfrac{n(n+1)}{2}} = \frac{\boxed{❷}}{n(n+1)}$$

$$(k=1, 2, 3, \cdots, n)$$

📋 ❶ n ❷ $2k$

02 볼펜 2자루와 연필 3자루 중에서 임의로 2자루를 고를 때, 나오는 연필의 개수를 확률변수 X라 하자. $\mathrm{E}(5X-1)$의 값을 구하시오.

Tip

• 볼펜 2자루와 연필 3자루 중에서 임의로 2자루를 고르는 경우의 수는

$$_5\mathrm{C}_{\boxed{❶}} = 10$$

• $\mathrm{E}(5X-1) = \boxed{❷}\,\mathrm{E}(X)-1$

📋 ❶ 2 ❷ 5

확률변수 X가 가질 수 있는 값은 0, 1, 2야.

03 100원짜리 동전 2개와 500원짜리 동전 2개를 동시에 던질 때, 각각 나온 앞면의 개수의 곱을 확률변수 X라 하자. 확률변수 X의 확률분포를 표로 나타내면 다음과 같다.

X	0	1	2	4	합계
$\mathrm{P}(X=x)$	a	$\dfrac{1}{4}$	b	$\dfrac{1}{16}$	1

상수 a, b에 대하여 $\mathrm{E}(aX+b)$의 값은?

① $\dfrac{11}{16}$ ② $\dfrac{13}{16}$ ③ $\dfrac{15}{16}$

④ $\dfrac{17}{16}$ ⑤ $\dfrac{19}{16}$

Tip

100원짜리 동전 2개와 500원짜리 동전 2개를 동시에 던졌을 때, 나온 앞면의 개수를 각각 n_1, n_2라 하면

$X=0$일 때 순서쌍 (n_1, n_2)는

$(0, 0), (0, 1), (0, 2), (1, 0), (2, \boxed{❶})$

$X=\boxed{❷}$일 때 순서쌍 (n_1, n_2)는 $(1, 2), (2, 1)$

📋 ❶ 0 ❷ 2

04 확률변수 X에 대하여

$$\mathrm{E}(X^2)=a, \quad \mathrm{E}(2X)=40, \quad \sigma(-2X+1)=8$$

일 때, 상수 a의 값은?

① 402   ② 404   ③ 408

④ 416   ⑤ 432

Tip

• 확률변수 X에 대하여

$$\mathrm{V}(X) = \mathrm{E}(\boxed{❶}) - \{\mathrm{E}(X)\}^2$$

• 확률변수 X와 상수 a, b $(a \neq 0)$에 대하여

$$\sigma(aX+b) = \boxed{❷}\,\sigma(X)$$

📋 ❶ X^2 ❷ $|a|$

05 확률변수 X의 확률질량함수가

$$P(X=x)={}_nC_kp^k(1-p)^{n-k}\ (k=0,\ 1,\ 2,\ \cdots,\ n)$$

일 때, $E(X)=80$, $V(X)=16$이다. $\dfrac{n}{p}$의 값은?

① 110   ② 115   ③ 120

④ 125   ⑤ 130

Tip

이항분포 $B(n,\ p)$를 따르는 확률변수 X에 대하여

$E(X)=n$❶⬚, $V(X)=np($❷⬚$)$

🔑 ❶ p ❷ $1-p$

---

06 서로 다른 2개의 주사위를 동시에 던지는 시행을 120회 반복할 때, 나오는 두 눈의 수의 합이 6 이하인 횟수를 확률변수 X라 하자. $V(6X)$의 값은?

① 1050   ② 1100   ③ 1150

④ 1200   ⑤ 1250

Tip

서로 다른 2개의 주사위를 동시에 던지는 시행은 서로 ❶⬚ 인 시행이므로 확률변수 X는 ❷⬚ 분포를 따른다.

🔑 ❶ 독립 ❷ 이항

---

07 다음 그림과 같이 원판을 6등분하여 각각의 영역에 12의 양의 약수를 시계방향으로 하나씩 적는다. 이 원판을 돌린 후 화살을 쏘는 시행을 180번 반복했을 때, 6의 양의 약수가 적힌 영역에 화살이 꽂히는 횟수를 확률변수 X라 하자. $E(X)+E(X^2)$의 값은?

(단, 화살은 원판을 벗어나거나 경계선에 꽂히지 않는다.)

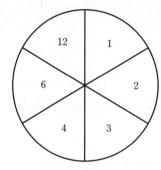

① 14520   ② 14530   ③ 14540

④ 14550   ⑤ 14560

Tip

12의 양의 약수 중에서 6의 양의 약수의 개수는 ❶⬚ 이므로 6의 양의 약수가 적힌 영역에 화살이 꽂힐 확률은

$\dfrac{4}{6}=$❷⬚

🔑 ❶ 4 ❷ $\dfrac{2}{3}$

---

08 3개의 불량품이 포함된 7개의 제품 중에서 임의로 한 개의 제품을 꺼내어 검사하려고 한다. 불량품이 모두 나오면 검사를 끝낸다고 할 때, 검사가 끝날 때까지 검사의 횟수를 확률변수 X라 하자. $E(X)$의 값은?

(단, 한 번 검사한 제품은 다시 검사하지 않는다.)

① 4   ② 5   ③ 6

④ 7   ⑤ 8

Tip

• 확률변수 X가 가질 수 있는 값은 ❶⬚ , 4, 5, 6, 7

• $P(X=3)=\dfrac{3}{7}\times\dfrac{2}{6}\times\dfrac{1}{5}=$❷⬚

🔑 ❶ 3 ❷ $\dfrac{1}{35}$

WEEK 1
누구나 합격 전략

01 확률변수 X의 확률질량함수가

$$\mathrm{P}(X=x)=\frac{1}{4}x-k \ (x=-1, 0, 1)$$

일 때, 상수 k의 값은?

① $-\dfrac{5}{4}$ 　 ② -1 　 ③ $-\dfrac{1}{2}$

④ $-\dfrac{1}{3}$ 　 ⑤ $-\dfrac{1}{4}$

02 확률변수 X의 확률분포를 표로 나타내면 다음과 같다.

X	1	5	10	합계
$\mathrm{P}(X=x)$	a	$\dfrac{1}{5}$	b	1

$\mathrm{E}(X)=\dfrac{9}{2}$ 일 때, ab의 값은? (단, a, b는 상수이다.)

① $\dfrac{3}{20}$ 　 ② $\dfrac{1}{5}$ 　 ③ $\dfrac{1}{4}$

④ $\dfrac{3}{10}$ 　 ⑤ $\dfrac{7}{20}$

03 확률변수 X의 확률분포를 표로 나타내면 다음과 같다.

X	1	2	3	4	합계
$\mathrm{P}(X=x)$	$\dfrac{1}{6}$	$\dfrac{1}{4}$	$\dfrac{1}{2}$	$\dfrac{1}{12}$	1

$\mathrm{E}(10X-7)$의 값은?

① 16 　 ② 17 　 ③ 18

④ 19 　 ⑤ 20

먼저 $\mathrm{E}(X)$를 구한 후 확률변수 X의 성질을 이용해 봐.

04 이항분포 $\mathrm{B}\left(n, \dfrac{1}{4}\right)$을 따르는 확률변수 X에 대하여

$$\mathrm{E}(2X-4)=28$$

일 때, $\mathrm{V}(2X-4)$의 값은?

① 12 　 ② 20 　 ③ 24

④ 44 　 ⑤ 48

05 확률변수 X의 확률질량함수가

$$\mathrm{P}(X=x)=\frac{a}{x} \ (x=2, 2^2, 2^3, \cdots, 2^{10})$$

일 때, 상수 a의 값은?

① $\dfrac{1}{1023}$　② $\dfrac{611}{612}$　③ $\dfrac{1023}{1024}$

④ $\dfrac{1024}{2045}$　⑤ $\dfrac{1024}{1023}$

06 흰 공 3개, 검은 공 2개가 들어 있는 주머니에서 임의로 3개의 공을 꺼낼 때, 나오는 흰 공의 개수를 확률변수 X라 하자. $\mathrm{E}(X)$의 값은?

(단, 꺼낸 공은 주머니에 다시 넣지 않는다.)

① $\dfrac{3}{5}$　② 1　③ $\dfrac{7}{5}$

④ $\dfrac{9}{5}$　⑤ $\dfrac{11}{5}$

07 두 확률변수 X, Y는 각각 이항분포 $\mathrm{B}(30, p)$, $\mathrm{B}(31, p)$를 따른다. $\mathrm{E}(Y)-\mathrm{E}(X)=\dfrac{1}{3}$일 때, $\mathrm{V}(X)$의 값은?

① 5　② $\dfrac{20}{3}$　③ $\dfrac{25}{3}$

④ 10　⑤ $\dfrac{40}{3}$

08 이항분포 $\mathrm{B}(n, p)$를 따르는 확률변수 X의 평균이 12, 분산이 4일 때, $\dfrac{\mathrm{P}(X=4)}{\mathrm{P}(X=3)}$의 값은?

① $\dfrac{13}{2}$　② 7　③ $\dfrac{15}{2}$

④ 8　⑤ $\dfrac{17}{2}$

1 지호와 유림이는 함수 $y=f(x)$의 그래프가 그려져 있는 게임판을 이용하여 주사위 게임을 하고 있다. 지호와 유림이가 한 개의 주사위를 한 번씩 던져서 나온 눈의 수의 차를 a라 할 때, 함수 $y=f(x)$의 그래프와 직선 $y=a$의 교점의 개수를 확률변수 X라 하자. $E(3X-1)$의 값은?

① 6　　② 8　　③ 10
④ 11　　⑤ 13

Tip

지호와 유림이가 한 개의 주사위를 한 번씩 던져서 나온 눈의 수를 각각 n_1, n_2라 하면 순서쌍 (n_1, n_2)에 대하여 $|n_1-n_2|$의 값이 0인 경우는

$(1,1), (2,2), (3,3), (4,4), (5,5), (6,6)$

이고, 그 확률은 $\dfrac{❶}{36}=\dfrac{1}{6}$

이때 함수 $y=f(x)$의 그래프와 직선 $y=0$의 교점의 개수는 함수 $y=f(x)$의 그래프와 x축의 교점의 개수와 같으므로 ❷ 이다.

답 ❶ 6 ❷ 2

2 H 자동차는 생산라인 A, B, C에서 1등급, 2등급, 3등급으로 등급을 나누어 신차를 생산하고 있다.

[○○뉴스]

H 자동차에서 출시된 신차, 생산라인에 따라 등급 비율 달라.

지난 15일 H 자동차에서 생산라인 A, B, C를 검사한 결과 각 라인별로 자동차 효율 등급을 나눠서 생산하고 있다고 한다.

1등급, 2등급, 3등급에 해당하는 제품의 가격은 각각 2천만 원, 1천 500만 원, 1천만 원이고 세 생산라인 A, B, C에서 등급별로 나누어 생산한 비율이 각각 다음과 같다.

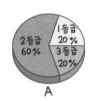

제품 한 개의 가격을 확률변수 X라 할 때, 가격이 고르게 나오는 생산라인부터 나열한 것은?

① A, B, C　② A, C, B　③ B, A, C
④ B, C, A　⑤ C, A, B

Tip

• 가격이 고르게 나오려면 ❶ 의 값이 작아야 한다.
• 확률변수 X에 대하여 $\sigma(X)=\sqrt{❷}$

답 ❶ 표준편차 (또는 분산) ❷ $V(X)$

3 다음 그림과 같이 도로에 두 지점 P, Q와 4개의 분기점 C_i ($i=1, 2, 3, 4$)가 있다. 지점 P에서 지점 Q까지 이동할 때, 각각의 분기점에서 길을 택할 확률은 도로 위에 표시되어 있다. 지점 P에서 지점 Q까지 이동하는 데 지나는 분기점의 개수를 확률변수 X라 할 때, $V(X)$의 값은?

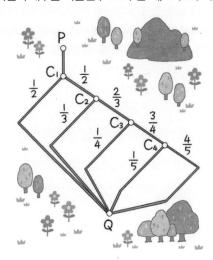

① $\dfrac{61}{144}$　　② $\dfrac{89}{144}$　　③ $\dfrac{197}{144}$

④ $\dfrac{211}{144}$　　⑤ $\dfrac{227}{144}$

Tip

지점 P에서 지점 Q까지 이동할 때, 분기점을 가장 적게 지나는 경로는 P→❶ 　 →Q이고 가장 많이 지나는 경로는 P→C_1→C_2→❷ 　 →C_4→Q이다.

답 ❶ C_1 ❷ C_3

4 수열 $\{a_n\}$에 대하여 첫째항부터 제n항까지의 합을 S_n이라 할 때, $S_n=-2n^2+28n-1$이다. 수열 $\{a_n\}$의 첫째항부터 제100항 중에서 임의로 하나를 택하여 4로 나눈 나머지를 확률변수 X라 하자. $E(100X+1)$의 값은?

$n \geq 2$에서 $S_n-S_{n-1}=a_n$이 성립하잖아. 그러면 a_1의 값은 어떻게 구하지?

$a_1=S_1$이므로 S_n에 $n=1$을 대입해서 구할 수 있어!

① 200　　② 201　　③ 202

④ 203　　⑤ 204

Tip

수열 $\{a_n\}$의 첫째항부터 제n항까지의 합을 S_n이라 하면
$a_1=$❶ 　 , $a_n=$❷ 　 $-S_{n-1}$ ($n \geq 2$)

답 ❶ S_1 ❷ S_n

창의·융합·코딩 전략 ②

5 서로 다른 두 개의 주사위를 동시에 던져서 나오는 눈의 수를 각각 a, b라 할 때, 방정식 $(x-a)^2+(y-b)^2=1$이 결정된다. 이 시행을 405회 반복하여 결정된 405개의 원을 좌표평면에 나타낼 때, 405개의 원 중에서 직선 $y=x$와 서로 다른 두 점에서 만나는 원의 개수를 확률변수 X라 하자. $\mathrm{E}(X^2)$의 값은?

시행 횟수가 405회나 되네. 모든 경우를 다 계산해 봐야 할까?

아니야. 주사위를 던지는 시행은 독립시행이니까 이항분포를 이용하면 돼!

① 14100 ② 24100 ③ 25700

④ 32100 ⑤ 32500

Tip

원 $(x-a)^2+(y-b)^2=1$과 직선 $y=x$가 서로 다른 두 점에서 만나려면 원의 중심 (a, b)와 직선 $y=x$ 사이의 거리가 **❶** 보다 작아야 한다. 즉

$$\frac{|\,\boxed{❷}\,-b|}{\sqrt{1^2+(-1)^2}}<1$$이므로 $|a-b|<\sqrt{2}$

답 ❶ 1 ❷ a

6 다음 그림과 같이 두 함수 $y=2^x$, $y=\log_2 x$의 그래프와 직선 $y=-x+k$가 만나는 점을 각각 A, B라 하자. 각 면에 1, 2, 3, 4가 하나씩 적힌 정사면체 모양의 주사위를 던져서 바닥에 닿은 면에 적힌 수를 점 A의 x좌표라 할 때, 선분 AB의 길이를 확률변수 X라 하자. $\mathrm{E}(X^2)$의 값은?

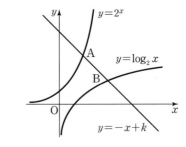

① 86 ② 87 ③ 88

④ 89 ⑤ 90

Tip

두 함수 $y=2^x$, $y=\log_2 x$의 그래프는 서로 **❶** 이 므로 두 점 A, B는 직선 $y=$ **❷** 에 대하여 서로 대 칭이다.

답 ❶ 역함수 ❷ x

두 점 A(x_1, y_1), B(x_2, y_2)에 대하여 $\overline{\mathrm{AB}}=\sqrt{(x_2-x_1)^2+(y_2-y_1)^2}$이야.

7 다음 그림과 같이 원판을 6등분하여 각각의 영역에 1, 2, 2^2, 2^3, 2^4, 2^5을 시계방향으로 하나씩 적는다. 이 원판을 돌린 후 화살을 쏘는 시행을 180번 반복했을 때, 24의 양의 약수가 적힌 영역에 화살이 꽂히는 횟수를 확률변수 X라 하자. $2X^2-10$(만 원)의 상금을 주기로 할 때, 상금의 기댓값은?

(단, 화살은 원판을 벗어나거나 경계선에 꽂히지 않는다.)

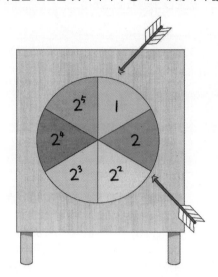

① 9820 ② 11230 ③ 12230
④ 19650 ⑤ 28870

Tip

• 1, 2, 2^2, 2^3, 2^4, 2^5에서
  24의 양의 약수는 1, 2, 2^2, ❶ ☐
• 확률변수 X에 대하여
  $V(X)=$ ❷ ☐ $-\{E(X)\}^2$

📋 ❶ 2^3 ❷ $E(X^2)$

8 해찬이는 기본점수로 100점을 부여받고, 각 면에 1부터 12가 하나씩 적힌 정십이면체 모양의 주사위를 한 번 던질 때마다 다음과 같은 규칙으로 점수를 얻는다.

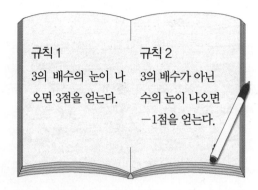

규칙 1	규칙 2
3의 배수의 눈이 나오면 3점을 얻는다.	3의 배수가 아닌 수의 눈이 나오면 -1점을 얻는다.

한 개의 주사위를 90번 던져서 얻는 해찬이의 점수를 확률변수 X라 할 때, $V(2X)$의 값은?

① 1020 ② 1150 ③ 1280
④ 1320 ⑤ 1440

Tip

• 1에서 12까지 3의 배수는 3, ❶ ☐ , 9, 12이므로 1부터 12가 하나씩 적힌 정십이면체 모양의 주사위를 한 번 던져서 3의 배수가 나올 확률은 $\dfrac{4}{12}=\dfrac{1}{3}$
• 한 개의 주사위를 90번 던질 때 3의 배수의 눈이 나오는 횟수를 Y라 하면
  $X=100+3Y+($ ❷ ☐ $-Y)\times(-1)$

📋 ❶ 6 ❷ 90

2 정규분포와 통계적 추정

이 곳은 여러분이 편의점에서 사 먹는 빵을 생산하는 공장입니다.

방금 만든 빵이에요. 드셔 보세요.

정말 맛있어요!

이 공장은 복지도 좋아서 오래 다니는 직원이 많아요.

얼마나 되는데요?

10년 이상 근무한 사람의 비율이 20 %예요.

이 공장 직원 중에서 400명을 임의로 뽑을 때, 10년 이상 근무한 사람의 수가 80명 이상일 확률은 얼마일까요?

10년 이상 근무한 사람의 수를 확률변수 X라 하면 X는 이항분포 $\mathrm{B}\left(400,\ \dfrac{1}{5}\right)$을 따르네요.

그럼 10년 이상 근무한 사람의 수가 80명 이상일 확률은 0.5네요.

$$\text{(평균)} = 400 \times \frac{1}{5} = 80$$

$$\text{(표준편차)} = \sqrt{400 \times \frac{1}{5} \times \frac{4}{5}} = 8$$

어떻게 아셨어요?

400은 충분히 크니까 확률변수 X는 근사적으로 정규분포 $\mathrm{N}(80,\ 8^2)$을 따르거든요.

공부할 내용   1. 연속확률변수   2. 정규분포   3. 모집단과 표본   4. 모평균의 추정

개념 돌파 전략 ①

개념 **01** 연속확률변수

연속확률변수 X에 대하여 $\alpha \leq x \leq \beta$에서 정의된 함수 $f(x)$가 다음 세 가지 성질을 만족시킬 때, 함수 $f(x)$를 확률변수 X의 **❶** 라 한다.

❶ $f(x) \geq 0$

❷ 함수 $y=f(x)$의 그래프와 x축 및 두 직선 $x=\alpha$, $x=\beta$로 둘러싸인 부분의 넓이는 **❷** 이다.

❸ 확률 $P(a \leq X \leq b)$는 함수 $y=f(x)$의 그래프와 x축 및 두 직선 $x=a$, $x=b$로 둘러싸인 부분의 넓이와 같다. (단, $\alpha \leq a \leq b \leq \beta$)

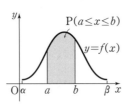

답 ❶ 확률밀도함수 ❷ 1

확인 **01**

연속확률변수 X의 확률밀도함수가 $f(x)=\dfrac{1}{9}x^2 \ (0 \leq x \leq 3)$일 때

$$P(1 \leq X \leq 2) = \int_{1}^{\boxed{❶}} \frac{1}{9}x^2\,dx = \left[\frac{1}{27}x^3 \right]_{1}^{2} = \boxed{❷}$$

답 ❶ 2 ❷ $\dfrac{7}{27}$

개념 **02** 정규분포

❶ 실수 전체의 집합에서 정의된 연속확률변수 X의 확률밀도함수 $f(x)$가 두 상수 m, $\sigma \ (\sigma>0)$에 대하여

$$f(x) = \frac{1}{\sqrt{2\pi}\sigma} e^{-\frac{(x-m)^2}{2\sigma^2}}$$

일 때, X의 확률분포를 **❶** 라 한다.

❷ 평균이 m이고 표준편차가 σ인 정규분포를 기호로 **❷** 과 같이 나타낸다.

답 ❶ 정규분포 ❷ $N(m, \sigma^2)$

확인 **02**

세 확률변수 X, Y, Z가 각각 정규분포 $N(100, 10^2)$, $N(50, 20^2)$, $N(45, 10^2)$을 따를 때, 평균이 가장 큰 확률변수는 **❶** 이고, 표준편차가 가장 큰 확률변수는 **❷** 이다.

답 ❶ X ❷ Y

개념 **03** $N(m, \sigma^2)$의 확률밀도함수의 그래프의 성질

❶ 직선 **❶** 에 대하여 대칭이고 종 모양의 곡선이다.

❷ 곡선과 x축 사이의 넓이는 1이다.

❸ **❷** 을 점근선으로 하며, $x=m$일 때 최댓값을 갖는다.

❹ m의 값이 일정할 때, σ의 값이 커지면 곡선은 낮아지면서 양쪽으로 퍼지고, σ의 값이 작아지면 곡선은 높아지면서 뾰족해진다.

❺ σ의 값이 일정할 때, m의 값에 따라 대칭축의 위치는 바뀌지만 곡선의 모양은 같다.

답 ❶ $x=m$ ❷ x축

확인 **03**

세 정규분포의 확률밀도함수의 그래프에서 평균이 가장 큰 것은 **❶** 표준편차가 가장 작은 것은 **❷**

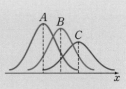

답 ❶ C ❷ A

개념 **04** 표준정규분포

❶ 평균이 0이고 분산이 1인 정규분포를 **❶** 라 하며, 이것을 기호로 $N(0, 1)$과 같이 나타낸다. 확률변수 Z가 표준정규분포 $N(0, 1)$을 따를 때, $P(0 \leq Z \leq a)$는 색칠한 부분의 넓이와 같고, 그 값은 표준정규분포표를 이용하여 구할 수 있다.

❷ 정규분포와 표준정규분포의 관계

확률변수 $Z=\dfrac{X-m}{\sigma}$ 은 표준정규분포 **❷** 을 따르고 $P(a \leq X \leq b) = P\left(\dfrac{a-m}{\sigma} \leq Z \leq \dfrac{b-m}{\sigma} \right)$

답 ❶ 표준정규분포 ❷ $N(0, 1)$

확인 **04**

확률변수 X가 정규분포 $N(10, 2^2)$을 따를 때

$$P(8 \leq X \leq 12) = P\left(\frac{8-\boxed{❶}}{2} \leq Z \leq \frac{12-10}{2} \right)$$
$$= P(-1 \leq Z \leq \boxed{❷})$$

답 ❶ 10 ❷ 1

확률변수 X가 이항분포 $B(n, p)$를 따르고 n이 충분히 클 때, X는 근사적으로 정규분포

$N(\boxed{❶}, \boxed{❷})$를 따른다.

답 ❶ np ❷ $np(1-p)$

확인 05

확률변수 X가 이항분포 $B\left(180, \dfrac{5}{6}\right)$를 따를 때

$E(X) = 180 \times \dfrac{5}{6} = 150$, $V(X) = 180 \times \dfrac{5}{6} \times \dfrac{1}{6} = 25$

이때 180은 충분히 큰 수이므로 X는 근사적으로 정규분포

$N(\boxed{❶}, \boxed{❷}^2)$을 따른다.

답 ❶ 150 ❷ 5

❶ $\boxed{❶}$: 통계 조사에서 조사의 대상이 되는 집단 전체를 조사하는 것

❷ 표본조사: 조사의 대상 중에서 일부분만 뽑아서 조사하는 것

❸ 모집단: 통계 조사에서 조사하고자 하는 대상 전체

❹ $\boxed{❷}$: 모집단에서 뽑은 일부분

❺ 임의추출: 모집단에 속하는 각 대상이 같은 확률로 추출되도록 표본을 추출하는 방법

답 ❶ 전수조사 ❷ 표본

확인 06

다음은 통계 조사 방법 중 전수조사와 표본조사에 대한 특징이다.

$\boxed{❶}$	• 자료의 특성을 정확히 알 수 있다. • 많은 시간과 비용이 필요하다.
$\boxed{❷}$	• 자료의 특성을 근사적으로 알 수 있다. • 시간과 비용을 절약해야 하는 경우에 사용한다.

답 ❶ 전수조사 ❷ 표본조사

모평균이 m, 모분산이 σ^2인 모집단에서 크기가 n인 표본을 임의추출할 때, 표본평균 $\overline{X}$에 대하여

❶ $E(\overline{X}) = \boxed{❶}$, $V(\overline{X}) = \dfrac{\sigma^2}{n}$, $\sigma(\overline{X}) = \boxed{❷}$

❷ 모집단이 정규분포 $N(m, \sigma^2)$을 따르면 표본평균 $\overline{X}$는 정규분포 $N\left(m, \dfrac{\sigma^2}{n}\right)$을 따른다.

답 ❶ m ❷ $\dfrac{\sigma}{\sqrt{n}}$

확인 07

모평균이 80, 모분산이 5^2인 모집단에서 크기가 100인 표본을 임의추출할 때

$E(\overline{X}) = 80$, $V(\overline{X}) = \dfrac{5^2}{\boxed{❶}} = \dfrac{1}{4}$, $\sigma(\overline{X}) = \dfrac{\boxed{❷}}{\sqrt{100}} = \dfrac{1}{2}$

답 ❶ 100 ❷ 5

❶ $\boxed{❶}$: 표본평균을 이용하여 추정한 모평균의 범위

❷ 정규분포 $N(m, \sigma^2)$을 따르는 모집단에서 크기가 n인 표본을 임의추출하여 구한 표본평균 $\overline{X}$의 값을 $\bar{x}$라 할 때, 모평균 m의 신뢰구간은 다음과 같다.

① 신뢰도 $\boxed{❷}$인 신뢰구간

$$\bar{x} - 1.96 \times \dfrac{\sigma}{\sqrt{n}} \leq m \leq \bar{x} + 1.96 \times \dfrac{\sigma}{\sqrt{n}}$$

② 신뢰도 99%인 신뢰구간

$$\bar{x} - 2.58 \times \dfrac{\sigma}{\sqrt{n}} \leq m \leq \bar{x} + 2.58 \times \dfrac{\sigma}{\sqrt{n}}$$

참고 신뢰구간의 양 끝 차를 신뢰구간의 길이라 한다.

답 ❶ 신뢰구간 ❷ 95%

확인 08

표준편차가 5인 정규분포를 따르는 모집단에서 크기가 100인 표본을 임의추출하여 구한 표본평균이 80일 때, 모평균 m의

① 신뢰도 95%인 신뢰구간의 길이는

$$2 \times 1.96 \times \dfrac{5}{\sqrt{100}} = \boxed{❶}$$

② 신뢰도 99%인 신뢰구간의 길이는

$$2 \times 2.58 \times \dfrac{\boxed{❷}}{\sqrt{100}} = 2.58$$

답 ❶ 1.96 ❷ 5

개념 돌파 전략 ②

01 $0 \le x \le 2$에서 정의된 확률변수 X의 확률밀도함수 $y=f(x)$의 그래프가 다음 그림과 같을 때, 상수 k의 값은?

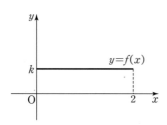

① $\dfrac{1}{6}$

② $\dfrac{1}{5}$

③ $\dfrac{1}{4}$

④ $\dfrac{1}{3}$

⑤ $\dfrac{1}{2}$

Tip

함수 $y=f(x)$의 그래프와 x축 및 두 직선 $x=0$, $x=$ ❶ 로 둘러싸인 부분의 넓이는 ❷ 이다.

🔑 ❶ 2 ❷ 1

02 $a \le x \le b$에서 정의된 두 확률변수 X, Y의 확률밀도함수가 각각 $f(x)$, $g(x)$일 때, 보기에서 확률밀도함수가 될 수 있는 것만을 있는 대로 고른 것은?

(단, a, b는 상수이다.)

┌ 보기 ┐

ㄱ. $\dfrac{1}{2}f(x)$　　　　ㄴ. $\dfrac{f(x)-2g(x)}{3}$　　　　ㄷ. $\dfrac{f(x)+g(x)}{2}$

① ㄱ

② ㄷ

③ ㄱ, ㄴ

④ ㄱ, ㄷ

⑤ ㄱ, ㄴ, ㄷ

Tip

$a \le x \le b$에서 정의된 확률변수 X의 확률밀도함수 $f(x)$에 대하여

(1) $f(x) \ge$ ❶

(2) 함수 $y=f(x)$의 그래프와 x축 및 두 직선 $x=a$, $x=b$로 둘러싸인 부분의 넓이는 ❷ 이다.

🔑 ❶ 0 ❷ 1

03 다음 중 정규분포 $N(m, \sigma^2)$을 따르는 확률변수 X의 확률밀도함수의 그래프의 성질로 옳은 것은?

① 직선 $y=m$에 대하여 대칭인 곡선이다.

② $x=m$일 때 최솟값을 갖는다.

③ 점근선은 y축이다.

④ 표준편차 σ의 값이 작을수록 곡선은 높아지면서 뾰족해진다.

⑤ 표준편차 σ의 값이 클수록 곡선의 최댓값이 커진다.

Tip

정규분포 $N(m, \sigma^2)$을 따르는 확률변수 X의 확률밀도함수의 그래프는

(1) 직선 $x=m$에 대하여 대칭이고, 종 모양의 곡선이다.

(2) ❶ 을 점근선으로 하고, $x=m$일 때 최댓값을 갖는다.

(3) m의 값이 일정할 때, ❷ 의 값이 커지면 곡선은 낮아지면서 양쪽으로 퍼진다.

🔑 ❶ x축 ❷ σ

04 정규분포 $N(m, \sigma^2)$을 따르는 확률변수 X의 확률밀도함수 $f(x)$가 모든 실수 x에 대하여 $f(10-x)=f(10+x)$를 만족시킬 때, 상수 m의 값은?

① 10   ② 15   ③ 20

④ 25   ⑤ 30

Tip

• 정규분포 $N(m, \sigma^2)$의 확률밀도함수의 그래프는 직선 ❶⬚에 대하여 대칭이다.

• 상수 a에 대하여 함수 $f(x)$가 $f(a-x)=f(a+x)$를 만족시킬 때 함수 $f(x)$의 그래프는 직선 ❷⬚에 대하여 대칭이다.

답 ❶ $x=m$ ❷ $x=a$

05 정규분포 $N(50, \sigma^2)$을 따르는 확률변수 X에 대하여
$$P(50 \le X \le a)=0.3,\ P(50 \le X \le b)=0.4$$
일 때, $P(a \le X \le b)$의 값은?

① 0.02   ② 0.04   ③ 0.06

④ 0.08   ⑤ 0.1

Tip

$P(a \le X \le b)$
$=P(❶⬚ \le X \le b)\,❷⬚\,P(50 \le X \le a)$

답 ❶ 50 ❷ −

평균이 50이므로 확률변수 X의 확률밀도함수의 그래프는 직선 $x=50$에 대하여 대칭이야.

06 정규분포 $N(m, \sigma^2)$을 따르는 확률변수 X에 대하여
$$P(m-\sigma \le X \le m+\sigma)=a,\ P(m-\sigma \le X \le m+2\sigma)=b$$
일 때, $P(m-2\sigma \le X \le m+2\sigma)$의 값을 a, b를 이용하여 나타낸 것은?

① $a-b$ ② $b-a$ ③ $2b-a$

④ $a+b$ ⑤ $a+2b$

Tip

• $P(m-\sigma \le X \le m+\sigma)$
$=❶⬚\,P(m-\sigma \le X \le m)$

• $P(m-\sigma \le X \le m+2\sigma)$
$=P(m-\sigma \le X \le ❷⬚)$
$\qquad +P(m \le X \le m+2\sigma)$

답 ❶ 2 ❷ m

07 정규분포 $N(20, 2^2)$을 따르는 확률변수 X에 대하여 $P(20 \le X \le 24)$의 값을 오른쪽 표준정규분포표를 이용하여 구한 것은?

z	$P(0 \le Z \le z)$
1.0	0.3413
1.5	0.4332
2.0	0.4772

① 0.0013　　　　② 0.0228

③ 0.1587　　　　④ 0.3413

⑤ 0.4772

Tip

$Z = \dfrac{X - \boxed{①}}{2}$으로 놓으면 확률

변수 Z는 표준정규분포 $N(0, 1)$을 따르므로

$P(a \le X \le b)$

$= P\left(\dfrac{a - 20}{2} \le Z \le \boxed{②}\right)$

🅐 ① 20　② $\dfrac{b-20}{2}$

08 정규분포 $N(70, 10^2)$을 따르는 확률변수 X에 대하여 $P(50 \le X \le 80)$의 값을 오른쪽 표준정규분포표를 이용하여 구한 것은?

z	$P(0 \le Z \le z)$
1.0	0.3413
2.0	0.4772
3.0	0.4987

① 0.2417　　　　② 0.4332

③ 0.7745　　　　④ 0.8185

⑤ 0.9759

Tip

$Z = \dfrac{X - 70}{\boxed{①}}$으로 놓으면 확률변수

Z는 표준정규분포 $N(0, 1)$을 따르므로

$P(a \le X \le b)$

$= P\left(\boxed{②} \le Z \le \dfrac{b - 70}{10}\right)$

🅐 ① 10　② $\dfrac{a-70}{10}$

09 한 개의 주사위를 180번 던질 때, 3의 배수의 눈이 나오는 횟수를 확률변수 X라 하면 X는 근사적으로 정규분포 $N(m, \sigma^2)$을 따른다. 이때 $m + \sigma^2$의 값은?

① 60　　　　② 80　　　　③ 100

④ 120　　　　⑤ 140

Tip

1회의 시행에서 3의 배수의 눈이 나올

확률이 $\boxed{①}$이므로 확률변수 X는

이항분포 $B\left(\boxed{②}, \dfrac{1}{3}\right)$을 따른다.

🅐 ① $\dfrac{1}{3}$　② 180

10 한 개의 주사위를 720번 던질 때, 2의 눈이 나오는 횟수가 110번 이상 140번 이하일 확률을 오른쪽 표준정규분포표를 이용하여 구한 것은?

z	$P(0 \leq Z \leq z)$
1.0	0.3413
1.5	0.4332
2.0	0.4772
3.0	0.4987

① 0.7745
② 0.8185
③ 0.8400
④ 0.9572
⑤ 0.9759

주사위 한 개를 한 번 던져 2의 눈이 나오는 횟수를 확률변수 X라 하면 $P(110 \leq X \leq 140)$의 값을 구하면 돼.

Tip

한 개의 주사위를 한 번 던져서 2의 눈이 나오는 횟수를 확률변수 X라 하면

(1) 1회의 시행에서 2의 눈이 나올 확률이 **❶** 이므로 확률변수 X는 이항분포 $B\left(720, \dfrac{1}{6}\right)$을 따른다.

(2) 시행 횟수가 충분히 크므로 X는 근사적으로 **❷** 분포를 따른다.

답 ❶ $\dfrac{1}{6}$ ❷ 정규

11 정규분포 $N(10, 4^2)$을 따르는 모집단에서 크기가 4인 표본을 임의추출할 때, 표본평균 $\overline{X}$는 정규분포 $N(m, \sigma^2)$을 따른다. 이때 $m+\sigma$의 값은?

① 10
② 11
③ 12
④ 13
⑤ 14

Tip

모평균이 m, 모분산이 σ^2인 모집단에서 크기가 n인 표본을 임의추출할 때, 표본평균 $\overline{X}$에 대하여

$E(\overline{X}) =$ **❶** , $\sigma(\overline{X}) =$ **❷**

답 ❶ m ❷ $\dfrac{\sigma}{\sqrt{n}}$

12 정규분포 $N(20, 5^2)$을 따르는 모집단에서 크기가 25인 표본을 임의추출할 때, 표본평균 $\overline{X}$의 분포에 대한 설명 중 보기에서 옳은 것만을 있는 대로 고른 것은?

┌ 보기 ┐
ㄱ. 표본평균 $\overline{X}$는 정규분포 $N(4, 1^2)$을 따른다.
ㄴ. $V(\overline{X}) = 1$
ㄷ. $P(\overline{X} \leq 20) = 0.5$

① ㄱ
② ㄴ
③ ㄱ, ㄷ
④ ㄴ, ㄷ
⑤ ㄱ, ㄴ, ㄷ

Tip

정규분포 $N(20, 5^2)$을 따르고 표본의 크기가 25이므로 표본평균 $\overline{X}$에 대하여

$E(\overline{X}) =$ **❶** , $V(\overline{X}) = \dfrac{5^2}{\text{❷}}$

답 ❶ 20 ❷ 25

핵심 예제 01

확률변수 X의 확률밀도함수가

$$f(x)=ax(1-x)\,(0\le x\le 1)$$

일 때, $P\!\left(0\le X\le \dfrac{1}{3}\right)$의 값은? (단, a는 상수이다.)

① $\dfrac{2}{9}$ ② $\dfrac{7}{27}$ ③ $\dfrac{8}{27}$

④ $\dfrac{1}{3}$ ⑤ $\dfrac{10}{27}$

Tip

함수 $y=f(x)$의 그래프와 x축 및 두 직선 $x=$ ❶ ,
$x=1$로 둘러싸인 부분의 넓이는 ❷ 이다.

답 ❶ 0 ❷ 1

풀이

함수 $y=f(x)$의 그래프와 x축 및 두 직선 $x=0$, $x=1$로 둘러싸인 부분의 넓이가 1이므로

$$\int_0^1 ax(1-x)\,dx=\int_0^1 (ax-ax^2)\,dx$$
$$=\left[\frac{a}{2}x^2-\frac{a}{3}x^3\right]_0^1=\frac{a}{6}=1$$

$$\therefore a=6$$

이때 $P\!\left(0\le X\le \dfrac{1}{3}\right)$은 함수 $y=f(x)$의 그래프와 x축 및 두 직선 $x=0$, $x=\dfrac{1}{3}$로 둘러싸인 부분의 넓이와 같으므로

$$P\!\left(0\le X\le \frac{1}{3}\right)=\int_0^{\frac{1}{3}} 6x(1-x)\,dx=\int_0^{\frac{1}{3}} (6x-6x^2)\,dx$$
$$=\left[3x^2-2x^3\right]_0^{\frac{1}{3}}=\frac{7}{27}$$

답 ②

1-1

확률변수 X의 확률밀도함수가

$$f(x)=\begin{cases} ax & (0\le x\le 2) \\ a(4-x) & (2\le x\le 4) \end{cases}$$

일 때, $P(1\le X\le 3)$의 값은? (단, a는 상수이다.)

① $\dfrac{1}{3}$ ② $\dfrac{1}{2}$ ③ $\dfrac{3}{4}$

④ $\dfrac{4}{5}$ ⑤ $\dfrac{6}{7}$

핵심 예제 02

정규분포 $N(m,\sigma^2)$을 따르는 확률변수 X에 대하여

$$P(m-2\sigma\le X\le m+2\sigma)=0.9544$$

일 때, $P(X\le m+2\sigma)$의 값은?

① 0.3413   ② 0.4772   ③ 0.8413

④ 0.9332   ⑤ 0.9772

Tip

• $P(m\le X\le m+\sigma)=$ ❶ $P(m-\sigma\le X\le m+\sigma)$

• $P(X\le m+\sigma)=P(m\le X\le m+\sigma)+$ ❷

답 ❶ $\dfrac{1}{2}$ ❷ $P(X\le m)$

풀이

$$P(X\le m+2\sigma)=P(m\le X\le m+2\sigma)+P(X\le m)$$
$$=\frac{1}{2}P(m-2\sigma\le X\le m+2\sigma)+0.5$$
$$=\frac{1}{2}\times 0.9544+0.5=0.9772$$

답 ⑤

$P(X\le m)=0.50$야.

2-1

확률변수 X가 정규분포 $N(m,\sigma^2)$을 따를 때, 오른쪽 표를 이용하여 보기에서 옳은 것만을 있는 대로 고른 것은?

x	$P(m\le X\le x)$
$m+\sigma$	0.3413
$m+2\sigma$	0.4772
$m+3\sigma$	0.4987

┌ 보기 ┐

ㄱ. $P(m-2\sigma\le X\le m+2\sigma)=0.9544$

ㄴ. $P(X\ge m+2\sigma)=0.9772$

ㄷ. $P(X\le m-3\sigma)=0.0013$

① ㄱ   ② ㄴ   ③ ㄷ

④ ㄱ, ㄷ   ⑤ ㄱ, ㄴ, ㄷ

핵심 예제 03

정규분포 $N(m, \sigma^2)$을 따르는 확률변수 X에 대하여 $P(2a-1 \leq X \leq 2a+3)$의 값이 최대가 되도록 하는 실수 a의 값은?

① $\dfrac{m-2}{2}$ ② $\dfrac{m-1}{2}$ ③ $\dfrac{m}{2}$

④ $\dfrac{m+1}{2}$ ⑤ $\dfrac{m+2}{2}$

Tip

정규분포 $N(m, \sigma^2)$을 따르는 확률변수 X의 확률밀도함수 $y=f(x)$의 그래프는 직선 $x=$ ❶ 에 대하여 대칭이다.

답 ❶ m

풀이

정규분포 $N(m, \sigma^2)$을 따르는 확률변수 X의 확률밀도함수 $y=f(x)$의 그래프는 직선 $x=m$에 대하여 대칭이므로 $P(2a-1 \leq X \leq 2a+3)$의 값이 최대가 되려면 $2a-1$과 $2a+3$의 평균이 m이어야 한다. 즉

$$\frac{(2a-1)+(2a+3)}{2}=m, \ 2a+1=m \quad \therefore a=\frac{m-1}{2}$$

답 ②

정규분포 곡선의 성질을 이용해 봐.

핵심 예제 04

정규분포 $N(50, 2^2)$을 따르는 확률변수 X에 대하여 $P(X \leq 54) + P(47 \leq X \leq 48)$ 의 값을 오른쪽 표준정규분포표를 이용하여 구한 것은?

z	$P(0 \leq Z \leq z)$
1.0	0.3413
1.5	0.4332
2.0	0.4772

① 0.2417   ② 0.4332   ③ 0.7745

④ 0.9932   ⑤ 1.0691

Tip

확률변수 X가 정규분포 $N(m, \sigma^2)$을 따를 때, $Z=\dfrac{X-m}{\boxed{❶}}$으로 놓으면 확률변수 Z는 표준정규분포 $N(0, \boxed{❷})$을 따른다.

답 ❶ σ ❷ 1

풀이

$Z=\dfrac{X-50}{2}$으로 놓으면 확률변수 Z는 표준정규분포 $N(0, 1)$을 따르므로

$$P(X \leq 54)=P\left(Z \leq \frac{54-50}{2}\right)=P(Z \leq 2)$$
$$=0.5+P(0 \leq Z \leq 2)=0.5+0.4772=0.9772$$
$$P(47 \leq X \leq 48)=P\left(\frac{47-50}{2} \leq Z \leq \frac{48-50}{2}\right)$$
$$=P(-1.5 \leq Z \leq -1)=P(1 \leq Z \leq 1.5)$$
$$=P(0 \leq Z \leq 1.5)-P(0 \leq Z \leq 1)$$
$$=0.4332-0.3413=0.0919$$
$$\therefore P(X \leq 54)+P(47 \leq X \leq 48)=0.9772+0.0919=1.0691$$

답 ⑤

3-1

정규분포 $N(m, \sigma^2)$을 따르는 확률변수 X에 대하여 $P(m \leq X \leq x)$의 값은 오른쪽 표와 같다.
$P(a-1 \leq X \leq a+3)$의 값이 최대가 되도록 하는 실수 a에 대하여 $P(X \geq a+4)=0.0668$을 만족시킬 때, σ의 값을 위의 표를 이용하여 구한 것은?

x	$P(m \leq X \leq x)$
$m+1.5\sigma$	0.4332
$m+2\sigma$	0.4772
$m+2.5\sigma$	0.4938

① 1   ② 2   ③ 3

④ 4   ⑤ 5

4-1

정규분포 $N(80, 10^2)$을 따르는 확률변수 X에 대하여 $P(|X-75| \leq 10)$의 값을 오른쪽 표준정규분포표를 이용하여 구한 것은?

z	$P(0 \leq Z \leq z)$
0.5	0.1915
1.0	0.3413
1.5	0.4332
2.0	0.4772

① 0.3830   ② 0.5328

③ 0.6247   ④ 0.6687

⑤ 0.7745

핵심 예제 05

어느 시험에 응시한 수험생 10만 명의 시험 점수는 평균이 60점, 표준편차가 10점인 정규분포를 따른다고 한다. 성적이 상위 4 % 이내에 속하는 학생의 최저 점수는 몇 점인가? (단, Z가 표준정규분포를 따르는 확률변수일 때, $P(0 \le Z \le 1.75) = 0.46$으로 계산한다.)

① 77.5 ② 85 ③ 87.4
④ 88.5 ⑤ 93

Tip

상위 4 % 이내에 속하는 학생의 최저 점수를 a점이라 하면 $P(X \ge a) = $ ❶ 이므로 $P(0 \le X \le a) = $ ❷

目 ❶ 0.04 ❷ 0.46

풀이

수험생의 시험 점수를 확률변수 X라 하면 X는 정규분포 $N(60, 10^2)$을 따른다. 상위 4 % 이내에 속하는 학생의 최저 점수를 a점이라 하면 $P(X \ge a) = 0.04$

이때 $Z = \dfrac{X - 60}{10}$으로 놓으면 확률변수 Z는 표준정규분포 $N(0, 1)$을 따르므로

$$P(X \ge a) = P\left(Z \ge \dfrac{a-60}{10}\right)$$
$$= 0.5 - P\left(0 \le Z \le \dfrac{a-60}{10}\right) = 0.04$$

$\therefore P\left(0 \le Z \le \dfrac{a-60}{10}\right) = 0.46$

따라서 $P(0 \le Z \le 1.75) = 0.46$이므로

$\dfrac{a-60}{10} = 1.75$ $\therefore a = 77.5$

目 ①

5-1

어느 자두 농장에서 생산되는 자두 한 개의 무게는 평균이 55 g, 표준편차가 6 g인 정규분포를 따른다고 한다. 이 농장에서 생산되는 자두 중에서 무게가 상위 10 % 이내에 속하는 것을 특품으로 포장하여 판다고 할 때, 특품에 해당하는 자두 한 개의 최소 무게는 몇 g인가? (단, Z가 표준정규분포를 따르는 확률변수일 때, $P(0 \le Z \le 1.28) = 0.4$로 계산한다.)

① 61.88 ② 62.08 ③ 62.28
④ 62.48 ⑤ 62.68

핵심 예제 06

어느 공장에서 생산된 제품은 10개 중 1개 꼴로 특상품이라 한다. 이 공장에서 900개의 제품을 생산했을 때, 특상품이 108개 이하일 확률은? (단, Z가 표준정규분포를 따르는 확률변수일 때, $P(0 \le Z \le 2) = 0.4772$로 계산한다.)

① 0.6687 ② 0.6826 ③ 0.7745
④ 0.8413 ⑤ 0.9772

Tip

한 개의 제품이 특상품일 확률은 ❶ 이고, 특상품의 개수를 확률변수 X라 하면 X는 이항분포 ❷ 을 따른다.

目 ❶ $\dfrac{1}{10}$ ❷ $B\left(900, \dfrac{1}{10}\right)$

풀이

특상품의 개수를 확률변수 X라 하면 X는 이항분포 $B\left(900, \dfrac{1}{10}\right)$을 따른다.

$\therefore E(X) = 900 \times \dfrac{1}{10} = 90$, $V(X) = 900 \times \dfrac{1}{10} \times \dfrac{9}{10} = 81$

이때 900은 충분히 큰 수이므로 확률변수 X는 근사적으로 정규분포 $N(90, 9^2)$을 따른다.

따라서 $Z = \dfrac{X - 90}{9}$으로 놓으면 확률변수 Z는 표준정규분포 $N(0, 1)$을 따르므로

$$P(X \le 108) = P\left(Z \le \dfrac{108 - 90}{9}\right) = P(Z \le 2)$$
$$= 0.5 + P(0 \le Z \le 2) = 0.5 + 0.4772 = 0.9772$$

目 ⑤

6-1

어느 조사 기관의 발표에 따르면 우리나라 초등학생의 60 %가 스마트폰을 소유하고 있다고 한다. 600명의 초등학생을 대상으로 스마트폰의 소유 여부를 조사하였을 때, 스마트폰을 소유한 학생이 336명 이상 348명 이하일 확률은? (단, Z가 표준정규분포를 따르는 확률변수일 때, $P(0 \le Z \le 1) = 0.3413$, $P(0 \le Z \le 2) = 0.4772$로 계산한다.)

① 0.0442 ② 0.0668 ③ 0.1224
④ 0.1359 ⑤ 0.1724

핵심 예제 07

정규분포 $N(30, a^2)$을 따르는 모집단에서 크기가 16인 표본을 임의추출하여 구한 표본평균을 $\overline{X}$라 하자. $P(\overline{X} \leq 32) = 0.9772$일 때, 실수 a의 값을 구하시오. (단, Z가 표준정규분포를 따르는 확률변수일 때, $P(0 \leq Z \leq 2) = 0.4772$로 계산한다.)

Tip

$E(\overline{X}) = 30$, $V(\overline{X}) = $ ❶ 이므로

표본평균 $\overline{X}$는 정규분포 $N($ ❷ $, \left(\dfrac{a}{4}\right)^2)$을 따른다.

답 ❶ $\dfrac{a^2}{16}$ ❷ 30

풀이

모집단이 정규분포 $N(30, a^2)$을 따르고 표본의 크기가 16이므로 표본평균 $\overline{X}$는 정규분포 $N\left(30, \dfrac{a^2}{16}\right)$을 따른다.

이때 $Z = \dfrac{\overline{X} - 30}{\dfrac{a}{4}}$으로 놓으면 확률변수 Z는 표준정규분포

$N(0, 1)$을 따르고, $P(\overline{X} \leq 32) = 0.9772$이므로

$P(\overline{X} \leq 32) = P\left(Z \leq \dfrac{32 - 30}{\dfrac{a}{4}}\right) = P\left(Z \leq \dfrac{8}{a}\right)$

$\qquad\qquad\quad = 0.5 + P\left(0 \leq Z \leq \dfrac{8}{a}\right) = 0.9772$

$\therefore P\left(0 \leq Z \leq \dfrac{8}{a}\right) = 0.4772$

따라서 $P(0 \leq Z \leq 2) = 0.4772$이므로

$\dfrac{8}{a} = 2$ $\quad \therefore a = 4$

답 4

7-1

정규분포 $N(52, 6^2)$을 따르는 모집단에서 크기가 9인 표본을 임의추출하여 구한 표본평균을 $\overline{X}$라 할 때, $P(53 \leq \overline{X} \leq 56)$의 값은? (단, Z가 표준정규분포를 따르는 확률변수일 때, $P(0 \leq Z \leq 0.5) = 0.1915$, $P(0 \leq Z \leq 2) = 0.4772$로 계산한다.)

① 0.0919   ② 0.1359   ③ 0.1498

④ 0.2417   ⑤ 0.2857

핵심 예제 08

어느 공장에서 생산하는 치즈 한 개의 무게는 평균이 m g, 표준편차가 2 g인 정규분포를 따른다고 한다. 이 공장에서 생산하는 치즈 중 64개를 임의추출하여 구한 치즈 한 개의 무게의 평균이 20 g이었다. 이 공장에서 생산하는 치즈 한 개의 무게의 평균 m g의 신뢰도 99 %인 신뢰구간은? (단, Z가 표준정규분포를 따르는 확률변수일 때, $P(|Z| \leq 2.58) = 0.99$로 계산한다.)

① $19.343 \leq m \leq 20.657$ ② $19.346 \leq m \leq 20.654$

③ $19.349 \leq m \leq 20.651$ ④ $19.352 \leq m \leq 20.648$

⑤ $19.355 \leq m \leq 20.645$

Tip

정규분포 $N(m, \sigma^2)$을 따르는 모집단에서 크기가 n인 표본을 임의추출하여 구한 표본평균 $\overline{X}$의 값을 $\overline{x}$라 할 때, 모평균 m의 신뢰도 99 %인 신뢰구간은

$\overline{x} - $ ❶ $\times \dfrac{\sigma}{\sqrt{n}} \leq m \leq \overline{x} + 2.58 \times$ ❷

답 ❶ 2.58 ❷ $\dfrac{\sigma}{\sqrt{n}}$

풀이

표본평균이 20, 모표준편차가 2, 표본의 크기가 64이므로 모평균 m의 신뢰도 99 %인 신뢰구간은

$20 - 2.58 \times \dfrac{2}{\sqrt{64}} \leq m \leq 20 + 2.58 \times \dfrac{2}{\sqrt{64}}$

$20 - 2.58 \times \dfrac{1}{4} \leq m \leq 20 + 2.58 \times \dfrac{1}{4}$

$\therefore 19.355 \leq m \leq 20.645$

답 ⑤

8-1

어느 농가에서 키우는 젖소 한 마리의 하루 우유 생산량은 평균이 m L, 표준편차가 5 L인 정규분포를 따른다고 한다. 이 농가에서 키우는 젖소 중 100마리를 임의추출하여 구한 젖소 한 마리의 하루 우유 생산량의 평균이 35 L이었다. 이 농가에서 키우는 젖소 한 마리의 하루 우유 생산량의 평균 m L의 신뢰도 95 %인 신뢰구간은? (단, Z가 표준정규분포를 따르는 확률변수일 때, $P(|Z| \leq 1.96) = 0.95$로 계산한다.)

① $33.98 \leq m \leq 36.02$ ② $34.02 \leq m \leq 35.98$

③ $34.06 \leq m \leq 35.94$ ④ $34.1 \leq m \leq 35.9$

⑤ $34.14 \leq m \leq 35.86$

필수 체크 전략 ②

01 확률변수 X의 확률밀도함수가

$$f(x)=\begin{cases}\dfrac{4}{5}x & (0\le x\le k)\\[2mm]\dfrac{4}{5}k & (k\le x\le 2k)\end{cases}$$

일 때, $P(0\le X\le k)+k^2$의 값은? (단, k는 상수이다.)

① $\dfrac{3}{4}$ ② $\dfrac{5}{6}$ ③ $\dfrac{13}{12}$

④ $\dfrac{7}{6}$ ⑤ $\dfrac{3}{2}$

Tip

함수 $y=f(x)$의 그래프와 x축 및 직선 $x=$❶ 로 둘러싸인 부분의 넓이는 ❷ 이다.

답 ❶ $2k$ ❷ 1

---

02 정규분포 $N(m,\sigma^2)$을 따르는 확률변수 X에 대하여 $P(m\le X\le x)$의 값은 오른쪽 표와 같다.

x	$P(m\le X\le x)$
$m+1.5\sigma$	0.4332
$m+2\sigma$	0.4772
$m+2.5\sigma$	0.4938

$P(a-2\le X\le a+4)$의 값이 최대가 되도록 하는 실수 a에 대하여 $P(X\ge a+5)=0.0228$을 만족시킬 때, σ의 값을 위의 표를 이용한 구한 것은?

① $\dfrac{1}{2}$ ② 1 ③ $\dfrac{3}{2}$

④ 2 ⑤ $\dfrac{5}{2}$

Tip

확률변수 X의 확률밀도함수 $y=f(x)$의 그래프는 직선 $x=$❶ 에 대하여 대칭이므로 $P(a-2\le X\le a+4)$의 값이 최대가 되려면 $a-2$와 $a+4$의 평균이 m이어야 한다. 즉

$$\dfrac{(a-2)+(a+4)}{2}=❷$$

답 ❶ m ❷ m

---

03 정규분포 $N(m,9)$, $N(2m,4)$를 따르는 두 확률변수 X, Y에 대하여

$$P(X\le 2m+2)=P(Y\ge 4m-12)$$

일 때, 상수 m의 값은?

① 0 ② 1 ③ 2

④ 3 ⑤ 4

Tip

- $P(X\le 2m+2)=P\left(\dfrac{X-m}{3}\le\dfrac{2m+2-❶}{3}\right)$

- $P(Y\ge 4m-12)=P\left(\dfrac{Y-2m}{2}\ge\dfrac{2m-12}{❷}\right)$

답 ❶ m ❷ 2

---

04 정규분포 $N(21, a^2)$, $N(40, b^2)$을 따르는 두 확률변수 X, Y에 대하여

$$P(X\ge 27)-P(Y\ge 46)>0$$

일 때, 다음 중 가장 큰 값은? (단, $a>0$, $b>0$)

① $P(20\le X\le 22)+a$ ② $P(20\le X\le 22)+b$

③ $P(39\le Y\le 41)+a$ ④ $P(39\le Y\le 41)+b$

⑤ $P(40\le Y\le 41)+a$

Tip

정규분포 $N(m,\sigma^2)$을 따르는 확률변수 X에 대하여 $Z=\dfrac{X-m}{\sigma}$으로 놓으면 확률변수 Z는 정규분포 $N(0,1)$을 따르므로

(1) $P(m\le X\le m+k\sigma)=P(0\le Z\le ❶)$

(2) $0<m<n$일 때

$P(0\le Z\le m)$❷ $P(0\le Z\le n)$

답 ❶ k ❷ $<$

05 세 확률변수 X_1, X_2, X_3은 각각 정규분포 $N(m, \sigma^2)$, $N(2m, \sigma^2)$, $N(m, 2\sigma^2)$을 따른다. 세 확률변수 X_1, X_2, X_3의 확률밀도함수를 각각 $f(x)$, $g(x)$, $h(x)$라 할 때, 다음 그림과 같은 네 곡선 A, B, C, D에서 세 함수 $y=f(x)$, $y=g(x)$, $y=h(x)$의 그래프로 적당한 것을 차례대로 나열한 것은? (단, m, σ는 양수이고 두 곡선 A와 B, C와 D는 각각 대칭축이 서로 같다.)

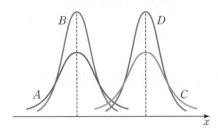

① A, C, B ② B, C, A ③ B, D, A
④ C, A, B ⑤ D, B, A

06 확률변수 X가 이항분포 $B\left(n, \dfrac{1}{5}\right)$을 따르고 $\sigma(X)=6$을 만족시킬 때, $P(X \geq 60)$의 값을 오른쪽 표준정규분포표를 이용하여 구한 것은?

z	$P(0 \leq Z \leq z)$
1.0	0.3413
1.5	0.4332
2.0	0.4772
2.5	0.4938

① 0.0062 ② 0.0228 ③ 0.0668
④ 0.1587 ⑤ 0.3413

07 모평균이 m, 모표준편차가 2인 정규분포를 따르는 모집단 X에서 크기가 16인 표본을 임의추출하여 구한 표본평균을 $\overline{X}$라 할 때, $P(X \geq 30)=P(\overline{X} \leq 25)$를 만족시키는 상수 m의 값은?

① 26 ② 27 ③ 28
④ 29 ⑤ 30

08 어느 마을에서 수확한 수박 한 개의 무게는 평균이 m kg, 표준편차가 1.4 kg인 정규분포를 따른다고 한다. 이 마을에서 수확한 수박 중 49개를 임의추출하여 구한 수박 한 개의 무게의 평균은 $\overline{x}$ kg이었다. 이 마을에서 수확한 수박 한 개의 무게의 평균 m kg의 신뢰도 95 %인 신뢰구간이 $a \leq m \leq 7.992$일 때, 상수 a의 값은? (단, Z가 표준정규분포를 따르는 확률변수일 때, $P(|Z| \leq 1.96)=0.95$로 계산한다.)

① 7.198 ② 7.208 ③ 7.218
④ 7.228 ⑤ 7.238

필수 체크 전략 ①

핵심 예제 01

정규분포를 따르는 확률변수 X의 확률밀도함수 $f(x)$가 다음을 만족시킨다.

(가) 모든 실수 x에 대하여 $f(4-x)=f(x)$
(나) 확률변수 X의 표준편차는 3이다.

확률변수 Y의 확률밀도함수가 $g(x)=f(x-4)$일 때, $\mathrm{E}(Y)+\mathrm{V}(Y)$의 값을 구하시오.

Tip

$2-x=t$라 하면 $x=$ ❶ 　　 이므로
$f(4-x)=f(x)$에서 $f(2+2-x)=f(x)$
$\therefore f($ ❷ 　　 $)=f(2-t)$

답 ❶ $2-t$ ❷ $2+t$

풀이

조건 (가)에서 $2-x=t$라 하면 $f(2+t)=f(2-t)$이므로
함수 $y=f(x)$의 그래프는 직선 $x=2$에 대하여 대칭이다.
$\therefore \mathrm{E}(X)=2$
또 조건 (나)에서 $\mathrm{V}(X)=3^2=9$
이때 확률변수 Y의 확률밀도함수가 $g(x)=f(x-4)$이므로 함수 $y=g(x)$의 그래프는 함수 $y=f(x)$의 그래프를 x축의 방향으로 4만큼 평행이동한 것이다.
따라서 $Y=X+4$이므로

$$\begin{aligned}\mathrm{E}(Y)+\mathrm{V}(Y)&=\mathrm{E}(X+4)+\mathrm{V}(X+4)\\&=\mathrm{E}(X)+4+\mathrm{V}(X)\\&=2+4+9=15\end{aligned}$$

답 15

1-1

$-2\le x\le 2$에서 정의된 확률변수 X의 확률밀도함수 $f(x)$가 다음을 만족시킨다.

(가) $-2\le x\le 2$인 모든 실수 x에 대하여 $f(-x)=f(x)$
(나) $\int_0^1 f(x)dx=4\int_{-2}^{-1} f(x)dx$

$10\mathrm{P}(1\le X\le 2)$의 값을 구하시오.

핵심 예제 02

정규분포 $\mathrm{N}(a, \sigma^2)$, $\mathrm{N}(a+24, \sigma^2)$을 따르는 두 확률변수 X, Y의 확률밀도함수 $f(x)$, $g(x)$가 다음을 만족시킨다.

(가) 방정식 $f(x)=g(x)$를 만족시키는 x의 값은 50이다.
(나) $\mathrm{P}(33\le X\le 36)=0.24$, $\mathrm{P}(38\le X\le 43)=0.38$

$100\mathrm{P}(62\le Y\le 64)$의 값을 구하시오. (단, a는 상수이다.)

Tip

정규분포를 따르는 두 확률변수 X, Y에 대하여 평균은 다르지만 ❶ 　　 는 같으므로 확률밀도함수 $f(x)$, $g(x)$의 그래프의 대칭축의 위치는 다르지만 모양은 ❷ 　　 .

답 ❶ 표준편차 ❷ 같다

풀이

주어진 조건을 만족시키는 두 함수 $y=f(x)$, $y=g(x)$의 그래프는 오른쪽 그림과 같다.

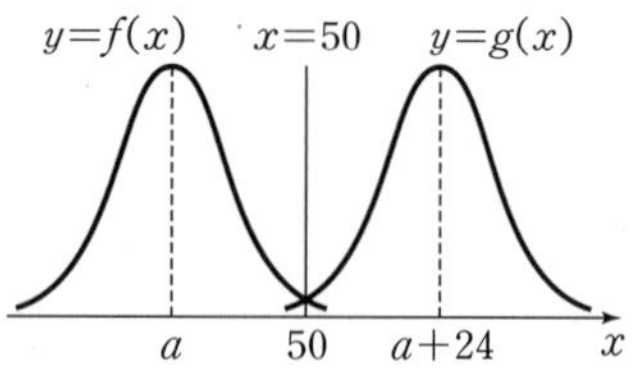

두 점 $(a, 0)$, $(a+24, 0)$이 직선 $x=50$에 대하여 대칭이므로

$$\frac{a+(a+24)}{2}=50 \qquad \therefore a=38$$

두 확률변수 X, Y는 각각 정규분포 $\mathrm{N}(38, \sigma^2)$, $\mathrm{N}(62, \sigma^2)$을 따르므로 $\mathrm{P}(X\ge 38)=\mathrm{P}(Y\ge 62)=0.5$이고, $Y=X+24$이다. 즉

$\mathrm{P}(38\le X\le 43)=\mathrm{P}(62\le Y\le 67)=0.38$
$\mathrm{P}(33\le X\le 36)=\mathrm{P}(40\le X\le 43)=\mathrm{P}(64\le Y\le 67)=0.24$

$$\begin{aligned}\mathrm{P}(62\le Y\le 64)&=\mathrm{P}(62\le Y\le 67)-\mathrm{P}(64\le Y\le 67)\\&=0.38-0.24=0.14\end{aligned}$$

$\therefore 100\mathrm{P}(62\le Y\le 64)=100\times 0.14=14$

답 14

2-1

정규분포 $\mathrm{N}(20, 5^2)$, $\mathrm{N}(m, 5^2)$을 따르는 두 확률변수 X, Y의 확률밀도함수 $f(x)$, $g(x)$가 다음을 만족시킨다. 상수 m의 값을 구하시오.

(가) $\mathrm{P}(X\le 20)\le \mathrm{P}(Y\ge 30)$　　(나) $f(25)=g(30)$

핵심 예제 03

정규분포 $N\left(m, \left(\dfrac{m}{3}\right)^2\right)$을 따르는 확률변수 X에 대하여

$$P\left(X \leq \dfrac{9}{2}\right) = 0.9987$$

일 때, $4m$의 값은? (단, Z가 표준정규분포를 따르는 확률변수일 때, $P(0 \leq Z \leq 3) = 0.4987$로 계산한다.)

① 6 ② 7 ③ 8

④ 9 ⑤ 10

Tip

확률변수 $Z = \dfrac{X-m}{\sigma}$은 표준정규분포 **❶** 을 따른다.

답 ❶ $N(0, 1)$

풀이

$Z = \dfrac{X-m}{\dfrac{m}{3}}$으로 놓으면 확률변수 Z는 표준정규분포 $N(0, 1)$

을 따르므로

$$P\left(X \leq \dfrac{9}{2}\right) = P\left(Z \leq \dfrac{\dfrac{9}{2}-m}{\dfrac{m}{3}}\right) = P\left(Z \leq \dfrac{27-6m}{2m}\right)$$

$$= 0.5 + P\left(0 \leq Z \leq \dfrac{27-6m}{2m}\right) = 0.9987$$

따라서 $P\left(0 \leq Z \leq \dfrac{27-6m}{2m}\right) = 0.4987$이므로

$$\dfrac{27-6m}{2m} = 3, \quad m = \dfrac{9}{4} \qquad \therefore 4m = 4 \times \dfrac{9}{4} = 9$$

답 ④

정규분포를 표준화하여 문제를 해결해 봐.

3-1

정규분포 $N(m, \sigma^2)$을 따르는 확률변수 X에 대하여

$$P(X \leq 3) = P(3 \leq X \leq 80) = 0.3$$

일 때, $m+\sigma$의 값은? (단, Z가 표준정규분포를 따르는 확률변수일 때, $P(0 \leq Z \leq 0.25) = 0.1$, $P(0 \leq Z \leq 0.52) = 0.2$로 계산한다.)

① 115 ② 125 ③ 135

④ 145 ⑤ 155

핵심 예제 04

어느 놀이공원에서 자유 이용권을 이용하는 고객의 놀이 기구 대기 시간은 평균이 15분, 표준편차가 4분인 정규분포를 따른다고 한다. 자유 이용권을 이용하는 고객 중 임의로 선택한 한 명의 놀이 기구 대기 시간이 9분 이상일 확률이 a일 때, $10000a$의 값은? (단, Z가 표준정규분포를 따르는 확률변수일 때, $P(0 \leq Z \leq 1.5) = 0.4332$로 계산한다.)

① 1183 ② 1228 ③ 9332

④ 9413 ⑤ 9772

Tip

자유 이용권을 이용하는 고객 중 임의로 선택한 한 명의 놀이 기구 대기 시간을 확률변수 X라 하면 X의 평균이 15분, 표준편차가 4분이므로 X는 정규분포 $N($ **❶** $,$ **❷** $)$을 따른다.

답 ❶ 15 ❷ 4^2

풀이

자유 이용권을 이용하는 고객 중 임의로 선택한 한 명의 놀이 기구 대기 시간을 확률변수 X라 하면 X는 정규분포 $N(15, 4^2)$을 따른다. $Z = \dfrac{X-15}{4}$로 놓으면 확률변수 Z는 표준정규분포 $N(0, 1)$을 따르므로

$$P(X \geq 9) = P\left(Z \geq \dfrac{9-15}{4}\right) = P(Z \geq -1.5)$$

$$= P(0 \leq Z \leq 1.5) + 0.5 = 0.4332 + 0.5 = 0.9332$$

따라서 $a = 0.9332$이므로

$$10000a = 10000 \times 0.9332 = 9332$$

답 ③

4-1

어느 식품 공장에서 생산하는 벌꿀 제품 한 개의 무게는 평균이 400 g, 표준편차가 8 g인 정규분포를 따른다고 한다. 이 공장에서 생산하는 벌꿀 제품 중 임의로 선택한 한 개의 무게가 404 g 이상일 확률은? (단, Z가 표준정규분포를 따르는 확률변수일 때, $P(0 \leq Z \leq 0.5) = 0.1915$로 계산한다.)

① 0.0721 ② 0.1915 ③ 0.2385

④ 0.3085 ⑤ 0.3413

필수 체크 전략 ①

핵심 예제 05

유나는 평소 농구 경기에서 자유투를 3번에 1번 꼴로 성공한다. 유나가 자유투를 450번 시도하여 130번 이상 성공할 확률은? (단, Z가 표준정규분포를 따르는 확률변수일 때, $P(0 \le Z \le 2) = 0.4772$로 계산한다.)

① 0.4772   ② 0.5228   ③ 0.8413

④ 0.9228   ⑤ 0.9772

Tip

자유투를 성공한 횟수를 확률변수 X라 하면 시행 횟수 ❶ 은 충분히 큰 수이므로 X는 근사적으로 ❷ 분포를 따른다.

답 ❶ 450 ❷ 정규

풀이

자유투를 성공할 확률이 $\frac{1}{3}$이므로 자유투를 성공한 횟수를 확률변수 X라 하면 X는 이항분포 $B\left(450, \frac{1}{3}\right)$을 따른다.

$\therefore E(X) = 450 \times \frac{1}{3} = 150$, $V(X) = 450 \times \frac{1}{3} \times \frac{2}{3} = 100$

이때 450은 충분히 큰 수이므로 확률변수 X는 근사적으로 정규분포 $N(150, 10^2)$을 따른다.

$Z = \dfrac{X - 150}{10}$으로 놓으면 확률변수 Z는 표준정규분포 $N(0, 1)$을 따르므로

$P(X \ge 130) = P\left(Z \ge \dfrac{130 - 150}{10}\right) = P(Z \ge -2)$

$\qquad = P(0 \le Z \le 2) + 0.5 = 0.4772 + 0.5 = 0.9772$

답 ⑤

핵심 예제 06

야구 경기에서 도루 저지 성공률이 25 %인 포수가 192번의 도루 저지를 할 때, 성공한 횟수가 k번 이하일 확률이 0.16이다. 실수 k의 값은? (단, Z가 표준정규분포를 따르는 확률변수일 때, $P(0 \le Z \le 1) = 0.34$로 계산한다.)

① 38   ② 40   ③ 42

④ 44   ⑤ 46

Tip

도루 저지를 하여 성공한 횟수를 확률변수 X라 하면 시행 횟수 ❶ 는 충분히 큰 수이므로 X는 근사적으로 ❷ 분포를 따른다.

답 ❶ 192 ❷ 정규

풀이

도루 저지를 하여 성공할 확률이 $\frac{25}{100} = \frac{1}{4}$이므로 도루 저지를 하여 성공한 횟수를 확률변수 X라 하면 X는 이항분포 $B\left(192, \frac{1}{4}\right)$을 따른다.

$\therefore E(X) = 192 \times \frac{1}{4} = 48$, $V(X) = 192 \times \frac{1}{4} \times \frac{3}{4} = 36$

이때 192는 충분히 큰 수이므로 확률변수 X는 근사적으로 정규분포 $N(48, 6^2)$을 따른다.

$Z = \dfrac{X - 48}{6}$로 놓으면 확률변수 Z는 표준정규분포 $N(0, 1)$을 따르므로 $P(X \le k) = P\left(Z \le \dfrac{k - 48}{6}\right) = 0.16$에서

$P\left(Z \le \dfrac{k - 48}{6}\right) = 0.5 - P\left(\dfrac{k - 48}{6} \le Z \le 0\right) = 0.16$

즉 $P\left(\dfrac{k - 48}{6} \le Z \le 0\right) = P\left(0 \le Z \le \dfrac{48 - k}{6}\right) = 0.34$이므로

$\dfrac{48 - k}{6} = 1$, $48 - k = 6$ $\therefore k = 42$

답 ③

5-1

다음은 스마트폰 제조 회사별 고객의 선호도를 조사한 표이다.

제조 회사	A사	B사	C사	D사	합계
선호도(%)	30	20	35	15	100

고객 900명이 각각 스마트폰을 새로 하나씩 산다고 할 때, B사의 제품을 선택하는 고객이 168명 이상일 확률을 구하시오. (단, Z가 표준정규분포를 따르는 확률변수일 때, $P(0 \le Z \le 1) = 0.3413$으로 계산한다.)

6-1

변호사 시험 합격률이 80 %인 어느 로스쿨에서 올해 졸업 예정자 400명이 변호사 시험에 응시할 때, k명 이상 합격할 확률이 7 %라 한다. 실수 k의 값을 구하시오. (단, Z가 표준정규분포를 따르는 확률변수일 때, $P(0 \le Z \le 1.5) = 0.43$으로 계산한다.)

핵심 예제 07

주사위 한 개를 던져서 5 이상의 눈이 나오면 두 계단을 올라가고, 4 이하의 눈이 나오면 한 계단을 내려가기로 한다. 주사위

z	$P(0 \leq Z \leq z)$
0.5	0.1915
1.0	0.3413
1.5	0.4332
2.0	0.4772

한 개를 162번 던진 후 처음 위치에서 27계단 이상 올라갈 확률을 위의 표준정규분포표를 이용하여 구하시오.
(단, 올라가거나 내려갈 수 있는 계단의 수는 충분히 많다.)

Tip

주사위 한 개를 던져 5 이상의 눈이 나올 확률은
$\dfrac{2}{6} = $ ❶

답 ❶ $\dfrac{1}{3}$

풀이

주사위 한 개를 162번 던져 5 이상의 눈이 나오는 횟수를 확률변수 X라 하면 X는 이항분포 $B\left(162, \dfrac{1}{3}\right)$을 따른다.

$\therefore E(X) = 162 \times \dfrac{1}{3} = 54, \ V(X) = 162 \times \dfrac{1}{3} \times \dfrac{2}{3} = 36$

이때 162는 충분히 큰 수이므로 확률변수 X는 근사적으로 정규분포 $N(54, 6^2)$을 따른다. $Z = \dfrac{X - 54}{6}$로 놓으면 확률변수 Z는 표준정규분포 $N(0, 1)$을 따른다.

따라서 주사위 한 개를 162번 던진 후 처음 위치에서 올라간 계단의 개수는 $2X - (162 - X) = 3X - 162$이므로

$P(3X - 162 \geq 27) = P(X \geq 63) = P\left(Z \geq \dfrac{63 - 54}{6}\right)$
$= P(Z \geq 1.5) = 0.5 - P(0 \leq Z \leq 1.5)$
$= 0.5 - 0.4332 = 0.0668$

답 0.0668

7-1

어떤 게임을 한 번 시행하여 10점을 얻을 확률이 $\dfrac{1}{5}$, 2점을 잃을 확률이 $\dfrac{4}{5}$이

z	$P(0 \leq Z \leq z)$
0.5	0.1915
1.0	0.3413
1.5	0.4332

다. 0점에서 시작하여 이 게임을 1600번 시행할 때, 얻은 점수가 832점 이하일 확률을 위의 표준정규분포표를 이용하여 구하시오.

핵심 예제 08

A 고등학교 학생의 몸무게는 평균이 60 kg, 표준편차가 6 kg인 정규분포를 따른다고 한다. 적재

z	$P(0 \leq Z \leq z)$
0.5	0.1915
1.0	0.3413
1.5	0.4332
2.0	0.4772

중량이 558 kg 이상이 되면 경고음을 내도록 설계되어 있는 엘리베이터에 A 고등학교 학생 중 9명을 임의추출하여 탑승시켰을 때, 경고음이 울릴 확률을 위의 표준정규분포표를 이용하여 구하시오.

Tip

모평균이 m, 모분산이 σ^2인 모집단에서 크기가 n인 표본을 임의추출할 때, 표본평균 $\overline{X}$에 대하여

$E(\overline{X}) = $ ❶ $, \ V(\overline{X}) = \dfrac{\sigma^2}{n}, \ \sigma(\overline{X}) = \dfrac{❷}{\sqrt{n}}$

답 ❶ m ❷ σ

풀이

A 고등학교 학생 중 임의추출한 9명의 몸무게의 평균을 $\overline{X}$라 하면 모집단이 정규분포 $N(60, 6^2)$을 따르고 표본의 크기가 9이므로 표본평균 $\overline{X}$는 정규분포 $N\left(60, \dfrac{6^2}{9}\right)$, 즉 $N(60, 2^2)$을 따른다.

$Z = \dfrac{\overline{X} - 60}{2}$으로 놓으면 확률변수 Z는 표준정규분포 $N(0, 1)$을 따르므로

$P(9\overline{X} \geq 558) = P(\overline{X} \geq 62) = P\left(Z \geq \dfrac{62 - 60}{2}\right)$
$= P(Z \geq 1) = 0.5 - P(0 \leq Z \leq 1)$
$= 0.5 - 0.3413 = 0.1587$

답 0.1587

8-1

어느 문구점에서 판매하는 볼펜 한 자루의 무게는 평균이 37 g, 표준편차가 2 g인 정규분포를 따른다고 한다. 이

z	$P(0 \leq Z \leq z)$
1.0	0.3413
1.5	0.4332
2.0	0.4772
2.5	0.4938

문구점에서 판매하는 볼펜 중 16개를 임의추출하여 한 세트를 만들 때, 이 볼펜 한 세트의 무게가 572 g 이하인 것은 불량품으로 판정한다고 한다. 이 문구점에서 판매하는 볼펜 한 세트를 임의로 선택할 때, 선택한 볼펜 한 세트가 불량품으로 판정될 확률을 위의 표준정규분포표를 이용하여 구하시오.
(단, 한 세트를 담는 상자의 무게는 고려하지 않는다.)

필수 체크 전략 ②

01 $0 \leq X \leq 3$에서 정의된 확률변수 X의 확률밀도함수 $y=f(x)$의 그래프가 다음 그림과 같을 때, $P(0 \leq X \leq a) = \dfrac{2}{3}$이다. 상수 a, b에 대하여 $7a-9b$의 값은? (단, $0<a<3$, $b>0$)

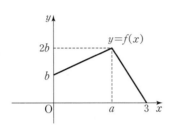

① $\dfrac{17}{3}$ ② $\dfrac{29}{3}$ ③ 10

④ $\dfrac{67}{3}$ ⑤ $\dfrac{71}{3}$

Tip

$\alpha \leq x \leq \beta$에서 정의된 확률변수 X의 확률밀도함수 $f(x)$에 대하여

(1) 함수 $y=f(x)$의 그래프와 x축 및 두 직선 $x=\alpha$, $x=\beta$로 둘러싸인 부분의 넓이는 ❶⬜⬜⬜ 이다.

(2) $P(a \leq X \leq b)$의 값은 확률밀도함수 $y=f(x)$의 그래프와 x축 및 두 직선 $x=a$, $x=b$로 둘러싸인 부분의 ❷⬜⬜⬜ 와 같다.

🅳 ❶ 1 ❷ 넓이

02 확률변수 X가 평균이 36인 정규분포를 따를 때,
$$P(30 \leq X \leq 33) = P(30+a \leq X \leq 33+a)$$
를 만족시키는 자연수 a의 값을 구하시오.

Tip

정규분포 $N(m, \sigma^2)$을 따르는 확률변수 X의 확률밀도함수의 그래프는 직선 $x=m$에 대하여 ❶⬜⬜⬜ 이고 종 모양의 곡선이다.

🅳 ❶ 대칭

03 정규분포를 따르는 두 확률변수 X, Y의 확률밀도함수를 각각 $f(x)$, $g(x)$라 하자. 모든 실수 x에 대하여 $f(x-2)=g(x+2)$를 만족시킬 때, 보기에서 옳은 것만을 있는 대로 고른 것은?

┌ 보기 ┐

ㄱ. $E(2X+3)=E(2Y-5)$

ㄴ. $V(2X+1)=V(-2Y+3)$

ㄷ. 모든 실수 a에 대하여
$P(a-4 \leq X \leq a)=P(a \leq Y \leq a+4)$

① ㄱ ② ㄴ ③ ㄱ, ㄷ

④ ㄴ, ㄷ ⑤ ㄱ, ㄴ, ㄷ

Tip

정규분포 $N(m, \sigma^2)$을 따르는 확률변수 X의 확률밀도함수의 그래프는 ❶⬜⬜⬜ 의 값이 같으면 m의 값에 따라 ❷⬜⬜⬜ 의 위치는 바뀌지만 곡선의 모양은 같다.

🅳 ❶ σ ❷ 대칭축

04 모집단의 확률변수 X의 확률분포를 표로 나타내면 다음과 같다.

X	1	3	5	합계
$P(X=x)$	a	b	$\dfrac{1}{2}$	1

이 모집단에서 크기가 4인 표본을 임의추출하여 구한 표본평균 $\overline{X}$에 대하여 $E(\overline{X}) = \dfrac{7}{2}$일 때, $V(\overline{X})$의 값은?
(단, a, b는 상수이다.)

① $\dfrac{11}{16}$ ② $\dfrac{7}{8}$ ③ 1

④ $\dfrac{7}{4}$ ⑤ $\dfrac{11}{4}$

Tip

모평균이 m, 모분산이 σ^2인 모집단에서 크기가 n인 표본을 임의추출할 때, 표본평균 $\overline{X}$에 대하여
$$E(\overline{X}) = ❶⬜⬜⬜, \quad V(\overline{X}) = \dfrac{\sigma^2}{❷⬜⬜⬜}$$

🅳 ❶ m ❷ n

05 모평균이 30, 모표준편차가 a인 정규분포를 따르는 모집단에서 크기가 16인 표본을 임의추출하여 구한 표본평균을 $\overline{X}$라 하자. $P(\overline{X} \leq 32) = 0.8413$일 때, 실수 a의 값은? (단, Z가 표준정규분포를 따르는 확률변수일 때, $P(0 \leq Z \leq 1) = 0.3413$으로 계산한다.)

① 3   ② 4   ③ 6
④ 8   ⑤ 9

Tip

모집단이 정규분포 $N(m, \sigma^2)$을 따르는 모집단에서 크기가 n인 표본을 임의추출할 때, 표본평균 $\overline{X}$는 정규분포 $N\left(m, \left(\boxed{① }\right)^2\right)$을 따른다.

답 $\dfrac{\sigma}{\sqrt{n}}$

06 어느 공장에서 생산하는 지우개 한 개의 무게는 평균이 20 g, 표준편차 2 g인 정규분포를 따른다고 한다. 이 공장에서 생산하는 지우개 중 16개를 임의추출

z	$P(0 \leq Z \leq z)$
1.0	0.3413
1.5	0.4332
2.0	0.4772
2.5	0.4938

하여 한 상자를 만들 때, 이 지우개 한 상자의 무게가 312 g 이상 340 g 이하이면 정상 제품으로 판정한다. 이 공장에서 생산하는 지우개 한 상자를 임의로 선택할 때, 선택한 지우개 한 상자가 정상 제품으로 판정될 확률을 위의 표준정규분포표를 이용하여 구한 것은?

(단, 상자의 무게는 고려하지 않는다.)

① 0.7745   ② 0.8185   ③ 0.8351
④ 0.9544   ⑤ 0.9972

Tip

정규분포 $N(20, 2^2)$을 따르는 모집단에서 크기가 16인 표본을 임의추출할 때, 표본평균 $\overline{X}$에 대하여

$E(\overline{X}) = \boxed{①}$, $V(\overline{X}) = \dfrac{2^2}{\boxed{②}}$

답 ① 20 ② 16

07 어느 공장에서 생산하는 제품의 무게는 평균이 m kg, 표준편차가 2.4 kg인 정규분포를 따른다고 한다. 이 공장에서 생산한 제품 중 임의추출한 64개의 평균 무게가 $\overline{x}$ kg이었을 때, 이 공장에서 생산하는 제품의 평균 무게 m kg에 대한 신뢰도 95 %로 추정한 신뢰구간이 $a \leq m \leq 7.992$이다. a의 값은? (단, Z가 표준정규분포를 따르는 확률변수일 때, $P(|Z| \leq 1.96) = 0.95$로 계산한다.)

① 6.816   ② 6.907   ③ 7.018
④ 7.228   ⑤ 7.258

Tip

정규분포 $N(m, \sigma^2)$을 따르는 모집단에서 크기가 n인 표본을 임의추출하여 구한 표본평균 $\overline{X}$의 값을 $\overline{x}$라 할 때,

$$P\left(|m - \overline{x}| \leq 1.96 \times \dfrac{\sigma}{\boxed{①}}\right) = 0.95$$

이때 신뢰구간의 길이는 $\boxed{②} \times 1.96 \times \dfrac{\sigma}{\sqrt{n}}$

답 ① $\sqrt{n}$ ② 2

08 어느 지역 고등학교에서 학생들의 하루 평균 수면 시간은 표준편차가 40분인 정규분포를 따른다고 한다. 이 지역 고등학교 학생 중에서 임의추출한 n명의 하루 평균 수면 시간이 $\overline{x}$분이었을 때, 이 지역 고등학생의 하루 평균 수면 시간 m분을 신뢰도 95 %로 추정한 신뢰구간이 $501.08 \leq m \leq 508.92$이다. $\overline{x} + n$의 값을 구하시오. (단, 수면 시간의 단위는 분이고, Z가 표준정규분포를 따르는 확률변수일 때, $P(|Z| \leq 1.96) = 0.95$로 계산한다.)

Tip

정규분포 $N(m, \sigma^2)$을 따르는 모집단에서 크기가 n인 표본을 임의추출하여 구한 표본평균 $\overline{X}$의 값을 $\overline{x}$, 모평균 m의 신뢰도 95 %인 신뢰구간을 $a \leq m \leq b$라 하면

$$a = \overline{x} - \boxed{①} \times \dfrac{\sigma}{\sqrt{n}}, \; b = \overline{x} + 1.96 \times \dfrac{\boxed{②}}{\sqrt{n}}$$

답 ① 1.96 ② σ

01 확률변수 X의 확률밀도함수가
$$f(x)=ax+b \ (0 \leq x \leq 1)$$
일 때, $P\left(0 \leq X \leq \dfrac{1}{2}\right)=\dfrac{3}{8}$이다. 양수 a, b에 대하여
$a+4b$의 값은?

① $\dfrac{3}{4}$ ② 1 ③ $\dfrac{5}{4}$

④ 3 ⑤ $\dfrac{17}{4}$

02 정규분포를 따르는 네 확률변수 A, B, C, D의 확률밀도
함수의 그래프가 다음 그림과 같을 때, 평균이 가장 작은
것과 표준편차가 가장 큰 것을 차례대로 나열한 것은?

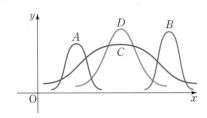

① A, B ② A, C ③ B, C
④ B, D ⑤ C, D

03 정규분포 $N(m, \sigma^2)$을 따르는
확률변수 X에 대하여
$P(m \leq X \leq x)$의 값은 오른
쪽 표와 같다. 확률변수 X가

x	$P(m \leq X \leq x)$
$m+\sigma$	0.3413
$m+2\sigma$	0.4772
$m+3\sigma$	0.4987

정규분포 $N(6, 2^2)$을 따를 때, 위의 표를 이용하여 보기
에서 옳은 것만을 있는 대로 고른 것은?

┌ 보기 ┐
ㄱ. $P(4 \leq X \leq 8)=0.6826$
ㄴ. $P(X \geq 12)=0.0013$
ㄷ. $P(X \leq 10)=0.9987$
└─────┘

① ㄱ ② ㄱ, ㄴ ③ ㄱ, ㄷ
④ ㄴ, ㄷ ⑤ ㄱ, ㄴ, ㄷ

확률변수 X가
정규분포 $N(m, \sigma^2)$을 따르면
$P(X \leq m)=P(X \geq m)=0.50$야.

04 정규분포 $N(100, 2^2)$, $N(118, 4^2)$을 따르는 두 확률변
수 X, Y에 대하여
$$P(96 \leq X \leq k)=P(k \leq Y \leq 126)$$
일 때, 상수 k의 값은?

① 106 ② 108 ③ 110
④ 112 ⑤ 114

05 정규분포 $N(m, \sigma^2)$을 따르는 확률변수 X에 대하여
$$f(t) = P(X \leq t)$$
라 할 때, 보기에서 옳은 것만을 있는 대로 고른 것은?

┌ 보기 ┐

ㄱ. $f(m) = 0.5$

ㄴ. $f(m) + f(-m) = 1$

ㄷ. 임의의 실수 k에 대하여
$$f(m+k) + f(m-k) = 1$$

① ㄱ   ② ㄱ, ㄴ   ③ ㄱ, ㄷ

④ ㄴ, ㄷ   ⑤ ㄱ, ㄴ, ㄷ

06 정규분포 $N(m, \sigma^2)$을 따르는 확률변수 X가 다음을 만족시킨다.

┌─────────────────────────┐
(가) $P(X \leq 30) + P(X \leq 20) = 1$
(나) 확률변수 Z가 표준정규분포를 따를 때
$$P(X \geq 21) = P(Z \leq 2)$$
└─────────────────────────┘

$m + \sigma$의 값은?

① 24   ② 25   ③ 26

④ 27   ⑤ 28

07 어느 공장에서 생산하는 고양이 사료 한 봉지의 무게는 평균이 300 g, 표준편차가 σ g인 정규분포를 따른다고 한다. 이 공장에서 생산하는 고양이 사료 중 임의로 선택한 한 봉지의 무게가 309 g 이하일 확률이 0.9332일 때, σ의 값을 위의 표준정규분포표를 이용하여 구한 것은?

z	$P(0 \leq Z \leq z)$
0.5	0.1915
1.0	0.3413
1.5	0.4332
2.0	0.4772

① 6   ② 8   ③ 12

④ 18   ⑤ 24

08 정규분포 $N(m, \sigma^2)$을 따르는 모집단에서 크기가 36인 표본을 임의추출하여 구한 표본평균 $\bar{x}$에 대하여 모평균 m의 신뢰도 99 %인 신뢰구간이 $58.56 \leq m \leq 65.44$이다. σ의 값은? (단, Z가 표준정규분포를 따르는 확률변수일 때, $P(|Z| \leq 2.58) = 0.99$로 계산한다.)

① 2   ② 4   ③ 6

④ 8   ⑤ 10

창의·융합·코딩 전략 ①

1 어느 통신 회사에서 이동 전화 가입자들을 대상으로 통화 성공률을 조사하였더니 오후 5시에서 오후 6시 사이에 10명 중 9명 꼴로 통화에 성공한다고 한다. 어느 날 오후 5시 30분에 이 통신 회사의 이동 전화 가입자 중 임의추출한 100명이 통화를 시도하였을 때, 통화에 성공한 가입자가 84명 이하일 확률은? (단, Z가 표준정규분포를 따르는 확률변수일 때, $P(0 \leq Z \leq 2) = 0.4772$로 계산한다.)

① 0.0114 ② 0.0228 ③ 0.1224
④ 0.4772 ⑤ 0.5228

Tip

· 통화에 성공한 가입자 수를 확률변수 X라 하면 X는 이항분포 $B\left(\boxed{❶}, \dfrac{9}{10}\right)$를 따른다.

· 확률변수 X가 이항분포 $B(n, p)$를 따르고 n이 충분히 클 때, X는 근사적으로 정규분포 $N(\boxed{❷}, np(1-p))$를 따른다.

답 ❶ 100 ❷ np

2 각 면에 1, 2, 3, 4의 숫자가 하나씩 적혀 있는 정사면체 모양의 주사위가 있다. 이 주사위를 3072회 던질 때, 1이 적혀 있는 면이 바닥에 놓이는 횟수를 확률변수 X라 하자.

z	$P(0 \leq Z \leq z)$
0.5	0.1915
1.0	0.3413
1.5	0.4332
2.0	0.4772
2.5	0.4938

$\displaystyle\sum_{k=720}^{828} P(X=k)$의 값을 위의 표준정규분포표를 이용하여 구한 것은?

① 0.7681 ② 0.7745 ③ 0.8664
④ 0.9170 ⑤ 0.9710

Tip

1이 적혀 있는 면이 바닥에 놓이는 횟수를 확률변수 X라 하면 X는 이항분포 $B\left(3072, \boxed{❶}\right)$을 따른다. 이때 3072는 충분히 큰 수이므로 확률변수 X는 근사적으로 ❷ 분포를 따른다.

답 ❶ $\dfrac{1}{4}$ ❷ 정규

3 A 항공사에서 근무하는 비행기 조종사의 1년 동안의 비행시간은 평균이 m시간, 표준편차가 25시간인 정규분포를 따른다고 한다. A 항공사에 근무하는 비행기 조종사 중 임의로 선택한 한 명의 1년 동안의 비행시간이 900시간 이하일 확률이 0.9599일 때, m의 값을 위의 표준정규분포표를 이용하여 구한 것은?

z	$P(0 \leq Z \leq z)$
1.00	0.3413
1.25	0.3944
1.50	0.4332
1.75	0.4599

① 856.25 ② 863.15 ③ 863.5

④ 864.25 ⑤ 864.5

Tip

A 항공사에 근무하는 비행기 조종사의 1년 동안의 비행시간을 확률변수 X라 하면 X는 정규분포 **❶** 을 따른다. 이때 $Z = \dfrac{X-m}{\boxed{❷}}$으로 놓으면 확률변수 Z는 표준정규분포 $N(0, 1)$을 따른다.

답 ❶ $N(m, 25^2)$ ❷ 25

4 어느 대학의 입학 시험에서 전체 지원자 2000명의 시험 점수는 평균이 450점, 표준편차가 75점인 정규분포를 따른다고 한다. 입학 정원이 320명이고 합격자 중에서 점수가 상위 12.5 % 이내에 속하는 사람에게 장학금을 준다고 한다. 합격하기 위한 최저 점수를 a점, 장학금을 받기 위한 최저 점수를 b점이라 할 때, $a+b$의 값은? (단, Z가 표준정규분포를 따르는 확률변수일 때, $P(0 \leq Z \leq 1) = 0.34$, $P(0 \leq Z \leq 2) = 0.48$로 계산한다.)

① 950 ② 985 ③ 1005

④ 1125 ⑤ 1335

Tip

• 지원자의 시험 점수를 확률변수 X라 하면 X는 정규분포 $N(\boxed{❶}, 75^2)$을 따른다.

• 장학금을 받는 학생의 수는
$$320 \times \frac{125}{1000} = \boxed{❷} (명)$$

답 ❶ 450 ❷ 40

5 어느 야구 경기에서 투수 A가 던진 공의 속력은 평균이 m km/h, 표준편차가 2 km/h인 정규분포를 따른다고 한다. 이 경기에서 투수 A가 던진 공 중 16개를 임의추출하여 구한 속력의 평균이 151 km/h이었다. 투수 A가 던진 공의 속력의 평균 m km/h의 신뢰도 95 %인 신뢰구간에 속하는 m의 최댓값은? (단, Z가 표준정규분포를 따르는 확률변수일 때, $\mathrm{P}(|Z|\leq1.96)=0.95$로 계산한다.)

말풍선: 모평균 m의 신뢰도 95 %인 신뢰구간을 먼저 구해 봐.

① 151.49   ② 151.98   ③ 152.29
④ 152.65   ⑤ 152.96

> **Tip**
>
> 정규분포 $\mathrm{N}(m, \sigma^2)$을 따르는 모집단에서 크기가 n인 표본을 임의추출하여 구한 표본평균 $\overline{X}$의 값을 $\bar{x}$라 할 때, $\mathrm{P}(|Z|\leq1.96)=0.95$이므로 모평균 m의 신뢰도 95 %인 신뢰구간은
>
> $$\bar{x}-\boxed{❶}\times\frac{\sigma}{\sqrt{n}}\leq m\leq\bar{x}+1.96\times\boxed{❷}$$
>
> 답 ❶ 1.96 ❷ $\dfrac{\sigma}{\sqrt{n}}$

6 어느 공장에서 생산하는 전구의 수명은 평균이 m시간, 표준편차가 σ시간인 정규분포를 따른다고 한다. 이 공장에서 생산하는 전구 중 100개를 임의추출하여 구한 평균 수명이 1900시간일 때, 전구의 수명의 평균 m의 신뢰도 95 %인 신뢰구간이 $a\leq m\leq b$이다. 이 공장에서 생산하는 전구 중 100개를 다시 임의추출하여 구한 평균 수명이 2000시간일 때, 전구의 수명의 평균 m의 신뢰도 99 %인 신뢰구간이 $c\leq m\leq d$이다. $d-b=100.93$을 만족시키는 σ의 값은? (단, Z가 표준정규분포를 따르는 확률변수일 때, $\mathrm{P}(|Z|\leq1.96)=0.95$, $\mathrm{P}(|Z|\leq2.58)=0.99$로 계산한다.)

말풍선(왼쪽): 표본평균이 1900시간일 때, 신뢰도 95 %인 신뢰구간에서 b를 구할 수 있어.

말풍선(오른쪽): 표본평균이 2000시간일 때, 신뢰도 99 %인 신뢰구간에서 d를 구할 수 있어.

① 6   ② 9   ③ 12
④ 15   ⑤ 18

> **Tip**
>
> • 표본평균이 1900, 모표준편차가 σ, 표본의 크기가 100이고, $\mathrm{P}(|Z|\leq1.96)=0.95$이므로 모평균 m의 신뢰도 ❶□인 신뢰구간은
>
> $$1900-1.96\times\frac{\sigma}{\sqrt{100}}\leq m\leq1900+1.96\times\frac{\sigma}{\sqrt{100}}$$
>
> • 표본평균이 2000, 모표준편차가 σ, 표본의 크기가 100이고, $\mathrm{P}(|Z|\leq2.58)=0.99$이므로 모평균 m의 신뢰도 99 %인 신뢰구간은
>
> $$2000-2.58\times\frac{\sigma}{\sqrt{100}}\leq m\leq2000+\boxed{❷}\times\frac{\sigma}{\sqrt{100}}$$
>
> 답 ❶ 95 % ❷ 2.58

7 어느 축구용품 회사가 수입한 축구공 한 개의 무게는 평균이 m g, 표준편차가 1 g인 정규분포를 따른다고 한다. 이 회사가 수입한 축구공 중 n개를 임의추출하여 축구공 한 개의 평균 무게 m에 대한 신뢰도 99 %인 신뢰구간을 구하면 $a \le m \le b$이다. $1000(b-a)=645$일 때, n의 값은? (단, Z가 표준정규분포를 따르는 확률변수일 때, $P(|Z| \le 2.58)=0.99$로 계산한다.)

① 36　　　② 49　　　③ 64

④ 81　　　⑤ 100

Tip

표준편차가 σ인 정규분포를 따르는 모집단에서 크기가 n인 표본을 임의추출하여 구한 표본평균 $\overline{X}$의 값을 $\overline{x}$라 할 때, $P(|Z| \le 2.58)=0.99$이므로 모평균 m의 신뢰도

❶ 　　　 인 신뢰구간의 길이는

❷ 　　　 $\times 2.58 \times \dfrac{\sigma}{\sqrt{n}}$

답 ❶ 99 % ❷ 2

8 정규분포 $N(m, 2^2)$을 따르는 모집단에서 크기가 $16n^4-8n^2+1$ (단, $n \ge 4$인 자연수)인 표본을 임의추출하여 구한 모평균 m의 신뢰도 95 %인 신뢰구간의 길이를 l_n이라 하자. $100 \sum\limits_{n=4}^{24} l_n$의 값은? (단, Z가 표준정규분포를 따르는 확률변수일 때, $P(|Z| \le 1.96)=0.95$로 계산한다.)

① 48　　　② 50　　　③ 52

④ 54　　　⑤ 56

Tip

정규분포 $N(m, 2^2)$을 따르는 모집단에서 크기가 n인 표본을 임의추출하여 구한 표본평균 $\overline{X}$의 값을 $\overline{x}$라 할 때, $P(|Z| \le 1.96)=0.95$이므로 모평균 m의 신뢰도

❶ 　　　 인 신뢰구간의 길이는

$2 \times 1.96 \times$ ❷ 　　　

답 ❶ 95 % ❷ $\dfrac{2}{\sqrt{n}}$

후편 마무리 전략

핵심 한눈에 보기

이산확률변수의 평균, 분산, 표준편차

$0 \le p_i \le 1$ $(i=1, 2, \cdots, n)$이고,
$p_1 + p_2 + \cdots + p_n = 1$이야.

이산확률변수 X의 확률질량함수가
$\mathrm{P}(X=x_i) = p_i$ $(i=1, 2, \cdots, n)$일 때, X의

❶ 기댓값 (평균) $\mathrm{E}(X) = x_1 p_1 + x_2 p_2 + \cdots + x_n p_n$

❷ 분산 $\mathrm{V}(X) = \mathrm{E}((X-m)^2) = \mathrm{E}(X^2) - \{\mathrm{E}(X)\}^2$

(단, $m = \mathrm{E}(X)$)

❸ 표준편차 $\sigma(X) = \sqrt{\mathrm{V}(X)}$

확률변수 X와 상수 a, b $(a \ne 0)$
에 대하여

❶ $\mathrm{E}(aX+b) = a\mathrm{E}(X) + b$

❷ $\mathrm{V}(aX+b) = a^2 \mathrm{V}(X)$

❸ $\sigma(aX+b) = |a|\sigma(X)$

이항분포

1회의 시행에서 사건 A가 일어날 확률이
p일 때, n회의 독립시행에서 사건 A가
일어나는 횟수를 확률변수 X라 하면

확률변수 X는 이항분포
$\mathrm{B}(n, p)$를 따라.

이항분포의 확률질량함수

확률변수 X가 이항분포 $\mathrm{B}(n, p)$를 따를 때,
X의 확률질량함수는

$\mathrm{P}(X=x)$
$= \begin{cases} {}_n\mathrm{C}_0 (1-p)^n & (x=0) \\ {}_n\mathrm{C}_x p^x (1-p)^{n-x} & (x=1, 2, \cdots, n-1) \\ {}_n\mathrm{C}_n p^n & (x=n) \end{cases}$

이항분포의 평균, 분산, 표준편차

확률변수 X가 이항분포 $\mathrm{B}(n, p)$를 따를 때

❶ $\mathrm{E}(X) = np$

❷ $\mathrm{V}(X) = np(1-p)$

❸ $\sigma(X) = \sqrt{np(1-p)}$

정규분포

표준정규분포는 평균이 0,
표준편차가 1인 정규분포야.

정규분포와 표준정규분포의 관계

확률변수 X가 정규분포 $N(m, \sigma^2)$을 따를 때

❶ 확률변수 $Z = \dfrac{X-m}{\sigma}$은 표준정규분포

$N(0, 1)$을 따른다.

❷ $P(a \leq X \leq b) = P\left(\dfrac{a-m}{\sigma} \leq Z \leq \dfrac{b-m}{\sigma}\right)$

이항분포와 정규분포의 관계

확률변수 X가 이항분포 $B(n, p)$를 따르고
n이 충분히 클 때, X는 근사적으로
정규분포 $N(np, np(1-p))$를 따른다.

표본평균 $\overline{X}$의 분포

모평균이 m, 모분산이 σ^2인 모집단에서 크기가 n인 표본을 임의추출할 때, 표본평균 $\overline{X}$에 대하여

❶ $E(\overline{X}) = m$, $V(\overline{X}) = \dfrac{\sigma^2}{n}$, $\sigma(\overline{X}) = \dfrac{\sigma}{\sqrt{n}}$

❷ 모집단이 정규분포 $N(m, \sigma^2)$을 따르면 표본평균 $\overline{X}$는 정규분포

$N\left(m, \dfrac{\sigma^2}{n}\right)$을 따른다.

모집단의 분포가 정규분포가 아니더라도
표본의 크기가 충분히 크면 표본평균 $\overline{X}$는
근사적으로 정규분포 $N\left(m, \dfrac{\sigma^2}{n}\right)$을 따라.

모평균 m의 신뢰구간

정규분포 $N(m, \sigma^2)$을 따르는 모집단에서 크기가 n인 표본을 임의추출하여 구한 표본평균 $\overline{X}$의 값을 $\overline{x}$라 할 때, 모평균 m의

❶ 신뢰도 95 %인 신뢰구간: $\overline{x} - 1.96 \times \dfrac{\sigma}{\sqrt{n}} \leq m \leq \overline{x} + 1.96 \times \dfrac{\sigma}{\sqrt{n}}$

❷ 신뢰도 99 %인 신뢰구간: $\overline{x} - 2.58 \times \dfrac{\sigma}{\sqrt{n}} \leq m \leq \overline{x} + 2.58 \times \dfrac{\sigma}{\sqrt{n}}$

표본의 크기가 같을 때,
신뢰도가 높아질수록
신뢰구간의 길이가 길어져.

신유형·신경향 전략

01 오른쪽 그림과 같이 한 변의 길이가 1인 정사각형 9개를 붙여 만든 도형이 있다. 16개의 꼭짓점 중에서 임의로 4개의 점을 택하여 정사각형을 만들 때, 만들어지는 정사각형의 한 변의 길이를 확률변수 X라 하자.

$\mathrm{E}(X)=a+\dfrac{\sqrt{2}}{b}+\dfrac{\sqrt{5}}{c}$일 때, $a+b+c$의 값을 구하시오. (단, a, b, c는 유리수이다.)

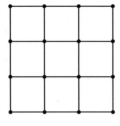

Tip

이산확률변수 X의 확률질량함수가

$\mathrm{P}(X=x_i)=p_i\ (i=1, 2, \cdots, n)$일 때,

$\mathrm{E}(X)=x_1p_1+x_2p_2+\cdots+$ **❶**

답 ❶ x_np_n

02 서로 다른 두 주사위를 동시에 던져서 나온 눈의 수를 각각 m, n이라 할 때, $4\leq mn\leq 8$이 되는 사건을 A라 하자. 이 두 주사위를 동시에 던지는 시행을 36번 반복할 때, 사건 A가 일어나는 횟수를 확률변수 X라 하자. $\mathrm{E}(36X^2-1)$의 값을 구하시오.

E$(36X^2-1)=36\mathrm{E}(X^2)-1$이야.

그러면 $\mathrm{E}(X^2)$은 어떻게 구하지?

확률변수 X의 평균과 분산을 구해 봐.

Tip

· 확률변수 X와 상수 a, $b\ (a\neq 0)$에 대하여

$\mathrm{E}(aX+b)=a\mathrm{E}(X)+$ **❶**

· $\mathrm{V}(X)=\mathrm{E}(X^2)-$ **❷**

답 ❶ b ❷ $\{\mathrm{E}(X)\}^2$

03 각 면에 1, 2, 3, 4의 숫자가 하나씩 적힌 서로 다른 정사면체 모양의 주사위가 두 개 있다. 두 주사위를 동시에 160회 던지는 시행에서 바닥에 닿은 면에 적힌 숫자의 합이 소수가 되는 횟수를 확률변수 X라 하고, 두 주사위를 동시에 n회 던지는 시행에서 바닥에 닿은 면에 적힌 두 숫자의 합이 6 이상이 되는 횟수를 확률변수 Y라 하자. $E(Y) \geq E\left(\dfrac{1}{2}X\right)$를 만족시키는 자연수 n의 값이 최소일 때, $V(2\sqrt{2}\,Y)$의 값을 구하시오.

Tip

확률변수 X가 이항분포 $B(n, p)$를 따를 때,

$E(X)=$ ❶ ⬚

$V(X)=$ ❷ ⬚

답 ❶ np ❷ $np(1-p)$

04 다음과 같은 규칙에 따라 흰 공 1개, 빨간 공 2개, 파란 공 3개가 들어 있는 주머니에서 임의로 3개의 공을 동시에 꺼내어 색을 확인하고 주머니에 다시 넣는 시행을 100번 반복하려고 한다.

- 한 번의 시행에서 꺼낸 공 3개의 색이 두 종류일 때마다 1000원을 받는다.
- 한 번의 시행에서 꺼낸 공 3개의 색이 두 종류가 아닐 경우 500원을 낸다.

100번의 시행에서 받는 금액의 기댓값을 구하시오.

Tip

1회의 시행에서 꺼낸 공 3개의 색이 두 종류가 나오는 횟수를 확률변수 X라 하면 꺼낸 공 3개의 색이 두 종류가 나오지 않는 횟수는 ❶ ⬚

즉 100번의 시행에서 받는 금액은

❷ ⬚ $-500(100-X)$

답 ❶ $100-X$ ❷ $1000X$

05 확률변수 X의 확률밀도함수 $f(x)$가

$$f(x) = \begin{cases} \dfrac{1}{4}x & (0 \le x \le 2) \\ 1 - \dfrac{1}{4}x & (2 \le x \le 4) \end{cases}$$

일 때, 함수 $g(t)$를 $g(t) = \mathrm{P}(t \le X \le t+2)$라 하자. 함수 $g(t)$가 $t=a$에서 최댓값 b를 가질 때 $a+b$의 값을 구하시오. (단, $-2 \le t \le 4$)

Tip

• 확률변수 X의 확률밀도함수를
  [❶]라 하면
  $$\mathrm{P}(a \le X \le b) = \int_a^b f(x)\,dx$$

답 ❶ $f(x)$

06 어느 여객선에 승객이 탑승 예약을 했을 때, 실제로 탑승할 확률은 80 %라고 한다. 400명이 좌석을 예약했을 때, 실제 탑승 인원의 비율이 0.79 이상 0.84 이하일 확률을 오른쪽 표준정규분포표를 이용하여 구하시오.

z	$\mathrm{P}(0 \le Z \le z)$
0.5	0.1915
1.0	0.3413
1.5	0.4332
2.0	0.4772

Tip

실제로 여객선에 탑승하는 사람의 수를 확률변수 X라 하면 X는 이항분포 $\mathrm{B}(400,$ [❶]$)$을 따른다. 이때 400은 충분히 큰 수이므로 X는 근사적으로 정규분포 [❷]을 따른다.

답 ❶ 0.8 ❷ $\mathrm{N}(320, 8^2)$

실제로 탑승하는 사람의 수를 확률변수 X라 해 보자!

07 다음은 어느 회사에서 개발한 배터리에 대한 인터넷 기사 내용이다.

이 회사에서 개발한 배터리의 사용 시간은 평균이 30시간, 표준편차가 2시간인 정규분포를 따른다고 한다. 이 회사가 생산한 배터리 중 상위 1 % 이내에 속하는 배터리의 최저 사용 시간을 구하시오. (단, Z가 표준정규분포를 따르는 확률변수일 때, $\mathrm{P}(0 \leq Z \leq 2.33) = 0.49$로 계산한다.)

Tip

배터리의 사용 시간을 확률변수 X라 하면 X는 정규분포 **❶** 을 따른다. 이때 $Z = \dfrac{X-30}{\boxed{❷}}$으로 놓으면 확률변수 Z는 표준정규분포 $\mathrm{N}(0, 1)$을 따른다.

답 ❶ $\mathrm{N}(30, 2^2)$ **❷** 2

---

08 모평균이 m, 모표준편차가 3인 정규분포를 따르는 모집단에서 크기가 100인 표본을 임의추출하여 구한 표본평균을 $\overline{X}$라 할 때, 함수 $f(m)$은

$$f(m) = \mathrm{P}\left(\overline{X} \geq \frac{3}{20}\right)$$

이다. 위의 표준정규분포표를 이용하여 $f(m) \geq 0.9772$를 만족시키는 m의 최솟값을 m'이라 할 때, $100m'$의 값을 구하시오.

z	$\mathrm{P}(0 \leq Z \leq z)$
1.5	0.4332
2.0	0.4772
2.5	0.4938
3.0	0.4987

Tip

- $\mathrm{E}(\overline{X}) = \boxed{❶}$, $\sigma(\overline{X}) = \dfrac{3}{10}$

  이므로 표본평균 $\overline{X}$는 정규분포 $\mathrm{N}\left(m, \left(\dfrac{3}{10}\right)^2\right)$을 따른다.

- $\mathrm{P}(Z \geq -2) = 0.5 + \boxed{❷}$

답 ❶ m **❷** $\mathrm{P}(0 \leq Z \leq 2)$

$Z = \dfrac{\overline{X} - m}{\dfrac{3}{10}}$으로 놓으면 확률변수 Z는 표준정규분포 $\mathrm{N}(0, 1)$을 따라!

01

확률변수 X의 확률질량함수가 $\mathrm{P}(X=x)=p_x$ $(x=1, 2, 3, 4)$ 일 때, 네 수 p_1, p_2, p_3, p_4가 이 순서대로 공비가 $\frac{1}{2}$인 등비수열을 이룬다고 한다. $\mathrm{P}(X=3)$의 값은?

① $\frac{2}{15}$ ② $\frac{1}{5}$ ③ $\frac{4}{15}$

④ $\frac{1}{3}$ ⑤ $\frac{2}{5}$

02

확률변수 X의 확률질량함수가

$$\mathrm{P}(X=x)=\frac{1}{k \times {}_4\mathrm{C}_x} \quad (x=1, 2, 3, 4)$$

일 때, $\mathrm{P}(X=2)$의 값은?

① $\frac{1}{10}$ ② $\frac{1}{5}$ ③ $\frac{3}{10}$

④ $\frac{2}{5}$ ⑤ $\frac{1}{2}$

확률변수 X의 확률질량함수가 k를 포함한 식으로 나타나 있어. 어떻게 문제를 풀지?

확률의 총합이 1임을 이용하여 k의 값을 구할 수 있어!

03

확률변수 X의 확률분포를 표로 나타내면 다음과 같다.

X	-1	0	1	합계
$\mathrm{P}(X=x)$	$\frac{1}{2}a$	$\frac{1}{2}$	a^2	1

$\mathrm{P}(X+1=0)$의 값은? (단, a는 상수이다.)

① $\frac{1}{3}$ ② $\frac{1}{4}$ ③ $\frac{3}{5}$

④ $\frac{3}{7}$ ⑤ $\frac{4}{17}$

04

확률변수 X의 확률분포를 표로 나타내면 다음과 같다.

X	1	2	3	4	합계
$\mathrm{P}(X=x)$	$2a$	$3a$	b	$4b$	1

$\mathrm{P}(|X-1| \leq 1)=5\mathrm{P}(X=3)$일 때, $\mathrm{P}(1 \leq X \leq 3)$의 값은?
(단, a, b는 상수이다.)

① $\frac{1}{10}$ ② $\frac{3}{20}$ ③ $\frac{1}{5}$

④ $\frac{1}{4}$ ⑤ $\frac{3}{5}$

05

확률변수 X의 확률질량함수가
$$P(X=k+1)=2P(X=k)\,(k=1,\,2)$$
를 만족시킬 때, $P(X=2)$의 값은?

① $\dfrac{2}{7}$ ② $\dfrac{3}{7}$ ③ $\dfrac{4}{7}$

④ $\dfrac{5}{7}$ ⑤ $\dfrac{6}{7}$

06

확률변수 X의 확률질량함수가
$$P(X=x)=\frac{k\times {}_4C_x}{{}_6C_x}\,(x=1,\,2,\,3,\,4)$$
일 때, 상수 k의 값은?

① $\dfrac{1}{2}$ ② $\dfrac{2}{3}$ ③ $\dfrac{3}{4}$

④ $\dfrac{4}{5}$ ⑤ $\dfrac{5}{6}$

07

50원짜리의 동전 2개와 100원짜리의 동전 1개를 동시에 던져서 앞면이 나오면 그 동전의 금액의 합을 상금으로 받기로 하였다. 이 상금을 확률변수 X라 할 때, $P(X=50)$의 값은?

(단, 상금의 단위는 원이다.)

① $\dfrac{1}{6}$ ② $\dfrac{1}{5}$ ③ $\dfrac{1}{4}$

④ $\dfrac{1}{3}$ ⑤ $\dfrac{1}{2}$

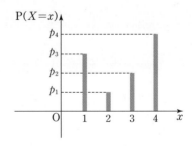

08

확률변수 X의 확률분포를 그래프로 나타내면 다음 그림과 같다.

$P(|2X-1|<4)=\dfrac{2}{5}$, $P(2\le X\le 3)=\dfrac{3}{10}$, $p_3=3p_1$일 때, $E(X)$의 값은? (단, $p_1,\,p_2,\,p_3,\,p_4$는 상수이다.)

① $\dfrac{12}{5}$ ② $\dfrac{5}{2}$ ③ $\dfrac{13}{5}$

④ $\dfrac{27}{10}$ ⑤ $\dfrac{14}{5}$

09

숫자 1, 2, 2, 3, 3, 4가 하나씩 적힌 6개의 공이 들어 있는 주머니에서 임의로 2개의 공을 동시에 꺼낼 때, 꺼낸 공에 적힌 두 수의 차를 확률변수 X라 하자. $E(X)$의 값은?

① $\dfrac{4}{5}$ ② 1 ③ $\dfrac{19}{17}$

④ $\dfrac{19}{15}$ ⑤ $\dfrac{19}{11}$

10

당첨 등수에 따른 상금과 당첨 제비의 개수가 오른쪽 표와 같다. 제비 한 개를 뽑아서 받을 수 있는 상금의 기댓값이 1000원일 때, 전체 제비의 개수는?

등수	상금	개수
1등	10만 원	1
2등	1만 원	9
등외	0원	

① 180 ② 190 ③ 200

④ 210 ⑤ 220

11

다음 그림과 같이 1, 2, 3, 4, 5의 숫자가 각각 하나씩 적힌 5장의 카드가 있다. 이 중에서 임의로 3장을 뽑아 크기순으로 배열할 때, 가운데 카드에 적혀 있는 수를 확률변수 X라 하자. $V(5X-3)$의 값은?

① 11 ② 12 ③ 14

④ 15 ⑤ 16

12

이항분포 $B\left(n, \dfrac{1}{2}\right)$을 따르는 확률변수 X에 대하여

$$P(X=2)=5P(X=1)$$

일 때, $E(X)$의 값은?

① $\dfrac{9}{2}$ ② 5 ③ $\dfrac{11}{2}$

④ 6 ⑤ $\dfrac{13}{2}$

확률변수 X의 확률질량함수는
$${}_{n}C_{x}\left(\dfrac{1}{2}\right)^{x}\left(\dfrac{1}{2}\right)^{n-x}$$
이야.

13

이항분포 $B(n, p)$를 따르는 확률변수 X에 대하여
$$E(X)=12,\ 17P(X=2)=3P(X=3)$$
일 때, $E(X^2)$의 값은? (단, $0<p<1$)

① 152 　　　② 153 　　　③ 154
④ 155 　　　⑤ 156

14

두 개의 동전을 동시에 던지는 시행을 64회 반복할 때, 모두 앞면이 나오는 횟수를 확률변수 X라 하자. 확률변수 X를 한 변의 길이로 하는 정사각형의 넓이의 평균은?

① 256 　　　② 262 　　　③ 268
④ 274 　　　⑤ 280

15

한 개의 주사위를 300번 던질 때 3의 배수의 눈이 나온 횟수를 확률변수 X라 하자. 확률변수 X의 확률질량함수가
$$P(X=x)={}_{300}C_x a^x b^{300-x}\ (x=0, 1, 2, \cdots, 300)$$
일 때, $V\left(\dfrac{1}{a}X\right)+9b$의 값은? (단, a, b는 상수이다.)

① 582 　　　② 588 　　　③ 594
④ 600 　　　⑤ 606

한 개의 주사위를 던지는 시행은 독립시행이야.

16

이항분포 $B\left(90, \dfrac{1}{3}\right)$을 따르는 확률변수 X에 대하여
$$\sum_{k=0}^{90}(k^2+3)\,{}_{90}C_k\left(\frac{1}{3}\right)^k\left(\frac{2}{3}\right)^{90-k}\text{의 값은?}$$

① 920 　　　② 923 　　　③ 926
④ 929 　　　⑤ 932

01

확률변수 X의 확률밀도함수가
$$f(x)=ax^5 \ (0 \leq x \leq \sqrt{2})$$
일 때, 상수 a의 값은?

① $\dfrac{1}{4}$ ② $\dfrac{1}{2}$ ③ $\dfrac{3}{4}$

④ 1 ⑤ $\dfrac{5}{4}$

02

확률변수 X의 확률밀도함수가
$$f(x)=\begin{cases} x & (0 \leq x \leq 1) \\ -x+2 & (1 \leq x \leq 2) \end{cases}$$
일 때, $\mathrm{P}\left(k \leq X \leq k+\dfrac{1}{2}\right)$의 최댓값은? (단, k는 상수이다.)

① $\dfrac{7}{16}$ ② $\dfrac{1}{2}$ ③ $\dfrac{9}{16}$

④ $\dfrac{5}{8}$ ⑤ $\dfrac{11}{16}$

03

정규분포 $\mathrm{N}(m, \sigma^2)$을 따르는 확률변수 X에 대하여
$$\mathrm{P}(m-\sigma \leq X \leq m+\sigma)=a, \ \mathrm{P}(m-2\sigma \leq X \leq m+2\sigma)=b$$
일 때, $\mathrm{P}(m-2\sigma \leq X \leq m-\sigma)+\mathrm{P}(X \geq m+\sigma)$의 값을 a, b를 이용하여 나타낸 것은?

① $\dfrac{1-2a+b}{2}$ ② $\dfrac{1-a+2b}{2}$ ③ $\dfrac{1-a+b}{2}$

④ $\dfrac{-a+b}{2}$ ⑤ $\dfrac{a+b}{2}$

04

정규분포 $\mathrm{N}(m, \sigma^2)$을 따르는 확률변수 X에 대하여
$$\mathrm{P}(X \leq 30)=\mathrm{P}(X \geq 52)$$
일 때, $\mathrm{P}(a \leq X \leq a+16)$의 값이 최대가 되도록 하는 실수 a의 값은?

① 31   ② 32   ③ 33

④ 34   ⑤ 35

정규분포 $\mathrm{N}(m, \sigma^2)$을 따르는 확률변수 X에 대하여 평균이랑 표준편차를 모르네? 어떻게 풀지?

$\mathrm{P}(X \leq 30)=\mathrm{P}(X \geq 52)$를 이용하면 풀 수 있지 않을까?

맞아. 정규분포 곡선은 평균에 대하여 대칭인 그래프니까 평균은 $\dfrac{30+52}{2}=41$이야.

05

정규분포 $N(12, 3^2)$을 따르는 확률변수 X에 대하여 $10^4 P(6 \leq X \leq 15)$의 값을 오른쪽 표준정규분포표를 이용하여 구한 것은?

z	$P(0 \leq Z \leq z)$
1.0	0.3413
1.5	0.4332
2.0	0.4772

① 7840   ② 7955   ③ 8070

④ 8185   ⑤ 8300

06

어느 고등학교 학생의 하루 물 섭취량은 평균이 1300 mL, 표준편차가 90 mL인 정규분포를 따른다고 한다. 이 고등학교 학생 중 임의로 선택한 한 명의 하루 물 섭취량이 1435 mL 이상일 확률은? (단, Z가 표준정규분포를 따르는 확률변수일 때, $P(0 \leq Z \leq 1.5) = 0.4332$로 계산한다.)

① 0.0188   ② 0.0413   ③ 0.0668

④ 0.0893   ⑤ 0.1118

07

어느 대학의 2021년도 졸업자 취업 비율은 75 %라고 한다. 2021년도 졸업자 중에서 임의로 1200명을 뽑아 취업 여부를 조사하였을 때, 870명 이상이 취업했을 확률은? (단, Z가 표준정규분포를 따르는 확률변수일 때, $P(0 \leq Z \leq 2) = 0.4772$로 계산한다.)

① 0.9772   ② 0.9791   ③ 0.9810

④ 0.9829   ⑤ 0.9848

08

어느 농장의 생후 7개월 된 돼지 400마리의 무게는 평균이 110 kg, 표준편차가 10 kg인 정규분포를 따른다고 한다. 이 400마리의 돼지 중 무거운 것부터 차례로 6마리를 뽑아 우량 돼지 선발 대회에 보내려고 한다. 우량 돼지 선발 대회에 보낼 돼지의 최소 무게는 몇 kg인가? (단, Z가 표준정규분포를 따르는 확률변수일 때, $P(0 \leq Z \leq 2.17) = 0.485$로 계산한다.)

① 121.6   ② 126.7   ③ 130.7

④ 131.7   ⑤ 132.9

돼지의 무게를 확률변수 X라 하면 X는 정규분포 $N(110, 10^2)$을 따라.

09

완성품의 10 %가 중량 미달인 어느 공장에서 100개의 완성품의 무게를 조사하였을 때, 중량 미달인 제품이 a개 이상일 확률이 0.0228이다. 상수 a의 값은? (단, Z가 표준정규분포를 따르는 확률변수일 때, $P(0 \leq Z \leq 2) = 0.4772$로 계산한다.)

① 12   ② 14.5   ③ 16
④ 18.5   ⑤ 20

10

두 개의 주사위를 동시에 던져 두 주사위의 눈의 수가 같을 때는 3점을 얻고 두 주사위의 눈이 다를 때는 점수를 얻지 못하는 게임이 있다. 이 게임을 720번 반복할 때, 얻은 점수의 총합이 390점 이상일 확률을 위의 표준정규분포표를 이용하여 구한 것은?

z	$P(0 \leq Z \leq z)$
0.5	0.1915
1.0	0.3413
1.5	0.4332

① 0.1587   ② 0.1985   ③ 0.2278
④ 0.2726   ⑤ 0.3173

11

정규분포 $N(m, 4^2)$, $N(2m, \sigma^2)$을 따르는 두 확률변수 X, Y에 대하여 $P(X \leq 4) + P(Y \geq 20) = 1$이다. 확률변수 X의 확률밀도함수 $f(x)$가 $f(6) = f(18)$일 때, $P(Y \geq 22)$의 값은? (단, Z가 표준정규분포를 따르는 확률변수일 때, $P(0 \leq Z \leq 1) = 0.3413$으로 계산한다.)

① 0.7289   ② 0.7723   ③ 0.8164
④ 0.8413   ⑤ 0.8826

12

정규분포 $N(50, 8^2)$을 따르는 확률변수 X에 대하여
$$P(30 \leq X \leq 58) = \sum_{k=10}^{n} {}_{100}C_k \left(\frac{1}{5}\right)^k \left(\frac{4}{5}\right)^{100-k}$$
일 때, 자연수 n의 값은?

① 16   ② 20   ③ 24
④ 28   ⑤ 32

13

평균이 300인 확률변수 X의 확률질량함수가

$$\mathrm{P}(X=x)={}_{1200}\mathrm{C}_x p^x (1-p)^{1200-x} \ (x=0, 1, 2, \cdots, 1200)$$

일 때, $\displaystyle\sum_{x=330}^{1200} {}_{1200}\mathrm{C}_x p^x (1-p)^{1200-x}$의 값은? (단, Z가 표준정규

분포를 따르는 확률변수일 때, $\mathrm{P}(0 \le Z \le 2)=0.4772$로 계산

한다.)

① 0.0013 ② 0.0062 ③ 0.0174

④ 0.0211 ⑤ 0.0228

14

정규분포 $\mathrm{N}(30, 16^2)$을 따르는 모집단에서 크기가 4인 표본을

임의추출하여 구한 표본평균을 $\overline{X}$라 할 때, $\mathrm{P}(\overline{X} \le 38)$의 값

은? (단, Z가 표준정규분포를 따르는 확률변수일 때,

$\mathrm{P}(0 \le Z \le 1)=0.3413$으로 계산한다.)

① 0.6826 ② 0.8413 ③ 0.8664

④ 0.9104 ⑤ 0.9544

15

모평균이 m, 모표준편차가 σ인 정규분

포를 따르는 모집단 X의 확률밀도함

수 $f(x)$가 모든 실수 x에 대하여

$f(100-x)=f(100+x)$를 만족시

킨다. 이 모집단에서 크기가 9인 표본

z	$\mathrm{P}(0 \le Z \le z)$
1.5	0.4332
2.0	0.4772
2.5	0.4938
3.0	0.4987

을 임의추출하여 구한 표본평균 $\overline{X}$에 대하여

$\mathrm{P}(\overline{X} \le 94)=0.0013$일 때, $\mathrm{P}(\overline{X} \ge 103)$의 값을 위의 표준정

규분포표를 이용하여 구한 것은?

① 0.0062 ② 0.0228 ③ 0.0472

④ 0.0521 ⑤ 0.0668

16

정규분포 $\mathrm{N}(m, 6^2)$을 따르는 모집단에서 크기가 36인 표본을

임의추출하여 구한 표본들의 평균이 124일 때, 모평균 m의 신

뢰도 95 %인 신뢰구간은? (단, Z가 표준정규분포를 따르는 확

률변수일 때, $\mathrm{P}(|Z| \le 2)=0.95$로 계산한다.)

① $116 \le m \le 132$ ② $118 \le m \le 130$

③ $120 \le m \le 128$ ④ $121 \le m \le 127$

⑤ $122 \le m \le 126$

memo

book.chunjae.co.kr

교재 내용 문의 ························ 교재 홈페이지 ▶ 고등 ▶ 교재상담

교재 내용 외 문의 ···················· 교재 홈페이지 ▶ 고객센터 ▶ 1:1문의

발간 후 발견되는 오류 ············· 교재 홈페이지 ▶ 고등 ▶ 학습지원 ▶ 학습자료실

수능공략 필승학습!
단기간에 끝장내자!

실전에 강한
수능전략

BOOK 3

정답과 해설

수학영역 확률과 통계

천재교육

수능전략

수·학·영·역

확률과 통계

BOOK 3

정답과 해설

확률과 통계 (전편)

WEEK
1
경우의 수

DAY 1 개념 돌파 전략 ② | 10~13쪽

1 ③	2 ③	3 ⑤	4 ①	5 ②	6 ③
7 ④	8 ④	9 ③	10 ①	11 ⑤	12 ④

1 A, B를 한 명으로 생각하여 3명이 원탁에 둘러앉는 경우의 수는

$(3-1)!=2!=2$

A, B가 자리를 바꾸는 경우의 수는

$2!=2$

따라서 구하는 경우의 수는

$2 \times 2 = 4$

2 6명을 원형으로 배열하는 경우의 수는

$(6-1)!=5!=120$

이때 원형으로 배열하는 한 가지 방법에 대하여 직사각형 모양의 탁자에서는 다음 그림과 같이 서로 다른 경우가 3가지씩 존재한다.

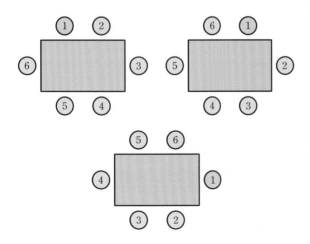

따라서 구하는 경우의 수는

$3 \times 120 = 360$

3 3개의 숫자 1, 2, 3에서 3개를 택하는 중복순열의 수와 같으므로

$_3\Pi_3 = 3^3 = 27$

4 5개의 숫자 중 1이 2개, 3이 2개 있으므로 구하는 다섯 자리 자연수의 개수는

$\dfrac{5!}{2!2!} = 30$

5 4개의 문자 중 o가 2개 있으므로 구하는 경우의 수는

$\dfrac{4!}{2!} = 12$

6 양 끝에 올 수 있는 것은 e, e, i이다.

(i) 양 끝에 e, e가 오는 경우

나머지 5개의 문자 m, t, i, n, g를 일렬로 나열하는 경우의 수와 같으므로

$5! = 120$

(ii) 양 끝에 e, i가 오는 경우

나머지 5개의 문자 m, e, t, n, g를 일렬로 나열하는 경우의 수는

$5! = 120$

양 끝의 문자의 자리를 바꾸는 경우의 수는 $2! = 2$

$\therefore 2 \times 120 = 240$

(i), (ii)에서 구하는 경우의 수는

$120 + 240 = 360$

7 서로 다른 3개에서 4개를 택하는 중복조합의 수와 같으므로

$_3H_4 = _{3+4-1}C_4 = _6C_4 = 15$

$_nC_r = _nC_{n-r}$ 임을 이용하면 계산을 쉽게 할 수 있어.

8 방정식 $x+y=8$을 만족시키는 음이 아닌 정수 x, y의 순서쌍 (x, y)의 개수는

$$_2H_8 = _{2+8-1}C_8 = _9C_8 = 9$$

9 3개의 문자 x, y, z 중에서 중복을 허용하여 5개를 택하는 중복조합의 수와 같으므로

$$_3H_5 = _{3+5-1}C_5 = _7C_5 = 21$$

10 $(x+2)^5$의 전개식의 일반항은

$$_5C_r x^{5-r} 2^r = _5C_r 2^r x^{5-r} \ (r=0, 1, 2, \cdots, 5)$$

$x^{5-r} = x$에서 $r=4$

따라서 x의 계수는

$$_5C_4 \times 2^4 = 80$$

11 $_3C_0 + _4C_1 + _5C_2 + _6C_3 + \cdots + _{10}C_7$

$$= _4C_0 + _4C_1 + _5C_2 + _6C_3 + \cdots + _{10}C_7 \ (\because \ _3C_0 = _4C_0)$$
$$= _5C_1 + _5C_2 + _6C_3 + \cdots + _{10}C_7$$
$$= _6C_2 + _6C_3 + \cdots + _{10}C_7$$
$$\vdots$$
$$= _{10}C_6 + _{10}C_7$$
$$= _{11}C_7 = 330$$

12 $_5C_0 + _5C_1 + _5C_2 + _5C_3 + _5C_4 + _5C_5 = 2^5$이므로

$$_5C_1 + _5C_2 + _5C_3 + _5C_4 + _5C_5 = 2^5 - _5C_0$$
$$= 31$$

DAY 2 필수 체크 전략 ①　　　　14~17쪽

1-1 ⑤	2-1 ②	3-1 18	4-1 ②
5-1 ④	6-1 ②	6-2 144	
7-1 ③	7-2 120	8-1 28	

1-1 뽑힌 3장의 카드 중 가장 작은 수를 a, 세 수가 이루는 등비수열의 공비를 r라 하면

$1 \le a < ar < ar^2 \le 30$에서 $2 \le r \le 5$

(i) $r=2$인 경우

(a, ar, ar^2)은 $(1, 2, 4)$, $(2, 4, 8)$, $\cdots$,

$(7, 14, 28)$로 7개

(ii) $r=3$인 경우

(a, ar, ar^2)은 $(1, 3, 9)$, $(2, 6, 18)$, $(3, 9, 27)$

로 3개

(iii) $r=4$인 경우

(a, ar, ar^2)은 $(1, 4, 16)$으로 1개

(iv) $r=5$인 경우

(a, ar, ar^2)은 $(1, 5, 25)$로 1개

(i)~(iv)에서 구하는 경우의 수는

$7+3+1+1=12$

2-1 5개의 문자 a, b, c, d, e를 일렬로 나열하는 경우의 수는 $5! = 120$

a, b가 이웃하는 경우의 수는 ab를 한 문자로 생각하여 4개의 문자를 일렬로 나열하는 경우의 수와 같으므로

$4! \times 2! = 48$

a와 b 사이에 1개의 문자가 있는 경우의 수는 $a\square b$를 한 문자로 생각하여 3개의 문자를 일렬로 나열하는 경우의 수와 같으므로

$3! \times 3 \times 2! = 36$

따라서 구하는 경우의 수는

$120 - 48 - 36 = 36$

[다른 풀이]

(i) a와 b 사이에 2개의 문자가 있는 경우의 수는

$a\square\square b$를 한 문자로 생각하여 2개의 문자를 일렬로 나열하는 경우의 수와 같으므로

$2! \times _3P_2 \times 2! = 24$

(ii) a와 b 사이에 3개의 문자가 있는 경우의 수는

$a\square\square\square b$이므로

$3! \times 2! = 12$

(i), (ii)에서 구하는 경우의 수는 $24 + 12 = 36$

$a\square b$에서 a와 b 사이에 올 수 있는 문자는 c, d, e로 3개이고, a와 b가 자리를 바꾸는 경우의 수는 $2!$이야.

3-1 꼭짓점 A에서 꼭짓점 B로 가는 경우를 수형도로 나타내면 다음과 같다.

$$
A - B\begin{cases} C\begin{cases} D - H\begin{cases} E - F - G \\ G - F - E \end{cases} \\ G - F - E - H - D \end{cases} \\ F\begin{cases} E - H\begin{cases} D - C - G \\ G - C - D \end{cases} \\ G - C - D - H - E \end{cases} \end{cases}
$$

이때 꼭짓점 A에서 꼭짓점 D, E로 가는 경우의 수도 위 수형도와 같으므로 구하는 경우의 수는

$3 \times 6 = 18$

4-1 7명의 학생 중에서 3명을 택하는 경우의 수는

$_7C_3 = 35$

3명의 학생이 정삼각형 모양의 탁자에 둘러앉는 경우의 수는 원탁에 3명이 둘러앉는 경우의 수와 같으므로

$(3-1)! = 2! = 2$

따라서 구하는 경우의 수는

$35 \times 2 = 70$

5-1 두 밑면을 칠하는 경우의 수는

$_5P_2 = 20$

두 밑면에 칠한 색을 제외한 3가지 색을 옆면에 칠하는 경우의 수는

$(3-1)! = 2! = 2$

따라서 구하는 경우의 수는

$2 \times 20 = 40$

6-1 천의 자리의 숫자가 될 수 있는 것은 1, 2, ⋯, 9로 9개

일의 자리의 숫자가 될 수 있는 것은 0, 2, ⋯, 8로 5개

백의 자리, 십의 자리의 숫자를 택하는 경우의 수는 10개의 숫자 0, 1, 2, ⋯, 9에서 2개를 택하는 중복순열의 수와 같으므로

$_{10}\Pi_2 = 10^2 = 100$

따라서 구하는 자연수의 개수는

$9 \times 5 \times 100 = 4500$

6-2 백의 자리의 숫자가 될 수 있는 것은 1, 2, 3, 5로 4개

십의 자리, 일의 자리의 숫자를 택하는 경우의 수는 6개의 숫자 1, 2, 3, 5, 7, 9에서 2개를 택하는 중복순열의 수와 같으므로

$_6\Pi_2 = 6^2 = 36$

따라서 구하는 자연수의 개수는

$4 \times 36 = 144$

7-1 7개의 문자 a, a, a, b, c, d, d를 일렬로 나열하는 경우의 수는

$\dfrac{7!}{3!2!} = 420$

(ⅰ) 양 끝에 모두 a가 오는 경우

나머지 5개의 문자 a, b, c, d, d를 일렬로 나열하는 경우의 수는

$\dfrac{5!}{2!} = 60$

(ⅱ) 양 끝에 모두 d가 오는 경우

나머지 5개의 문자 a, a, a, b, c를 일렬로 나열하는 경우의 수는

$\dfrac{5!}{3!} = 20$

(ⅰ), (ⅱ)에서 양 끝에 서로 같은 문자가 오는 경우의 수는

$60 + 20 = 80$

따라서 구하는 경우의 수는

$420 - 80 = 340$

7-2 홀수 1, 3, 5는 순서가 정해져 있으므로 1, 3, 5를 같은 숫자 7로 생각하여 6개의 숫자 2, 4, 6, 7, 7, 7을 일렬로 나열한 후 첫 번째 7은 1, 두 번째 7은 3, 세 번째 7은 5로 바꾸면 된다.

따라서 구하는 경우의 수는

$\dfrac{6!}{3!} = 120$

8-1 A 지점에서 B 지점까지 최단 거리로 가는 경우의 수는

$\dfrac{8!}{4!4!} = 70$

A 지점에서 P 지점을 거쳐 B 지점까지 최단 거리로 가는 경우의 수는

$$\frac{3!}{2!}\times\frac{5!}{3!2!}=30$$

A 지점에서 Q 지점을 거쳐 B 지점까지 최단 거리로 가는 경우의 수는

$$\frac{5!}{2!3!}\times\frac{3!}{2!}=30$$

A 지점에서 P 지점과 Q 지점을 모두 거쳐 B 지점까지 최단 거리로 가는 경우의 수는

$$\frac{3!}{2!}\times2!\times\frac{3!}{2!}=18$$

즉 A 지점에서 P 지점 또는 Q 지점을 거쳐 B 지점까지 최단 거리로 가는 경우의 수는

$$30+30-18=42$$

따라서 구하는 경우의 수는

$$70-42=28$$

(1, 2, 3, 6), (1, 2, 4, 5), (1, 3, 5, 6),
(2, 3, 4, 6), (3, 4, 5, 6)
4명의 학생이 원탁에 둘러앉는 경우의 수는
$$(4-1)!=3!=6$$
따라서 구하는 경우의 수는
$$5\times6=30$$

03 색을 칠하지 않는 것을 5가지 색 이외의 다른 색을 칠한다고 생각하면 된다.

6개의 영역에 서로 다른 6가지 색을 칠하는 경우의 수는
$$(6-1)!=5!=120$$
이때 위에서 구한 한 가지 경우에 대하여 6등분한 정삼각형에서는 다음 그림과 같이 서로 다른 경우가 2가지씩 존재한다.

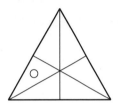 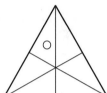

따라서 구하는 경우의 수는
$$2\times120=240$$

01 $_n\Pi_2=n^2$

$$_7C_4=\frac{7\times6\times5\times4}{4!}=35$$

$$_n P_2=n(n-1)=n^2-n$$

$$_5\Pi_2=5^2=25$$

이므로 $_n\Pi_2-{_7}C_4={_n}P_2-{_5}\Pi_2$에서

$$n^2-35=n^2-n-25$$

$$\therefore n=10$$

02 4명의 학생이 들고 있는 카드에 적힌 수를 a, b, c, d라 할 때 카드에 적힌 수의 합이 3의 배수가 되는 순서쌍 (a, b, c, d)는

04 만의 자리의 숫자가 될 수 있는 것은 1, 2, …, 9로 9개

천의 자리, 백의 자리의 숫자를 택하는 경우의 수는 10개의 숫자 0, 1, 2, …, 9에서 2개를 택하는 중복순열의 수와 같으므로

$$_{10}\Pi_2=10^2=100$$

따라서 구하는 다섯 자리 자연수 중 대칭수의 개수는

$$9\times100=900$$

오답 피하기

일의 자리, 십의 자리의 숫자는 각각 만의 자리, 천의 자리의 숫자와 같은 것으로 결정되므로 경우의 수를 따로 고려하지 않아도 된다.

> 일의 자리, 십의 자리의 숫자는 각각 만의 자리, 천의 자리의 숫자와 같으므로 일의 자리와 십의 자리의 숫자를 택하는 경우의 수는 1이야.

05 3개의 숫자 1, 2, 3에서 2개를 택하는 경우의 수는

$_3C_2=3$

2개의 숫자에서 중복을 허용하여 여섯 자리 자연수를 만드는 경우의 수는

$_2\Pi_6=2^6$

이때 한 개의 숫자로 이루어진 여섯 자리 자연수 111111, 222222, 333333을 포함한다.

따라서 구하는 자연수의 개수는

$3\times 2^6-3=189$

06 $X=\{2, 3, 5, 7, 11, 13\}$, $Y=\{1, 2, 3, 4, 6, 12\}$

X에서 Y로의 함수 f의 개수는 Y의 6개의 원소 1, 2, 3, 4, 6, 12에서 6개를 택하는 중복순열의 수와 같으므로

$_6\Pi_6=6^6$

X에서 Y로의 함수 f 중 $f(2)=2$인 함수의 개수는 Y의 6개의 원소 1, 2, 3, 4, 6, 12에서 5개를 택하는 중복순열의 수와 같으므로

$_6\Pi_5=6^5$

따라서 구하는 함수의 개수는

$6^6-6^5=38880$

07 조건 ㈎에서 I, N을 같은 문자 B로 생각하여 5개의 문자 B, B, V, G, A를 일렬로 나열한 후 첫 번째 B는 I, 두 번째 B는 N으로 바꾸는 경우의 수와 같다. 즉

$\dfrac{5!}{2!}=60$

$\vee_B\vee_B\vee_V\vee_G\vee_A\vee$

조건 ㈏에서 문자 E는 연속하여 쓰지 않으므로 위의 그림과 같이 B, B, V, G, A를 나열하고 양 끝과 그 사이사이의 6개의 자리에서 3개의 자리를 택하는 조합의 수와 같다. 즉

$_6C_3=20$

따라서 구하는 경우의 수는

$60\times 20=1200$

08

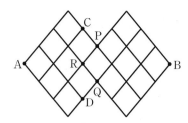

위의 그림과 같이 네 지점 C, D, P, Q를 잡으면 A 지점에서 R 지점을 거치지 않고 B 지점까지 최단 거리로 가는 경우의 수는 다음과 같다.

(i) A → C → P → B인 경우

$\dfrac{4!}{3!}\times 1\times \dfrac{5!}{3!2!}=40$

(ii) A → D → Q → B인 경우

$\dfrac{4!}{3!}\times 1\times \dfrac{5!}{2!3!}=40$

(i), (ii)에서 구하는 경우의 수는

$40+40=80$

<hr/>

다른 풀이

A 지점에서 R 지점을 거치지 않고 B 지점까지 최단 거리로 가는 경우의 수는 A 지점에서 B 지점까지 최단 거리로 가는 경우의 수에서 A 지점에서 R 지점을 거쳐 B 지점까지 최단 거리로 가는 경우의 수를 뺀 것과 같다.

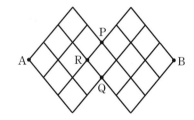

위의 그림과 같이 두 지점 P, Q를 잡으면 A 지점에서 B 지점까지 최단 거리로 가는 경우의 수는 다음과 같다.

(i) A → P → B인 경우

$\dfrac{5!}{2!3!}\times \dfrac{5!}{3!2!}=100$

(ii) A → Q → B인 경우

$\dfrac{5!}{3!2!}\times \dfrac{5!}{2!3!}=100$

(iii) A → R → B인 경우

$\dfrac{4!}{2!2!}\times \dfrac{6!}{3!3!}=120$

(i)~(iii)에서 구하는 경우의 수는

$100+100-120=80$

1-1 ⑤	2-1 ①	2-2 45	3-1 ④
3-2 ④	4-1 ①	5-1 ④	6-1 ①
7-1 ②	7-2 2	8-1 2	8-2 ③

1-1 세 수의 합이 홀수가 되기 위해서는 세 수 모두 홀수이 거나 한 수는 홀수, 두 수는 짝수이어야 한다.

(i) 세 수 모두 홀수인 경우

　3개의 자연수 1, 3, 5에서 3개를 택하여 나열하는 경우의 수와 같으므로

　$_3C_3 \times 3! = 6$

(ii) 한 수는 홀수, 두 수는 짝수인 경우

　3개의 자연수 1, 3, 5에서 1개, 3개의 자연수 2, 4, 6에서 2개를 택하여 나열하는 경우의 수와 같으므로

　$_3C_1 \times _3C_2 \times 3! = 54$

(i), (ii)에서 구하는 경우의 수는

$6 + 54 = 60$

2-1 밀크티 1잔을 주문한 후, 커피, 녹차, 밀크티 중에서 5잔 이상 7잔 이하의 음료를 주문하면 되므로 서로 다른 3개에서 5개 이상 7개 이하를 택하는 중복조합의 수와 같다.

따라서 구하는 경우의 수는

$_3H_5 + _3H_6 + _3H_7 = _{3+5-1}C_5 + _{3+6-1}C_6 + _{3+7-1}C_7$
$= _7C_5 + _8C_6 + _9C_7 = 85$

2-2 치킨, 피자, 짜장면 중에서 k개를 주문하는 경우의 수는 서로 다른 3개에서 k개를 택하는 중복조합의 수와 같으므로

$_3H_k = _{3+k-1}C_k = _{2+k}C_2 = \dfrac{(k+2)(k+1)}{2!} = 78$

$(k+2)(k+1) = 156$, $k^2 + 3k - 154 = 0$

$(k-11)(k+14) = 0$　∴ $k = 11 \ (\because k > 0)$

이때 구하는 경우의 수는 치킨, 피자, 짜장면을 각각 하나씩 주문한 후, 치킨, 피자, 짜장면 중에서 $(k-3)$개, 즉 8개를 주문하면 되므로 서로 다른 3개에서 8개를 택하는 중복조합의 수와 같다.

∴ $_3H_8 = _{3+8-1}C_8 = _{10}C_8 = 45$

3-1 x, y, z의 차수를 각각 a, b, c라 하면

$a + b + c = 13$

$a = 2l+1$, $b = 2m+1$, $c = 2n+1$ (l, m, n은 음이 아닌 정수)이라 하면 차수가 모두 홀수인 서로 다른 항의 개수는 방정식 $l+m+n = 5$를 만족시키는 음이 아닌 정수 l, m, n의 순서쌍 (l, m, n)의 개수와 같다.

따라서 구하는 항의 개수는

$_3H_5 = _{3+5-1}C_5 = _7C_5 = 21$

3-2 8의 인수 중 제곱수는 1, 4이므로 $a^2 = 1$ 또는 $a^2 = 4$

(i) $a^2 = 1$일 때, $a = 1 \ (\because a > 0)$

　$a^2(a+b+c) = 8$에서 $b+c = 7$을 만족시키는 음이 아닌 정수 b, c의 순서쌍 (b, c)의 개수는

　$_2H_7 = _{2+7-1}C_7 = _8C_7 = 8$

(ii) $a^2 = 4$일 때, $a = 2 \ (\because a > 0)$

　$a^2(a+b+c) = 8$에서 $b+c = 0$을 만족시키는 음이 아닌 정수 b, c의 순서쌍 (b, c)의 개수는

　$(0, 0)$으로 1

(i), (ii)에서 구하는 순서쌍 (a, b, c)의 개수는

$8 + 1 = 9$

4-1 $|b-4| = b'$으로 놓으면 b'은 음이 아닌 정수이므로 방정식 $a + b' + c = 4$를 만족시키는 음이 아닌 정수 a, b', c의 순서쌍 (a, b', c)의 개수는 다음과 같다.

(i) $b' = 0$일 때, $b = 4$

　$a+c = 4$를 만족시키는 음이 아닌 정수 a, c의 순서쌍 (a, c)의 개수는

　$_2H_4 = _{2+4-1}C_4 = _5C_4 = 5$

(ii) $b' = 1$일 때, $b = 3$ 또는 $b = 5$

　$a+c = 3$을 만족시키는 음이 아닌 정수 a, c의 순서쌍 (a, c)의 개수는

　$_2H_3 = _{2+3-1}C_3 = _4C_3 = 4$

(iii) $b' = 2$일 때, $b = 2$ 또는 $b = 6$

　$a+c = 2$를 만족시키는 음이 아닌 정수 a, c의 순서쌍 (a, c)의 개수는

　$_2H_2 = _{2+2-1}C_2 = _3C_2 = 3$

(iv) $b' = 3$일 때, $b = 1$ 또는 $b = 7$

　$a+c = 1$을 만족시키는 음이 아닌 정수 a, c의 순서쌍 (a, c)의 개수는

　$_2H_1 = _{2+1-1}C_1 = _2C_1 = 2$

(v) $b'=4$일 때, $b=0$ 또는 $b=8$

$a+c=0$을 만족시키는 음이 아닌 정수 a, c의 순서쌍 (a, c)의 개수는

$$_2H_0=_{2+0-1}C_0=_1C_0=1$$

(ⅰ)~(ⅴ)에서 구하는 순서쌍 (a, b, c)의 개수는

$$5+2(4+3+2+1)=25$$

5-1 조건 ㈏에서 $x \in X$일 때, $f(x) \leq f(6)=5$이므로
$f(1)$, $f(2)$, $f(3)$, $f(4)$, $f(5)$의 값을 정하는 경우의 수는 서로 다른 5개의 원소 1, 2, 3, 4, 5에서 5개를 택하는 중복조합의 수와 같다.

따라서 구하는 함수 f의 개수는

$$_5H_5=_{5+5-1}C_5=_9C_5=126$$

6-1 조건 ㈎에서 $f(1)f(2)f(3) \neq 3 \times 5 \times 7$

$f(1)$, $f(2)$, $f(3)$의 값을 집합 $Y=\{3, 5, 7, 9\}$의 원소에서 정하는 경우의 수는

$$_4\Pi_3=4^3=64$$

$f(1)f(2)f(3)=3 \times 5 \times 7$인 경우의 수는

$$3!=6$$

즉 $f(1)f(2)f(3) \neq 3 \times 5 \times 7$인 경우의 수는

$$64-6=58$$

조건 ㈏에서 $f(4)$, $f(5)$의 값은 서로 다른 4개의 원소 3, 5, 7, 9에서 2개를 택하여 크기순으로 대응시키면 되므로 서로 다른 4개에서 2개를 택하는 중복조합의 수와 같다. 즉

$$_4H_2=_{4+2-1}C_2=_5C_2=10$$

따라서 구하는 함수 f의 개수는

$$58 \times 10=580$$

[오답 피하기]

$f(1)$, $f(2)$, $f(3)$의 값을 집합 $Y=\{3, 5, 7, 9\}$의 원소에서 정하는 경우의 수는 서로 다른 4개의 원소 3, 5, 7, 9에서 3개를 택하는 중복순열의 수와 같다.

7-1 $(1+x)^{2n}=1+_{2n}C_1x+_{2n}C_2x^2+\cdots+_{2n}C_{2n}x^{2n}$에서

$$f(x)=1+2nx+\frac{2n(2n-1)}{2}x^2$$이므로

$$f\left(\frac{1}{n}\right)=1+2+\frac{2n-1}{n}=5-\frac{1}{n}$$

이때 $f\left(\frac{1}{n}\right) \geq \frac{29}{6}$에서 $5-\frac{1}{n} \geq \frac{29}{6}$

$$\frac{1}{n} \leq \frac{1}{6} \qquad \therefore n \geq 6$$

따라서 자연수 n의 최솟값은 6이다.

7-2
$$\begin{aligned}
111^{11}&=(1+110)^{11}\\
&=1+_{11}C_1 110+_{11}C_2 110^2+\cdots+_{11}C_{11}110^{11}\\
&=1+1210+12100 \times 55+\cdots+110^{11}\\
&=1211+665500+\cdots+110^{11}
\end{aligned}$$

따라서 $a=1$, $b=1$이므로

$$a+b=1+1=2$$

[오답 피하기]

$_{11}C_2 110^2 > 10^2$이므로 일의 자리, 십의 자리의 수와는 관계없다.
즉 $_{11}C_r 110^r$ $(r=2, 3, \cdots, 11)$은 111^{11}의 값에서 일의 자리, 십의 자리의 수와는 관계없다.

8-1
$$\begin{aligned}
N&=_4C_0 \times 2^5+_4C_1 \times 2^7+_4C_2 \times 2^9+_4C_3 \times 2^{11}+_4C_4 \times 2^{13}\\
&=2^5(_4C_0+_4C_1 \times 4+_4C_2 \times 4^2+_4C_3 \times 4^3+_4C_4 \times 4^4)\\
&=2^5(1+4)^4=2 \times 10^4=20000
\end{aligned}$$

따라서 자연수 N의 각 자리의 수의 합은

$$2+0+0+0+0=2$$

8-2
$$\begin{aligned}
\sum_{k=1}^{98} k(k+1)(k+2)&=3! \times \sum_{k=1}^{98} \frac{k(k+1)(k+2)}{3!}\\
&=3! \times \sum_{k=1}^{98} {}_{k+2}C_3\\
&=3!(_3C_3+_4C_3+_5C_3+\cdots+_{100}C_3)\\
&=3!(_4C_4+_4C_3+_5C_3+\cdots+_{100}C_3)\\
&=3!(_5C_4+_5C_3+\cdots+_{100}C_3)\\
&=3!(_6C_4+\cdots+_{100}C_3)\\
&\quad\vdots\\
&=3!(_{100}C_4+_{100}C_3)\\
&=3! \times {}_{101}C_4
\end{aligned}$$

01 각 상자에 담기는 구슬의 개수가 1 또는 2가 되도록 서로 다른 구슬 5개를 3개의 상자에 나누어 담는 경우의 수는

$$_5C_2 \times _3C_2 \times _1C_1 \times \frac{1}{2!} = 15$$

이때 구슬이 담긴 3개의 상자는 구별되고, 각 상자에 공을 1개씩 담은 후 나머지 2개의 공을 나누어 담으면 된다. 즉 서로 다른 3개에서 2개를 택하는 중복조합의 수와 같으므로

$$_3H_2 = _{3+2-1}C_2 = _4C_2 = 6$$

따라서 구하는 경우의 수는

$$15 \times 6 = 90$$

> **오답 피하기**
>
> 각 상자에 담기는 구슬의 개수가 1 또는 2가 되도록 서로 다른 구슬 5개를 3개의 상자에 나누어 담는 경우는 3개의 상자에 2개, 2개, 1개의 구슬을 나누어 담는 경우뿐이다. 이때 상자는 서로 구별하지 않으므로 각 경우에 대하여 서로 같은 것이 2!가지씩 존재한다.

02 a, b, c, d가 자연수이므로 $a+b \geq 2$, $c+d \geq 2$

$(a+b)(c+d) = 5^2$에서 $a+b=5$, $c+d=5$

$a'=a-1$, $b'=b-1$, $c'=c-1$, $d'=d-1$이라 하면 방정식 $a'+b'=3$, $c'+d'=3$을 만족시키는 음이 아닌 정수 a', b', c', d'의 순서쌍 (a', b', c', d')의 개수와 같으므로

$$_2H_3 \times _2H_3 = _{2+3-1}C_3 \times _{2+3-1}C_3 = _4C_3 \times _4C_3$$
$$= 4 \times 4 = 16$$

03 (i) $f(3)=2$인 경우

조건 (나)에서 $f(1)$, $f(2)$의 값을 정하는 경우의 수는 서로 다른 2개의 원소 1, 2에서 2개를 택하는 중복조합의 수와 같고, $f(4)$, $f(5)$의 값을 정하는 경우의 수는 서로 다른 4개의 원소 2, 3, 4, 5에서 2개를 택하는 중복조합의 수와 같으므로

$$_2H_2 \times _4H_2 = _{2+2-1}C_2 \times _{4+2-1}C_2 = _3C_2 \times _5C_2$$
$$= 3 \times 10 = 30$$

(ii) $f(3)=4$인 경우

조건 (나)에서 $f(1)$, $f(2)$의 값을 정하는 경우의 수는 서로 다른 4개의 원소 1, 2, 3, 4에서 2개를 택하는 중복조합의 수와 같고, $f(4)$, $f(5)$의 값을 정하는 경우의 수는 서로 다른 2개의 원소 4, 5에서 2개를 택하는 중복조합의 수와 같으므로

$$_4H_2 \times _2H_2 = _{4+2-1}C_2 \times _{2+2-1}C_2 = _5C_2 \times _3C_2$$
$$= 10 \times 3 = 30$$

(i), (ii)에서 구하는 함수 f의 개수는

$$30 + 30 = 60$$

04 자연수 a, 음이 아닌 정수 b, c에 대하여 세 자리 자연수를 $a \times 10^2 + b \times 10 + c$라 하자.

조건 (가)에서 $c=0$ 또는 $c=2$ 또는 $c=4$

조건 (나)에서 $a+b+c < 7$ $(a \geq 1)$

이때 $a'=a-1$이라 하면 $a'+b+c < 6$

(i) $c=0$인 경우

부등식 $a'+b < 6$을 만족시키는 음이 아닌 정수 a', b의 순서쌍 (a', b)의 개수와 같으므로

$$_2H_5 + _2H_4 + _2H_3 + _2H_2 + _2H_1 + _2H_0$$
$$= _6C_5 + _5C_4 + _4C_3 + _3C_2 + _2C_1 + _1C_0$$
$$= 6 + 5 + 4 + 3 + 2 + 1 = 21$$

(ii) $c=2$인 경우

부등식 $a'+b < 4$를 만족시키는 음이 아닌 정수 a', b의 순서쌍 (a', b)의 개수와 같으므로

$$_2H_3 + _2H_2 + _2H_1 + _2H_0$$
$$= _4C_3 + _3C_2 + _2C_1 + _1C_0$$
$$= 4 + 3 + 2 + 1 = 10$$

(iii) $c=4$인 경우

부등식 $a'+b < 2$를 만족시키는 음이 아닌 정수 a', b의 순서쌍 (a', b)의 개수와 같으므로

$$_2H_1 + _2H_0 = _2C_1 + _1C_0 = 2 + 1 = 3$$

(i)~(iii)에서 구하는 자연수의 개수는

$$21 + 10 + 3 = 34$$

> **오답 피하기**
>
> 세 자리 자연수를 $a \times 10^2 + b \times 10 + c$ (a는 자연수, b, c는 음이 아닌 정수)라 하면
>
> $a \geq 1$이고, 조건 (나)에서 $a+b+c < 7$이므로
>
> $b+c < 6$ ∴ $c < 6$
>
> 따라서 조건 (가)에서
>
> $c=0$ 또는 $c=2$ 또는 $c=4$

05 $\left(x^n-\dfrac{1}{x^2}\right)^{10}$의 전개식의 일반항은

$$_{10}C_r(x^n)^{10-r}(-x^{-2})^r={}_{10}C_r(-1)^r x^{10n-(n+2)r}$$
$$(r=0, 1, 2, \cdots, 10)$$

이때 상수항이 양수이려면 $10n-(n+2)r=0$,

즉 $10n=(n+2)r$이고, r가 짝수이어야 한다.

따라서 자연수 n의 값은 3, 8이므로 그 합은 $3+8=11$

06 $_{11}C_1+{}_{11}C_3+{}_{11}C_5+{}_{11}C_7+{}_{11}C_9+{}_{11}C_{11}=2^{10}$이므로

$$\begin{aligned}
N&={}_{11}C_1+{}_{11}C_3+{}_{11}C_5+{}_{11}C_7+{}_{11}C_9\\
&=({}_{11}C_1+{}_{11}C_3+{}_{11}C_5+{}_{11}C_7+{}_{11}C_9+{}_{11}C_{11})-{}_{11}C_{11}\\
&=2^{10}-1=(2^5-1)(2^5+1)\\
&=31\times33\\
&=3\times11\times31
\end{aligned}$$

따라서 자연수 N의 양의 약수의 개수는

$$(1+1)\times(1+1)\times(1+1)=8$$

오답 피하기

자연수 $N=3\times11\times31$의 양의 약수는

$3^p\times11^q\times31^r\,(p=0, 1, q=0, 1, r=0, 1)$

으로 나타낼 수 있다.

이때 p를 택하는 경우의 수는 0, 1의 2가지,

q를 택하는 경우의 수는 0, 1의 2가지,

r를 택하는 경우의 수는 0, 1의 2가지이므로

자연수 $N=3\times11\times31$의 양의 약수의 개수는

$$2\times2\times2=8$$

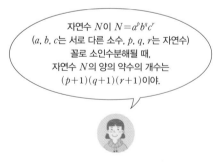

자연수 N이 $N=a^p b^q c^r$
(a, b, c는 서로 다른 소수, p, q, r는 자연수)
꼴로 소인수분해될 때,
자연수 N의 양의 약수의 개수는
$(p+1)(q+1)(r+1)$이야.

LECTURE 이항계수의 성질

자연수 n에 대하여

(1) $_nC_1+{}_nC_3+{}_nC_5+\cdots+{}_nC_n=2^{n-1}$

(단, n은 1보다 큰 홀수)

(2) $_nC_0+{}_nC_2+{}_nC_4+\cdots+{}_nC_n=2^{n-1}$ (단, n은 짝수)

07 $(1+2)^n={}_nC_0+{}_nC_1\times2+{}_nC_2\times2^2+\cdots+{}_nC_n\times2^n$

이므로

$$\begin{aligned}
S_n&={}_nC_1\times2+{}_nC_2\times2^2+\cdots+{}_nC_n\times2^n\\
&=({}_nC_0+{}_nC_1\times2+{}_nC_2\times2^2+\cdots+{}_nC_n\times2^n)-{}_nC_0\\
&=(1+2)^n-1=3^n-1
\end{aligned}$$

$$\therefore a_4=S_4-S_3=(3^4-1)-(3^3-1)=54$$

08 $\displaystyle\sum_{k=0}^{13}({}_{13}C_k)^2$

$$=({}_{13}C_0)^2+({}_{13}C_1)^2+({}_{13}C_2)^2+\cdots+({}_{13}C_{13})^2$$
$$={}_{13}C_0\times{}_{13}C_{13}+{}_{13}C_1\times{}_{13}C_{12}+{}_{13}C_2\times{}_{13}C_{11}+\cdots$$
$$+{}_{13}C_{13}\times{}_{13}C_0$$

이므로 $\displaystyle\sum_{k=0}^{13}({}_{13}C_k)^2$은 $(1+x)^{13}(1+x)^{13}$, 즉 $(1+x)^{26}$

의 전개식에서 x^{13}의 계수와 같다.

$$\therefore \sum_{k=0}^{13}({}_{13}C_k)^2={}_{26}C_{13}$$

누구나 합격 전략　26~27쪽

01 지연	**02** ③	**03** ④	**04** ②
05 ②	**06** ⑤	**07** ①	**08** ④

01 $\begin{aligned}
{}_4\Pi_2+{}_4H_2&=4^2+{}_{4+2-1}C_2\\
&=16+{}_5C_2\\
&=16+10\\
&=26
\end{aligned}$

02 남학생 2명을 한 명으로 생각하여 6명이 원탁에 둘러앉는 경우의 수는

$$(6-1)!=5!=120$$

남학생 2명이 자리를 바꾸는 경우의 수는 $2!=2$

따라서 구하는 경우의 수는

$$120\times2=240$$

03 X에서 X로의 함수 f 중 $f(2)=3$인 함수의 개수는 X의 5개의 원소 1, 2, 3, 4, 5에서 4개를 택하는 중복순열의 수와 같으므로

$$_5\Pi_4=5^4=625$$

04 6개의 숫자 1, 1, 2, 2, 3, 3에서 4개를 택하여 그 합이 6이 되는 경우는 1, 1, 2, 2이고, 9가 되는 경우는 1, 2, 3, 3이다.

(ⅰ) 4개의 숫자 1, 1, 2, 2를 일렬로 나열하는 경우의 수는

$$\frac{4!}{2!2!}=6$$

(ⅱ) 4개의 숫자 1, 2, 3, 3을 일렬로 나열하는 경우의 수는

$$\frac{4!}{2!}=12$$

(ⅰ), (ⅱ)에서 구하는 자연수의 개수는

$$6+12=18$$

05 학생 A에게 3개, 학생 B에게 2개, 학생 C에게 1개를 나누어 준 후, 남은 4개의 공을 세 학생 A, B, C에게 나누어 주면 되므로 서로 다른 3개에서 4개를 택하는 중복조합의 수와 같다.

따라서 구하는 경우의 수는

$$_3H_4={}_{3+4-1}C_4={}_6C_4=15$$

06 $x'=-x,\ y'=-y,\ z'=-z$라 하면

방정식 $x'+y'+z'=8$을 만족시키는 음이 아닌 정수 $x',\ y',\ z'$의 순서쌍 $(x',\ y',\ z')$의 개수와 같으므로

$$_3H_8={}_{3+8-1}C_8={}_{10}C_8=45$$

07 $\left(x+\dfrac{2}{x}\right)^6$의 전개식의 일반항은

$$_6C_r\,x^{6-r}\left(\frac{2}{x}\right)^r={}_6C_r\,2^r\,x^{6-2r}\ (r=0,\ 1,\ 2,\ \cdots,\ 6)$$

$6-2r=4$에서 $r=1$

따라서 x^4의 계수는

$$_6C_1\times2=6\times2=12$$

08 $_{n-1}C_{19}+{}_{n-1}C_{20}={}_nC_{20}$이므로 $_nC_{19}={}_nC_{20}$

이때 $_nC_{19}={}_nC_{n-19}$에서 $_nC_{n-19}={}_nC_{20}$

$$n-19=20 \qquad \therefore n=39$$

| 28~29쪽

| 1 ⑤ | 2 ① | 3 ④ | 4 6 |

1 (ⅰ) 4가지 색으로 칠하는 경우

서로 다른 5가지 색에서 4가지 색을 택하는 경우의 수는 $_5C_4=5$

4개의 날개에 4가지 색을 칠하는 경우의 수는

$$(4-1)!=3!=6$$

$$\therefore 5\times6=30$$

(ⅱ) 3가지 색으로 칠하는 경우

서로 다른 5가지 색에서 3가지 색을 택하는 경우의 수는 $_5C_3=10$

이웃하는 날개에 서로 다른 색을 칠해야 하므로 1가지 색은 마주 보는 2개의 날개에 칠해야 한다. 즉

3가지 색에서 마주 보는 2개의 날개에 칠하는 1가지 색을 택하는 경우의 수는 $_3C_1=3$

$$\therefore 10\times3=30$$

(ⅲ) 2가지 색으로 칠하는 경우

서로 다른 5가지 색에서 2가지 색을 택하는 경우의 수는 $_5C_2=10$

이웃하는 날개에 서로 다른 색을 칠하는 경우의 수는 1

$$\therefore 10\times1=10$$

(ⅰ)~(ⅲ)에서 구하는 경우의 수는

$$30+30+10=70$$

오답 피하기

(ⅱ) 4개의 날개를 3가지 색으로 칠하는 경우

마주 보는 2개의 날개를 같은 색으로 칠하고 남은 2가지 색을 2개의 날개에 칠하는 경우의 수는 서로 다른 2개를 원형으로 배열하는 원순열의 수와 같으므로 $(2-1)!=1!=1$

따라서 이 경우는 고려하지 않아도 된다.

전편 • 1주 **11**

2 6개의 사물함에 6명의 여행객의 짐을 넣는 경우의 수는
$_6\Pi_6 = 6^6$

보민이의 짐과 성훈이의 짐을 같은 사물함에 넣는 경우의 수는 보민이의 짐과 성훈이의 짐을 한 개로 생각하여 6개의 사물함에 5개의 짐을 넣는 경우의 수와 같으므로

$_6\Pi_5 = 6^5$

따라서 구하는 경우의 수는

$6^6 - 6^5 = 6^5(6-1) = 5 \times 6^5$

3 (i) 수학책 1권을 숫자 1이 적힌 칸에 꽂는 경우

숫자 1이 적힌 칸에 수학책 1권, 영어책 3권을 꽂는 경우의 수는

$\dfrac{4!}{3!} = 4$

숫자 2가 적힌 칸에 수학책 3권을 꽂는 경우의 수는

$\dfrac{3!}{3!} = 1$

$\therefore 4 \times 1 = 4$

(ii) 수학책 2권을 숫자 1이 적힌 칸에 꽂는 경우

숫자 1이 적힌 칸에 수학책 2권, 영어책 2권을 꽂는 경우의 수는

$\dfrac{4!}{2!2!} = 6$

숫자 2가 적힌 칸에 수학책 2권, 영어책 1권을 꽂는 경우의 수는

$\dfrac{3!}{2!} = 3$

$\therefore 6 \times 3 = 18$

(iii) 수학책 3권을 숫자 1이 적힌 칸에 꽂는 경우

숫자 1이 적힌 칸에 수학책 3권, 영어책 1권을 꽂는 경우의 수는

$\dfrac{4!}{3!} = 4$

숫자 2가 적힌 칸에 수학책 1권, 영어책 2권을 꽂는 경우의 수는

$\dfrac{3!}{2!} = 3$

$\therefore 4 \times 3 = 12$

(iv) 수학책 4권을 숫자 1이 적힌 칸에 꽂는 경우

숫자 1이 적힌 칸에 수학책 4권을 꽂는 경우의 수는

$\dfrac{4!}{4!} = 1$

숫자 2가 적힌 칸에 영어책 3권을 꽂는 경우의 수는

$\dfrac{3!}{3!} = 1$

$\therefore 1 \times 1 = 1$

(i)~(iv)에서 구하는 경우의 수는

$4 + 18 + 12 + 1 = 35$

4 모든 관광지가 서로 직선 도로로 연결되어 있으므로 관광지 A를 출발하여 4개의 관광지를 방문한 후 다시 관광지 A로 돌아오는 경우의 수는 B, C, D, E를 일렬로 나열하는 경우의 수와 같다.

이때 C, E와 B, D의 순서가 각각 정해져 있으므로 C, E를 모두 X, B, D를 모두 Y로 생각하여 4개의 문자 X, X, Y, Y를 일렬로 나열한 후 첫 번째 X는 C, 두 번째 X는 E로, 첫 번째 Y는 B, 두 번째 Y는 D로 바꾸면 된다.

따라서 구하는 경우의 수는

$\dfrac{4!}{2!2!} = 6$

창의·융합·코딩 전략 ② | 30~31쪽

| 5 ③ | 6 ② | 7 ⑤ | 8 ② |

5 $a_1 \le a_2 \le a_3 \le \cdots \le a_6 \le 5$를 만족시키는 $a_1, a_2, a_3, \cdots, a_6$의 값은 서로 다른 5개의 자연수 1, 2, 3, 4, 5에서 6개를 택하여 크기순으로 대응시키면 되므로 서로 다른 5개에서 6개를 택하는 중복조합의 수와 같다.

따라서 구하는 순서쌍 $(a_1, a_2, a_3, \cdots, a_6)$의 개수는

$_5H_6 = {}_{5+6-1}C_6 = {}_{10}C_6 = 210$

6 조건 (가), (나)에서 같은 행에 3개의 숫자를 써넣는 경우의 수는 서로 다른 4개의 숫자 1, 2, 3, 4에서 3개를 택하는 조합의 수와 같으므로

$$_4C_3=4$$

이때 같은 행의 칸에 써넣는 숫자는 다음과 같이 배열할 수 있다.

(1, 2, 3), (1, 2, 4), (1, 3, 4), (2, 3, 4)

조건 (다)에서 세 행에 숫자를 써넣는 경우의 수는 서로 다른 4개의 배열에서 3개를 택하는 중복조합의 수와 같으므로

$$_4H_3=_{4+3-1}C_3=_6C_3=20$$

오답 피하기

서로 다른 4개의 배열에서 중복하여 3개를 택한 후, 모눈종이에 배열하는 경우의 수를 예를 들어 살펴보자.

(i) (1, 2, 3), (1, 2, 4), (1, 3, 4)를 택하는 경우

조건 (다)에 의해 모눈종이에 배열하는 경우의 수는 1이다.

1	2	3
1	2	4
1	3	4

(ii) (1, 2, 3), (1, 2, 3), (2, 3, 4)를 택하는 경우

조건 (다)에 의해 모눈종이에 배열하는 경우의 수는 1이다.

1	2	3
1	2	3
2	3	4

(iii) (1, 2, 3), (1, 2, 3), (1, 2, 3)을 택하는 경우

조건 (다)에 의해 모눈종이에 배열하는 경우의 수는 1이다.

1	2	3
1	2	3
1	2	3

따라서 구하는 경우의 수는 서로 다른 4개에서 3개를 택하는 중복조합의 수와 같다.

---

7 사과 4개를 서로 다른 3개의 상자에 나누어 담는 경우의 수는

$$_3H_4=_{3+4-1}C_4=_6C_4=15$$

망고 4개를 서로 다른 3개의 상자에 나누어 담는 경우의 수는

$$_3H_4=_{3+4-1}C_4=_6C_4=15$$

파인애플 3개를 서로 다른 3개의 상자에 나누어 담는 경우의 수는

$$_3H_3=_{3+3-1}C_3=_5C_3=10$$

따라서 구하는 경우의 수는

$$15\times15\times10=2250$$

8 민하에게 주는 머리 끈의 개수를 r ($r=0, 1, 2, \cdots, 7$)라 하면 민하에게 주는 인형의 개수는 $7-r$

서로 다른 머리 끈 7개 중에서 r개를 택하는 경우의 수는 $_7C_r$이고, 똑같은 인형 7개 중에서 $7-r$개를 택하는 경우의 수는 1

따라서 구하는 경우의 수는

$$_7C_0\times1+_7C_1\times1+_7C_2\times1+\cdots+_7C_7\times1=2^7=128$$

WEEK
2
확률

1 ③	2 ②	3 ④	4 ②	5 ④	6 ⑤
7 ①	8 ⑤	9 ③	10 ③	11 11	12 ①

1 3개의 숫자 1, 2, 3을 일렬로 나열하여 만든 세 자리 자연수의 개수는

3!

세 자리 자연수가 짝수이려면 일의 자리의 숫자가 2이어야 하므로 짝수의 개수는

2!

따라서 구하는 확률은

$$\frac{2!}{3!} = \frac{1}{3}$$

2 A와 B를 포함한 4명을 일렬로 세우는 경우의 수는

4!

A와 B가 이웃하게 4명을 일렬로 세우는 경우의 수는

3!×2!

따라서 구하는 확률은

$$\frac{3! \times 2!}{4!} = \frac{1}{2}$$

3 흰 공 3개, 검은 공 2개가 들어 있는 주머니에서 2개의 공을 꺼내는 경우의 수는

$_5C_2 = 10$

두 공이 같은 색인 경우의 수는

$_3C_2 + _2C_2 = 4$

따라서 구하는 확률은

$$\frac{4}{10} = \frac{2}{5}$$

두 공이 같은 색인 경우는 흰 공 3개 중 2개를 뽑는 경우 또는 검은 공 2개 중 2개를 뽑는 경우이다.

4 두 사건 A, B가 서로 배반사건이므로

$$P(A \cup B) = P(A) + P(B)$$

$$\frac{5}{6} = \frac{1}{3} + P(B) \qquad \therefore P(B) = \frac{1}{2}$$

5 5개의 숫자 1, 2, 3, 4, 5에서 중복을 허용하여 만들 수 있는 세 자리 정수의 개수는 $_5\Pi_3 = 5^3$

세 자리 정수가 홀수이려면 일의 자리에 올 수 있는 숫자는 1, 3, 5의 3개

이때 백의 자리와 십의 자리의 숫자를 택하는 경우의 수는 서로 다른 숫자 5개에서 2개를 택하는 중복순열의 수와 같으므로 $_5\Pi_2 = 5^2$

즉 만들 수 있는 홀수의 개수는

3×5^2

따라서 구하는 확률은

$$\frac{3 \times 5^2}{5^3} = \frac{3}{5}$$

6 꺼낸 카드에 적힌 세 수의 최댓값이 6 이상인 사건을 A라 하면 최댓값이 5 이하인 사건은 A^c이므로

$$P(A^c) = \frac{_5C_3}{_{10}C_3} = \frac{10}{120} = \frac{1}{12}$$

$$\therefore P(A) = 1 - P(A^c) = \frac{11}{12}$$

7 5명을 키가 작은 순서대로 a, b, c, d, e라 하자.

5명을 일렬로 세우는 경우의 수는 5!

(ⅰ) 앞에서 세 번째 사람이 c인 경우

c의 양 옆에 d, e를 세우는 경우의 수는 2!

나머지 자리에 a, b를 세우는 경우의 수는 2!

$\therefore 2! \times 2! = 4$

(ii) 앞에서 세 번째 사람이 b인 경우

b의 양 옆에 c, d, e 중 2명을 세우는 경우의 수는 $_3\mathrm{P}_2$

나머지 자리에 남은 2명을 세우는 경우의 수는 $2!$

∴ $_3\mathrm{P}_2 \times 2! = 12$

(iii) 앞에서 세 번째 사람이 a인 경우

나머지 자리에 b, c, d, e를 세우는 경우의 수는

$4! = 24$

(i)~(iii)에서 앞에서 세 번째 사람이 자신과 이웃한 두 사람보다 키가 작은 경우의 수는

$4 + 12 + 24 = 40$

따라서 구하는 확률은

$\dfrac{40}{5!} = \dfrac{1}{3}$

8 $\mathrm{P}(A|B) = \dfrac{\mathrm{P}(A \cap B)}{\mathrm{P}(B)}$이므로

$0.4 = \dfrac{0.2}{\mathrm{P}(B)}$ ∴ $\mathrm{P}(B) = 0.5$

∴ $\mathrm{P}(A \cup B) = \mathrm{P}(A) + \mathrm{P}(B) - \mathrm{P}(A \cap B)$

$\qquad\qquad\quad = 0.3 + 0.5 - 0.2 = 0.6$

9 이 학급에서 임의로 한 명을 선택할 때, 남학생인 사건을 A, 동생이 없는 사건을 B라 하면

$\mathrm{P}(A) = \dfrac{20}{35} = \dfrac{4}{7}$, $\mathrm{P}(A \cap B) = \dfrac{15}{35} = \dfrac{3}{7}$

따라서 구하는 확률은

$\mathrm{P}(B|A) = \dfrac{\mathrm{P}(A \cap B)}{\mathrm{P}(A)} = \dfrac{\frac{3}{7}}{\frac{4}{7}} = \dfrac{3}{4}$

10 첫 번째 꺼낸 공이 흰 공인 사건을 A, 두 번째 꺼낸 공이 흰 공인 사건을 B라 하면 첫 번째 꺼낸 공이 검은 공인 사건은 A^c이므로

$\mathrm{P}(A) = \dfrac{3}{8}$, $\mathrm{P}(A^c) = 1 - \dfrac{3}{8} = \dfrac{5}{8}$

$\mathrm{P}(B|A) = \dfrac{2}{7}$, $\mathrm{P}(B|A^c) = \dfrac{3}{7}$

따라서 구하는 확률은

$\mathrm{P}(B) = \mathrm{P}(A \cap B) + \mathrm{P}(A^c \cap B)$

$\qquad\quad = \mathrm{P}(A)\mathrm{P}(B|A) + \mathrm{P}(A^c)\mathrm{P}(B|A^c)$

$\qquad\quad = \dfrac{3}{8} \times \dfrac{2}{7} + \dfrac{5}{8} \times \dfrac{3}{7} = \dfrac{3}{8}$

11 한 개의 동전을 1번 던질 때, 앞면이 나오는 확률은

$\dfrac{1}{2}$

3번의 시행에서 앞면이 2번 나오는 사건을 A라 하면

$\mathrm{P}(A) = {}_3\mathrm{C}_2 \left(\dfrac{1}{2}\right)^2 \left(\dfrac{1}{2}\right)^1 = \dfrac{3}{8}$

따라서 $p = 8$, $q = 3$이므로

$p + q = 8 + 3 = 11$

12 주사위를 한 번 던질 때, 소수의 눈이 나올 확률은

$\dfrac{3}{6} = \dfrac{1}{2}$

주사위를 4번 던질 때, 소수의 눈이 나오는 횟수를 x라 하면 그 이외의 눈이 나오는 횟수는 $4 - x$

즉 점 P의 위치가 2이려면

$2x - (4 - x) = 2$, $3x = 6$ ∴ $x = 2$

따라서 구하는 확률은

$_4\mathrm{C}_2 \left(\dfrac{1}{2}\right)^2 \left(\dfrac{1}{2}\right)^2 = \dfrac{3}{8}$

DAY 2 필수 체크 전략 ①

40~43쪽

1-1 1024	**2-1** ②	**3-1** ①	**4-1** $\dfrac{11}{15}$
5-1 $\dfrac{19}{81}$	**6-1** $\dfrac{5}{64}$	**7-1** ④	**8-1** ⑤

1-1 표본공간을 S라 하면

$S = \{1, 2, 3, 4, 5, 6, 7, 8, 9, 10, 11, 12\}$

사건 A는 카드에 적힌 수가 짝수인 사건이므로

$A = \{2, 4, 6, 8, 10, 12\}$

$A^c = \{1, 3, 5, 7, 9, 11\}$

사건 B는 카드에 적힌 수가 12의 약수인 사건이므로

$B = \{1, 2, 3, 4, 6, 12\}$

즉 $A^c \cap B = \{1, 3\}$

따라서 사건 $A^c \cap B$와 배반인 사건은

집합 $\{2, 4, 5, 6, 7, 8, 9, 10, 11, 12\}$의 부분집합이므로 그 개수는 $2^{10} = 1024$이다.

2-1 1부터 5까지의 자연수가 하나씩 적힌 5장의 카드가 들어 있는 주머니에서 갑이 임의로 2장의 카드를 뽑고 을이 남은 3장의 카드 중에서 임의로 1장의 카드를 뽑는 경우의 수는

$_5C_2 \times _3C_1 = 10 \times 3 = 30$

갑이 뽑은 2장의 카드에 적힌 수를 a, b $(a<b)$라 하자.

(i) 을이 3이 적힌 카드를 뽑은 경우

$ab<3$이므로 순서쌍 (a, b)의 개수는

$(1, 2)$로 1이다.

(ii) 을이 4가 적힌 카드를 뽑은 경우

$ab<4$이므로 순서쌍 (a, b)의 개수는

$(1, 2), (1, 3)$으로 2이다.

(iii) 을이 5가 적힌 카드를 뽑은 경우

$ab<5$이므로 순서쌍 (a, b)의 개수는

$(1, 2), (1, 3), (1, 4)$로 3이다.

(i)~(iii)에서 갑이 뽑은 2장의 카드에 적힌 수의 곱이 을이 뽑은 카드에 적힌 수보다 작은 경우의 수는

$1+2+3=6$

따라서 구하는 확률은

$\dfrac{6}{30}=\dfrac{1}{5}$

3-1 각 행에서 임의로 한 개씩 세 수를 선택하는 경우의 수는

$3 \times 3 \times 3 = 27$

9개의 수 $5^1, 5^2, 5^3, \cdots, 5^9$은 3으로 나눈 나머지가 2, 1, 2, $\cdots$, 2이므로 9개의 수를 각각 3으로 나눈 나머지를 표로 나타내면 다음과 같다.

2	1	2
1	2	1
2	1	2

각 행에서 임의로 한 개씩 선택한 세 수를 각각 a, b, c라 하면 세 수의 곱 abc를 3으로 나눈 나머지가 2가 되는 순서쌍 (a, b, c)는 다음과 같다.

(i) $(a, b, c)=(1, 1, 2)$인 경우

a, b, c가 각각 1개, 2개, 2개이므로 경우의 수는

$1 \times 2 \times 2 = 4$

(ii) $(a, b, c)=(1, 2, 1)$인 경우

a, b, c가 각각 1개, 1개, 1개이므로 경우의 수는

$1 \times 1 \times 1 = 1$

(iii) $(a, b, c)=(2, 1, 1)$인 경우

a, b, c가 각각 2개, 2개, 1개이므로 경우의 수는

$2 \times 2 \times 1 = 4$

(iv) $(a, b, c)=(2, 2, 2)$인 경우

a, b, c가 각각 2개, 1개, 2개이므로 경우의 수는

$2 \times 1 \times 2 = 4$

(i)~(iv)에서 세 수의 곱을 3으로 나눈 나머지가 2인 경우의 수는

$4+1+4+4=13$

따라서 구하는 확률은 $\dfrac{13}{27}$

4-1 6개의 문자 A, A, A, B, B, C가 하나씩 적힌 6장의 카드를 일렬로 나열하는 경우의 수는

$\dfrac{6!}{3!2!}=60$

(i) 양 끝에 A, B를 나열하는 경우

A와 B를 제외한 4개의 문자 A, A, B, C를 일렬로 나열하는 경우의 수는

$\dfrac{4!}{2!}=12$

양 끝에 A, B를 나열하는 경우의 수는

$2!=2$

$\therefore 12 \times 2 = 24$

(ii) 양 끝에 A, C를 나열하는 경우

A와 C를 제외한 4개의 문자 A, A, B, B를 일렬로 나열하는 경우의 수는

$\dfrac{4!}{2!2!}=6$

양 끝에 A, C를 나열하는 경우의 수는

$2!=2$

$\therefore 6 \times 2 = 12$

(iii) 양 끝에 B, C를 나열하는 경우

B와 C를 제외한 4개의 문자 A, A, A, B를 일렬로 나열하는 경우의 수는

$\dfrac{4!}{3!}=4$

양 끝에 B, C를 나열하는 경우의 수는

$2!=2$

$\therefore 4 \times 2 = 8$

(i)~(iii)에서 양 끝에 다른 문자가 적힌 카드가 나오는 경우의 수는

$24+12+8=44$

따라서 구하는 확률은

$$\frac{44}{60}=\frac{11}{15}$$

5-1 X에서 Y로의 함수 f의 개수는 $_3\Pi_4=81$

$f(1)+f(2)+f(3)+f(4)=4$를 만족시키는 함수 f의 개수는

1, 1, 1, 1 또는 0, 1, 1, 2 또는 0, 0, 2, 2를 일렬로 나열하는 경우의 수와 같다.

(ⅰ) 1, 1, 1, 1을 일렬로 나열하는 경우의 수는

$$\frac{4!}{4!}=1$$

(ⅱ) 0, 1, 1, 2를 일렬로 나열하는 경우의 수는

$$\frac{4!}{2!}=12$$

(ⅲ) 0, 0, 2, 2를 일렬로 나열하는 경우의 수는

$$\frac{4!}{2!2!}=6$$

(ⅰ)~(ⅲ)에서 $\sum\limits_{k=1}^{4}f(k)=4$를 만족시키는 함수 f의 개수는

$1+12+6=19$

따라서 구하는 확률은 $\dfrac{19}{81}$

6-1 주머니에서 임의로 4개의 공을 뽑아 일렬로 나열하는 경우의 수는

$_3C_1\times{}_3C_3\times4!+{}_3C_2\times{}_3C_2\times\dfrac{4!}{2!}+{}_3C_3\times{}_3C_1\times\dfrac{4!}{3!}$

$=192$

주머니에서 임의로 4개의 공을 뽑아 일렬로 나열할 때, 1이 적힌 공을 n $(n=1, 2, 3)$개 뽑아 작은 것부터 크기 순으로 나열하는 사건을 각각 A_1, A_2, A_3이라 하면

$$P(A_1)=\frac{_3C_1\times{}_3C_3}{192}=\frac{1}{64}$$

$$P(A_2)=\frac{_3C_2\times{}_3C_2}{192}=\frac{3}{64}$$

$$P(A_3)=\frac{_3C_3\times{}_3C_1}{192}=\frac{1}{64}$$

이때 세 사건 A_1, A_2, A_3는 서로 배반사건이므로 구하는 확률은

$$P(A_1\cup A_2\cup A_3)=P(A_1)+P(A_2)+P(A_3)$$
$$=\frac{1}{64}+\frac{3}{64}+\frac{1}{64}=\frac{5}{64}$$

임의로 4개의 공을 뽑아 일렬로 나열할 때, 1이 적힌 공이 1개인 경우의 수는 1이 적힌 3개의 공에서 1개를 뽑고, 2, 3, 4가 적힌 3개의 공에서 3개를 뽑아 일렬로 나열하는 경우의 수와 같으므로

$_3C_1\times{}_3C_3\times4!$

마찬가지 방법으로 1이 적힌 공이 2개, 1이 적힌 공이 3개일 때의 경우의 수는 각각

$_3C_2\times{}_3C_2\times\dfrac{4!}{2!}$, $_3C_3\times{}_3C_1\times\dfrac{4!}{3!}$

7-1 꺼낸 3개의 공 중에서 적어도 검은 공이 한 개 이상인 사건을 A라 하면 A^C는 3개의 공이 모두 흰 공 또는 노란 공인 사건이므로

$$P(A^C)=\frac{_7C_3}{_{10}C_3}=\frac{7}{24}$$

따라서 구하는 확률은

$$P(A)=1-P(A^C)=1-\frac{7}{24}=\frac{17}{24}$$

8-1 7개의 숫자 1, 2, 3, 4, 5, 6, 7로 네 자리 자연수를 만들 때, 6700 이하인 사건을 A라 하면 A^C는 6701 이상인 사건이다. 이때 6701 이상인 자연수는 67□□ 꼴 또는 7□□□ 꼴이다.

(ⅰ) 67□□ 꼴일 확률은

$$\frac{_5P_2}{_7P_4}=\frac{1}{42}$$

(ⅱ) 7□□□ 꼴일 확률은

$$\frac{_6P_3}{_7P_4}=\frac{1}{7}$$

(ⅰ), (ⅱ)에서 $P(A^C)=\dfrac{1}{42}+\dfrac{1}{7}=\dfrac{1}{6}$

따라서 구하는 확률은

$$P(A)=1-P(A^C)=1-\frac{1}{6}=\frac{5}{6}$$

(ⅰ) 67□□ 꼴인 경우

6, 7을 제외한 나머지 1, 2, 3, 4, 5에서 2개를 뽑아 일렬로 나열하는 경우의 수와 같으므로 $_5P_2=5\times4=20$

(ⅱ) 7□□□ 꼴인 경우

7을 제외한 나머지 1, 2, 3, 4, 5, 6에서 3개를 뽑아 일렬로 나열하는 경우의 수와 같으므로 $_6P_3=6\times5\times4=120$

01 A 지점에서 B 지점까지 최단 거리로 가는 경우의 수는

$$\frac{7!}{4!\,3!}=35$$

A 지점에서 C 지점을 거쳐 B 지점까지 최단 거리로 가는 경우의 수는

$$\frac{3!}{2!}\times\frac{4!}{2!\,2!}=18$$

따라서 구하는 확률은 $\dfrac{18}{35}$

02 $1-\mathrm{P}(A^C\cup B^C)=1-\mathrm{P}((A\cap B)^C)=\mathrm{P}(A\cap B)$

이므로

$$\mathrm{P}(A\cap B)=\{\mathrm{P}(A)\}^2$$

이때

$$3\mathrm{P}(A\cap B)+\mathrm{P}(A)=3\{\mathrm{P}(A)\}^2+\mathrm{P}(A)=2$$

이므로

$$3\{\mathrm{P}(A)\}^2+\mathrm{P}(A)-2=0$$

$$\{\mathrm{P}(A)+1\}\{3\mathrm{P}(A)-2\}=0$$

$$\therefore \mathrm{P}(A)=\frac{2}{3}\ (\because \mathrm{P}(A)\ge0)$$

$$\therefore \mathrm{P}(A\cap B)=\{\mathrm{P}(A)\}^2=\frac{4}{9}$$

03 표본공간을 S라 하면 $S=\{1,\,2,\,3,\,4,\,5,\,6\}$

홀수의 눈이 나오는 사건이 A, 소수의 눈이 나오는 사건이 B이므로

$$A=\{1,\,3,\,5\},\ B=\{2,\,3,\,5\}$$

$$B^C=\{1,\,4,\,6\},\ A\cap B^C=\{1\}$$

$$\therefore \mathrm{P}(A\cup B^C)=\mathrm{P}(A)+\mathrm{P}(B^C)-\mathrm{P}(A\cap B^C)$$

$$=\frac{1}{2}+\frac{1}{2}-\frac{1}{6}=\frac{5}{6}$$

04 집합 A의 공집합이 아닌 부분집합의 개수는

$$2^6-1=63$$

가장 큰 원소와 가장 작은 원소의 합이 7인 경우는 다음과 같다.

(i) 가장 큰 원소가 6, 가장 작은 원소가 1인 경우

1과 6을 반드시 원소로 가지고, 2, 3, 4, 5를 원소로 가질 수 있으므로 부분집합의 개수는

$$2^{6-2}=2^4=16$$

(ii) 가장 큰 원소가 5, 가장 작은 원소가 2인 경우

2와 5를 반드시 원소로 가지고, 3, 4를 원소로 가질 수 있으므로 부분집합의 개수는

$$2^{4-2}=2^2=4$$

(iii) 가장 큰 원소가 4, 가장 작은 원소가 3인 경우

3과 4만을 원소로 가질 수 있으므로 부분집합의 개수는

$$2^{2-2}=2^0=1$$

(i)~(iii)에서 부분집합의 개수는

$$16+4+1=21$$

따라서 구하는 확률은

$$\frac{21}{63}=\frac{1}{3}$$

05 서로 다른 세 개의 주사위를 던져서 나오는 모든 경우의 수는

$$_6\Pi_3=6^3=216$$

세 개의 주사위를 던져서 나온 세 눈의 수의 최대공약수가 2인 경우의 수는 2, 4, 6 중에서 중복을 허용하여 3개를 택하는 중복순열의 수에서 4, 4, 4와 6, 6, 6의 2개를 제외한 것과 같으므로

$$_3\Pi_3-2=3^3-2=25$$

따라서 구하는 확률은 $\dfrac{25}{216}$

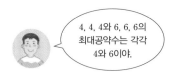

4, 4, 4와 6, 6, 6의
최대공약수는 각각
4와 6이야.

06 서로 다른 세 개의 주사위를 던져서 나오는 모든 경우의 수는

$$_6\Pi_3=6^3=216$$

이때 1, 2, 3, 4, 5, 6에서

3으로 나눈 나머지가 0인 수는 3, 6

3으로 나눈 나머지가 1인 수는 1, 4

3으로 나눈 나머지가 2인 수는 2, 5

이므로 세 개의 주사위를 던져서 나온 눈의 수 a, b, c에 대하여 조건 ㈎, ㈏를 만족시키는 경우는 다음과 같다.

세 수 a, b, c를 3으로 나누었을 때

(i) 나머지가 0, 0, 0인 경우

$a+b+c$가 3의 배수인 경우의 수는

$_2\Pi_3=8$

$a=3$, $b=3$, $c=3$일 때 abc가 홀수이므로

구하는 경우의 수는

$8-1=7$

(ii) 나머지가 1, 1, 1인 경우

$a+b+c$가 3의 배수인 경우의 수는

$_2\Pi_3=8$

$a=1$, $b=1$, $c=1$일 때 abc가 홀수이므로

구하는 경우의 수는

$8-1=7$

(iii) 나머지가 2, 2, 2인 경우

$a+b+c$가 3의 배수인 경우의 수는

$_2\Pi_3=8$

$a=5$, $b=5$, $c=5$일 때 abc가 홀수이므로

구하는 경우의 수는

$8-1=7$

(iv) 나머지가 0, 1, 2인 경우

$a+b+c$가 3의 배수인 경우의 수는

$_2C_1\times_2C_1\times_2C_1\times3!=48$

abc가 홀수인 경우의 수는 세 수 1, 3, 5를 일렬로

나열하는 경우의 수와 같으므로

$3!=6$

구하는 경우의 수는

$48-6=42$

(i)~(iv)에서 주어진 조건 ㈎, ㈏를 모두 만족시키는 경우의 수는

$7+7+7+42=63$

따라서 구하는 확률은

$\dfrac{63}{216}=\dfrac{7}{24}$

07 X에서 Y로의 함수 f의 개수는 Y의 2개의 원소 1, 2에서 3개를 택하는 중복순열의 수와 같으므로

$_2\Pi_3=8$

Y에서 Z로의 함수 g의 개수는 Z의 원소 2, 3, 4, 5에서 2개를 택하는 중복순열의 수와 같으므로

$_4\Pi_2=16$

즉 함수 $h=g\circ f$의 개수는

$8\times16=128$

함수 h의 치역의 원소가 한 개인 경우는 다음과 같다.

(i) 함수 f의 치역이 $\{1\}$인 경우

함수 f의 개수는 1이고 함수 g의 개수는 $_4C_1=4$이므로 함수 h의 개수는

$1\times4=4$

(ii) 함수 f의 치역이 $\{2\}$인 경우

함수 f의 개수는 1이고 함수 g의 개수는 $_4C_1=4$이므로 함수 h의 개수는

$1\times4=4$

(iii) 함수 f의 치역이 $\{1, 2\}$인 경우

함수 f의 개수는 $_2\Pi_3-2=6$이고 함수 g의 개수는 $_4C_1=4$이므로 함수 h의 개수는

$6\times4=24$

(i)~(iii)에서 함수 h의 치역의 원소가 한 개인 경우의 수는

$4+4+24=32$

따라서 구하는 확률은

$\dfrac{32}{128}=\dfrac{1}{4}$

08 세 상자 A, B, C에서 카드를 1장씩 꺼내는 경우의 수는

$4\times4\times4=64$

이때 꺼낸 3장의 카드에 적힌 숫자의 합이 6인 경우는 다음과 같다.

(i) 숫자 1, 1, 4가 적힌 카드를 꺼내는 경우

1, 1, 4를 일렬로 나열하는 경우의 수와 같으므로

$\dfrac{3!}{2!}=3$

(ii) 숫자 1, 2, 3이 적힌 카드를 꺼내는 경우

1, 2, 3을 일렬로 나열하는 경우의 수와 같으므로

$3!=6$

(iii) 숫자 2, 2, 2가 적힌 카드를 꺼내는 경우

2, 2, 2를 일렬로 나열하는 경우의 수와 같으므로

$\dfrac{3!}{3!}=1$

(i)~(iii)에서 숫자의 합이 6인 경우의 수는

$3+6+1=10$

따라서 구하는 확률은

$\dfrac{10}{64}=\dfrac{5}{32}$

DAY 3

필수 체크 전략 ①

46~49쪽

1-1 $\frac{23}{50}$	**2-1** ⑤	**3-1** $\frac{1}{9}$	**4-1** 7
5-1 $\frac{2}{9}$	**5-2** ④	**6-1** ②	
7-1 ①	**8-1** ④		

1-1 임의로 뽑은 학생이 영화 A, 영화 B를 관람한 학생인 사건을 각각 A, B라 하고, 여학생, 남학생인 사건을 각각 W, M이라 하자.

주어진 조건을 표로 나타내면 다음과 같다.

(단위: 명)

	A	B	$A\cap B$	$A\cup B$
여학생(W)	50	73	23	100
남학생(M)	130	97	27	200
합계	180	170	50	300

따라서 두 영화 A, B를 모두 관람한 학생 중에서 임의로 한 명을 뽑을 때, 이 학생이 여학생일 확률은

$$\mathrm{P}(W|A\cap B)=\frac{\mathrm{P}(W\cap A\cap B)}{\mathrm{P}(A\cap B)}=\frac{23}{50}$$

오답 피하기

여학생은 100명이고 영화 A를 관람한 학생은 50명, 영화 B를 관람한 학생은 73명이므로 두 영화 A, B를 모두 관람한 여학생은

$(50+73)-100=23$(명)

마찬가지로 남학생은 200명이고 영화 A를 관람한 학생은 130명, 영화 B를 관람한 학생은 97명이므로 두 영화 A, B를 모두 관람한 남학생은

$(130+97)-200=27$(명)

2-1 좌표평면 위의 점 (a, b)에 대하여 $a+b$의 값이 소수인 사건을 X, ab의 값이 1보다 큰 사건을 Y라 하면

$\mathrm{P}(X)=\frac{6}{15}=\frac{2}{5}$, $\mathrm{P}(X\cap Y)=\frac{2}{15}$

따라서 구하는 확률은

$$\mathrm{P}(Y|X)=\frac{\mathrm{P}(X\cap Y)}{\mathrm{P}(X)}=\frac{\frac{2}{15}}{\frac{2}{5}}=\frac{1}{3}$$

3-1 주사위를 처음 던져서 나온 눈의 수가 2인 사건을 A, 주사위를 던져서 얻은 점수가 4점 이상인 사건을 E라 하면

$\mathrm{P}(A\cap E)=\frac{1}{6}\times\frac{1}{2}=\frac{1}{12}$

$\mathrm{P}(E)=\frac{1}{2}+\frac{1}{2}\times\frac{1}{2}=\frac{3}{4}$

따라서 구하는 확률은

$$\mathrm{P}(A|E)=\frac{\frac{1}{12}}{\frac{3}{4}}=\frac{1}{9}$$

오답 피하기

주사위를 던져서 2가 나올 확률은 $\frac{1}{6}$

사건 $A\cap E$는 주사위를 처음 던져서 나온 눈의 수가 2이고, 얻은 점수가 4 이상이어야 하므로

$\mathrm{P}(A\cap E)=\frac{1}{6}\times\frac{3}{6}=\frac{1}{12}$

4-1 흰 공의 개수를 x라 하면 검은 공의 개수는 $10-x$

이때 흰공이 검은 공보다 많으므로

$x>10-x$ $\quad\therefore x>5$

첫 번째 꺼낸 공이 흰 공인 사건을 A, 두 번째 꺼낸 공이 검은 공인 사건을 B라 하면

$\mathrm{P}(A)=\frac{x}{10}$, $\mathrm{P}(B|A)=\frac{10-x}{9}$

이때 $\mathrm{P}(A\cap B)=\frac{7}{30}$이므로

$\mathrm{P}(A)\mathrm{P}(B|A)=\frac{7}{30}$

$\frac{x}{10}\times\frac{10-x}{9}=\frac{7}{30}$, $x(10-x)=21$

$x^2-10x+21=0$, $(x-3)(x-7)=0$

$\therefore x=7$ ($\because x>5$)

따라서 흰 공의 개수는 7

$\mathrm{P}(B|A)=\frac{\mathrm{P}(A\cap B)}{\mathrm{P}(A)}$이므로 $\mathrm{P}(A\cap B)=\mathrm{P}(A)\mathrm{P}(B|A)$야.

5-1 $\mathrm{P}(B|A)=\frac{\mathrm{P}(A\cap B)}{\mathrm{P}(A)}=\frac{1}{2}$이므로

$\mathrm{P}(A\cap B)=\frac{1}{2}\mathrm{P}(A)$

$\therefore \mathrm{P}(A)=2\mathrm{P}(A\cap B)$

$=2\times\frac{1}{9}=\frac{2}{9}$

5-2 두 사건 A, B가 서로 독립이므로

$P(A \cap B) = P(A)P(B)$

$P(A) = P(B) = p$ $(0 < p < 1)$라 하면

$P(A \cup B) = P(A) + P(B) - P(A \cap B)$

$\qquad\qquad = P(A) + P(B) - P(A)P(B)$

이때 $P(A \cup B) = \dfrac{8}{9}$이므로

$\dfrac{8}{9} = p + p - p^2$, $p^2 - 2p + \dfrac{8}{9} = 0$

$\left(p - \dfrac{2}{3}\right)\left(p - \dfrac{4}{3}\right) = 0 \qquad \therefore p = \dfrac{2}{3}$ $(\because 0 < p < 1)$

$\therefore P(A) = \dfrac{2}{3}$

6-1 $P(A) = \dfrac{4}{12} = \dfrac{1}{3}$, $P(A \cap X) = \dfrac{2}{12} = \dfrac{1}{6}$

두 사건 A, X가 서로 독립이므로

$P(A \cap X) = P(A)P(X)$, $\dfrac{1}{6} = \dfrac{1}{3}P(X)$

$P(X) = \dfrac{1}{2}$이고 $n(S) = 12$이므로 $n(X) = 6$

즉 사건 X는 사건 A와 공통된 원소가 2개이고 사건 A^C와 공통된 원소가 4개이므로 구하는 사건 X의 개수는

$_4C_2 \times _8C_4 = 420$

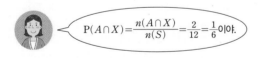

$P(A \cap X) = \dfrac{n(A \cap X)}{n(S)} = \dfrac{2}{12} = \dfrac{1}{6}$이야.

7-1 서로 다른 2개의 동전을 던져서 모두 앞면이 나오거나 뒷면이 나올 확률은

$\dfrac{2}{2^2} = \dfrac{1}{2}$

서로 다른 2개의 동전을 던져서 모두 앞면이 나오거나 모두 뒷면이 나오는 횟수를 x라 하면 앞면 1개, 뒷면 1개가 나오는 횟수는 $8 - x$

즉 점수의 합이 50점이 되려면

$10x + 5(8 - x) = 50$, $5x = 10$ $\qquad \therefore x = 2$

따라서 구하는 확률은

$_8C_2 \left(\dfrac{1}{2}\right)^2 \left(\dfrac{1}{2}\right)^6 = \dfrac{7}{64}$

8-1 (i) A 공장에서 생산한 제품 3개 중에서 2개가 불량품일 확률은

$\dfrac{1}{3} \times _3C_2 \left(\dfrac{1}{10}\right)^2 \left(\dfrac{9}{10}\right)^1 = \dfrac{9}{1000}$

(ii) B 공장에서 생산한 제품 3개 중에서 2개가 불량품일 확률은

$\dfrac{1}{3} \times _3C_2 \left(\dfrac{1}{10}\right)^2 \left(\dfrac{9}{10}\right)^1 = \dfrac{9}{1000}$

(iii) C 공장에서 생산한 제품 3개 중에서 2개가 불량품일 확률은

$\dfrac{1}{3} \times _3C_2 \left(\dfrac{1}{5}\right)^2 \left(\dfrac{4}{5}\right)^1 = \dfrac{4}{125}$

(i)~(iii)에서 구하는 확률은

$\dfrac{9}{1000} + \dfrac{9}{1000} + \dfrac{4}{125} = \dfrac{50}{1000} = \dfrac{1}{20}$

DAY 3 필수 체크 전략 ② | 50~51쪽

| 01 ① | 02 ⑤ | 03 ⑤ | 04 ④ |
| 05 ③ | 06 ④ | 07 ④ | 08 $\dfrac{3}{4}$ |

01 운동 동호회의 전체 회원 수는 $x + 32$

임의로 뽑은 한 명이 여자 회원인 사건을 A, 야구를 선호하는 사건을 B라 하면

$P(A) = \dfrac{x + 15}{x + 32}$, $P(A \cap B) = \dfrac{x}{x + 32}$

이때 $P(B|A) = \dfrac{1}{4}$이므로

$P(B|A) = \dfrac{P(A \cap B)}{P(A)} = \dfrac{\dfrac{x}{x + 32}}{\dfrac{x + 15}{x + 32}}$

$\qquad\qquad = \dfrac{x}{x + 15} = \dfrac{1}{4}$

$4x = x + 15$, $3x = 15$ $\qquad \therefore x = 5$

02 꺼낸 3개의 공에 적힌 수의 최댓값이 6보다 큰 사건을 A, 최솟값이 3보다 작은 사건을 B라 하면

$$P(A) = \frac{{}_6C_2 + {}_7C_2}{{}_8C_3} = \frac{9}{14}$$

$$P(A \cap B) = \frac{{}_5C_1 + {}_4C_1 + {}_6C_1 + {}_5C_1}{{}_8C_3} = \frac{5}{14}$$

따라서 구하는 확률은

$$P(B|A) = \frac{P(A \cap B)}{P(A)} = \frac{\frac{5}{14}}{\frac{9}{14}} = \frac{5}{9}$$

최댓값이 6보다 큰 경우의 수는 최댓값이 7, 8인 경우의 수를 구하면 돼!

최댓값이 6보다 크고 최솟값이 3보다 작은 경우는 최댓값이 7 또는 8이고 최솟값이 1 또는 2이므로 다음과 같다.

(ⅰ) 최댓값이 7, 최솟값이 1인 경우

2, 3, 4, 5, 6에서 1개를 뽑는 경우의 수와 같으므로

$${}_5C_1 = 5$$

(ⅱ) 최댓값이 7, 최솟값이 2인 경우

3, 4, 5, 6에서 1개를 뽑는 경우의 수와 같으므로

$${}_4C_1 = 4$$

(ⅲ) 최댓값이 8, 최솟값이 1인 경우

2, 3, 4, 5, 6, 7에서 1개를 뽑는 경우의 수와 같으므로

$${}_6C_1 = 6$$

(ⅳ) 최댓값이 8, 최솟값이 2인 경우

3, 4, 5, 6, 7에서 1개를 뽑는 경우의 수와 같으므로

$${}_5C_1 = 5$$

03 X에서 Y로의 함수 f에 대하여

$\log_2 f(1)f(2)f(3) = 1$인 사건을 A,

$\log_2 f(1) + \log_2 f(2) + \log_2 f(3) = 1$인 사건을 B라 하면

$$P(A) = \frac{\frac{3!}{2!} + \frac{3!}{2!}}{{}_3\Pi_3} = \frac{2}{9}$$

$$P(A \cap B) = \frac{\frac{3!}{2!}}{{}_3\Pi_3} = \frac{1}{9}$$

따라서 구하는 확률은

$$P(B|A) = \frac{P(A \cap B)}{P(A)} = \frac{\frac{1}{9}}{\frac{2}{9}} = \frac{1}{2}$$

$\log_2 f(1)f(2)f(3) = 1$에서

$f(1)f(2)f(3) > 0$이고 $f(1)f(2)f(3) = 2$이므로

$\log_2 f(1)f(2)f(3) = 1$을 만족시키는 함수 f의 치역은

$\{-1, 2\}, \{1, 2\}$

또 $\log_2 f(1) + \log_2 f(2) + \log_2 f(3) = 1$에서

$f(1) > 0, f(2) > 0, f(3) > 0$이고 $f(1)f(2)f(3) = 2$이므로

$\log_2 f(1) + \log_2 f(2) + \log_2 f(3) = 1$을 만족시키는 함수 f의 치역은 $\{1, 2\}$

(ⅰ) 함수 f의 치역이 $\{-1, 2\}$인 경우

$f(1), f(2), f(3)$ 중에서 -1인 것이 2개, 2인 것이 1개이어야 하므로 함수 f의 개수는

$$\frac{3!}{2!} = 3$$

(ⅱ) 함수 f의 치역이 $\{1, 2\}$인 경우

$f(1), f(2), f(3)$ 중에서 1인 것이 2개, 2인 것이 1개이어야 하므로 함수 f의 개수는

$$\frac{3!}{2!} = 3$$

(ⅰ), (ⅱ)에서 구하는 확률은

$$\frac{3}{3+3} = \frac{1}{2}$$

04 A가 레몬 맛 사탕을 꺼내는 사건을 A, B가 레몬 맛 사탕을 꺼내는 사건을 E라 하면 A가 딸기 맛 사탕을 꺼내는 사건은 A^C이므로

$$P(A) = \frac{8}{14} = \frac{4}{7}, \ P(A^C) = 1 - \frac{4}{7} = \frac{3}{7}$$

$$P(E|A) = \frac{7}{13}, \ P(E|A^C) = \frac{8}{13}$$

따라서 구하는 확률은

$$P(E) = P(A \cap E) + P(A^C \cap E)$$
$$= P(A)P(E|A) + P(A^C)P(E|A^C)$$
$$= \frac{4}{7} \times \frac{7}{13} + \frac{3}{7} \times \frac{8}{13}$$
$$= \frac{4}{7}$$

05 카드에 적힌 수가 홀수인 사건이 A이므로

$A=\{1, 3, 5, 7, 9\}$

$\therefore \mathrm{P}(A)=\dfrac{5}{10}=\dfrac{1}{2}$

10 이하의 자연수 m에 대하여 m의 약수의 개수를 a, m의 약수 중에서 홀수의 개수를 b라 하면 카드에 적힌 수가 m의 약수인 사건인 B이므로

$\mathrm{P}(B)=\dfrac{a}{10}$, $\mathrm{P}(A\cap B)=\dfrac{b}{10}$

이때 두 사건 A, B가 서로 독립이므로

$\mathrm{P}(A\cap B)=\mathrm{P}(A)\mathrm{P}(B)$

$\dfrac{b}{10}=\dfrac{1}{2}\times\dfrac{a}{10}$

$\therefore a=2b$

(i) $a=2$, $b=1$인 경우

　m의 약수의 개수가 2이려면 10 이하의 자연수 m은 소수이어야 하므로 m의 값은 2, 3, 5, 7

　이때 $b=1$이려면 m이 홀수가 아니어야 하므로

　$m=2$

(ii) $a=4$, $b=2$인 경우

　m의 약수의 개수가 4인 10 이하의 자연수 m의 값은 6, 8, 10

　이때 $b=2$이려면 m의 약수 중에서 1이 아닌 홀수가 1개 있어야 하므로

　$m=6$, 10

(i), (ii)에서 m의 값은 2, 6, 10

따라서 구하는 10 이하의 모든 자연수 m의 값의 합은

$2+6+10=18$

06 한 개의 동전을 던져서 앞면이 나올 확률은

$\dfrac{1}{2}$

동전을 한 번 던져서 앞면이 나오는 횟수를 x라 하면 뒷면이 나오는 횟수는 $9-x$

이때 점 P가 다시 원점으로 돌아오려면

$-x+2(9-x)=0$, $18-3x=0$

$\therefore x=6$

따라서 구하는 확률은

${}_9\mathrm{C}_6\left(\dfrac{1}{2}\right)^6\left(\dfrac{1}{2}\right)^3=\dfrac{21}{128}$

07 한 개의 동전을 던져서 뒷면이 나올 확률은

$\dfrac{1}{2}$

$X=2$, 즉 첫 번째 시행과 두 번째 시행에서 앞면이 나온 횟수의 합이 2가 되는 경우는 다음과 같다.

(i) 첫 번째 시행에서 앞면이 2번, 두 번째 시행에서 앞면이 0번 나오는 경우

　${}_6\mathrm{C}_2\left(\dfrac{1}{2}\right)^2\left(\dfrac{1}{2}\right)^4\times{}_4\mathrm{C}_0\left(\dfrac{1}{2}\right)^4=\dfrac{15}{2^{10}}$

(ii) 첫 번째 시행에서 앞면이 1번, 두 번째 시행에서 앞면이 1번 나오는 경우

　${}_6\mathrm{C}_1\left(\dfrac{1}{2}\right)^1\left(\dfrac{1}{2}\right)^5\times{}_5\mathrm{C}_1\left(\dfrac{1}{2}\right)^1\left(\dfrac{1}{2}\right)^4=\dfrac{30}{2^{11}}$

(iii) 첫 번째 시행에서 앞면이 0번, 두 번째 시행에서 앞면이 2번 나오는 경우

　${}_6\mathrm{C}_0\left(\dfrac{1}{2}\right)^6\times{}_6\mathrm{C}_2\left(\dfrac{1}{2}\right)^2\left(\dfrac{1}{2}\right)^4=\dfrac{15}{2^{12}}$

(i)~(iii)에서 구하는 확률은

$\dfrac{15}{2^{10}}+\dfrac{30}{2^{11}}+\dfrac{15}{2^{12}}=\dfrac{135}{2^{12}}$

[오답 피하기]

첫 번째 시행에서 앞면이 2번 나오면 두 번째 시행에서 동전을 $6-2=4$(번) 던진다. 이때 $X=2$이려면 두 번째 시행에서 동전을 4번 던져서 앞면이 0번 나와야 한다.

08 한 개의 주사위를 던져서 짝수의 눈이 나오는 횟수를 x라 하면 홀수의 눈이 나오는 횟수는 $6-x$

점 P가 다시 원점으로 돌아오려면

$x-(6-x)=0$, $2x-6=0$　$\therefore x=3$

즉 짝수의 눈이 나오는 사건을 a, 홀수의 눈이 나오는 사건을 b라 하면 각각의 확률은 $\dfrac{1}{2}$, $\dfrac{1}{2}$이므로 점 P가 다시 원점으로 돌아올 확률은

${}_6\mathrm{C}_3\left(\dfrac{1}{2}\right)^3\left(\dfrac{1}{2}\right)^3=\dfrac{5}{16}$

점 P가 다시 원점으로 돌아올 때, 점 A(1)을 지나오는 경우는 다음과 같다.

(i) a로 시작하는 경우

　$aabbb$를 나열할 확률과 같으므로

　$\dfrac{1}{2}\times\dfrac{5!}{2!3!}\left(\dfrac{1}{2}\right)^2\left(\dfrac{1}{2}\right)^3=\dfrac{5}{32}$

(ii) baa로 시작하는 경우

abb를 나열할 확률과 같으므로

$$\left(\frac{1}{2}\right)^1\left(\frac{1}{2}\right)^2\times\frac{3!}{2!}\left(\frac{1}{2}\right)^1\left(\frac{1}{2}\right)^2=\frac{3}{64}$$

(iii) bab로 시작하는 경우

점 $\mathrm{A}(1)$을 지나려면 aab로 나열하는 경우뿐이므로 그 확률은

$$\left(\frac{1}{2}\right)^6=\frac{1}{64}$$

(iv) bb로 시작하는 경우

점 $\mathrm{A}(1)$을 지나려면 $aaab$로 나열하는 경우뿐이므로 그 확률은

$$\left(\frac{1}{2}\right)^6=\frac{1}{64}$$

(i)~(iv)에서 $\dfrac{5}{32}+\dfrac{3}{64}+\dfrac{1}{64}+\dfrac{1}{64}=\dfrac{15}{64}$

따라서 구하는 확률은

$$\frac{\dfrac{15}{64}}{\dfrac{5}{16}}=\frac{3}{4}$$

누구나 합격 전략

52~53쪽

| 01 ② | 02 ① | 03 ④ | 04 ③ |
| 05 ③ | 06 ③ | 07 ⑤ | 08 ② |

01 10개의 공 중에서 임의로 3개의 공을 동시에 꺼내는 경우의 수는

$$_{10}\mathrm{C}_3=120$$

이때 꺼낸 공에 적힌 숫자가 모두 다르며 최댓값이 4인 경우의 수는 4가 적힌 공 한 개와 1, 2, 3 중에서 두 종류의 숫자가 하나씩 적힌 공을 각각 한 개씩 꺼내는 경우의 수이므로

$$_2\mathrm{C}_1\times{}_3\mathrm{C}_2\times{}_2\mathrm{C}_1\times{}_2\mathrm{C}_1=24$$

따라서 구하는 확률은

$$\frac{24}{120}=\frac{1}{5}$$

꺼낸 공에 적힌 숫자가 모두 다르며 최댓값이 4인 경우는 (1, 2, 4), (1, 3, 4), (2, 3, 4)야.

02 두 사건 A, B가 서로 배반사건이므로

$$\mathrm{P}(A^C\cap B)=\mathrm{P}(B)=\frac{4}{7}$$

또 $\mathrm{P}(A\cup B)=\mathrm{P}(A)+\mathrm{P}(B)=\dfrac{5}{7}$이므로

$$\mathrm{P}(A)=\frac{5}{7}-\mathrm{P}(B)=\frac{5}{7}-\frac{4}{7}=\frac{1}{7}$$

$$\therefore \mathrm{P}(A\cap B^C)=\mathrm{P}(A)=\frac{1}{7}$$

오답 피하기

두 사건 A, B는 서로 배반이므로 $A\cap B=\varnothing$

즉 $A^C\cap B=B$이므로

$$\mathrm{P}(A^C\cap B)=\mathrm{P}(B)$$

03 내일 비가 오는 사건을 A, 모레 비가 오는 사건을 B라 하면

$$\mathrm{P}(A)=0.4,\ \mathrm{P}(A\cap B)=0.2,\ \mathrm{P}(A\cup B)=0.6$$

$\mathrm{P}(A\cup B)=\mathrm{P}(A)+\mathrm{P}(B)-\mathrm{P}(A\cap B)$에서

$$0.6=0.4+\mathrm{P}(B)-0.2$$

$$\therefore \mathrm{P}(B)=0.4$$

따라서 구하는 확률은 0.4

04 남학생의 수와 여학생의 수를 각각 x, $2x$라 하자.

주어진 조건을 표로 나타내면 다음과 같다.

(단위: 명)

	시청함.	시청하지 않음.	합계
남학생	$0.3x$	$0.7x$	x
여학생	x	x	$2x$
합계	$1.3x$	$1.7x$	$3x$

이 학생들 중에서 임의로 한 명을 선택할 때, 그 학생이 프로 야구를 시청한 학생인 사건을 A, 남학생인 사건을 B라 하면

$$\mathrm{P}(A)=\frac{1.3x}{3x}=\frac{13}{30}$$

$$\mathrm{P}(A\cap B)=\frac{0.3x}{3x}=\frac{1}{10}$$

따라서 구하는 확률은

$$\mathrm{P}(B\,|\,A)=\frac{\mathrm{P}(A\cap B)}{\mathrm{P}(A)}=\frac{\dfrac{1}{10}}{\dfrac{13}{30}}=\frac{3}{13}$$

05 두 사건 A, B가 서로 독립이므로

$$P(A \cap B) = P(A)P(B) = \frac{1}{3} \times \frac{1}{3} = \frac{1}{9}$$

$$\therefore P(A \cup B) = P(A) + P(B) - P(A \cap B)$$

$$= \frac{1}{3} + \frac{1}{3} - \frac{1}{9}$$

$$= \frac{5}{9}$$

06 a가 짝수인 사건을 A라 하면

$$P(A) = \frac{3}{6} = \frac{1}{2}$$

bc의 값이 홀수인 사건을 B라 하면 bc의 값이 짝수인 사건은 B^C이므로

$$P(B^C) = 1 - P(B)$$

$$= 1 - \frac{1}{2} \times \frac{1}{2}$$

$$= \frac{3}{4}$$

이때 두 사건 A, B^C는 서로 독립이므로 구하는 확률은

$$P(A \cap B^C) = P(A)P(B^C)$$

$$= \frac{1}{2} \times \frac{3}{4} = \frac{3}{8}$$

07 한 개의 주사위를 1번 던질 때, 짝수의 눈이 나올 확률은

$$\frac{3}{6} = \frac{1}{2}$$

4번의 시행 모두 짝수의 눈이 나오는 사건을 A라 하면 A^C는 홀수의 눈이 적어도 1번 나오는 사건이므로

$$P(A) = {}_4C_4 \left(\frac{1}{2}\right)^4 = \frac{1}{16}$$

$$\therefore P(A^C) = 1 - P(A) = 1 - \frac{1}{16} = \frac{15}{16}$$

> 한 개의 주사위를 4번 던지는 시행은 독립시행이야.

08 한 개의 동전을 던져서 앞면이 나올 확률은

$$\frac{1}{2}$$

한 개의 동전을 던져서 앞면이 나오는 횟수를 x라 하면 뒷면이 나오는 횟수는 $6-x$

이때 점 P가 원점으로 돌아오려면

$$x - (6-x) = 0, \ 2x-6 = 0 \qquad \therefore x = 3$$

동전의 앞면을 H, 뒷면을 T라 하고 원점에서 출발한 점 P가 6번째에 처음으로 원점으로 돌아오는 경우를 표로 나타내면 다음과 같다.

1번째	2번째	3번째	4번째	5번째	6번째
H	H	H	T	T	T
T	T	T	H	H	H
H	H	T	H	T	T
T	T	H	T	H	H

따라서 구하는 확률은

$$4 \times \left(\frac{1}{2}\right)^3 \left(\frac{1}{2}\right)^3 = \frac{1}{16}$$

오답 피하기

한 개의 동전을 6번 던질 때, (H, H, T, T, T, H)로 나오는 경우는 6번째에 처음으로 원점을 지나는 경우가 아니다.

창의·융합·코딩 전략 ① | 54~55쪽

| 1 ④ | 2 ② | 3 ⑤ | 4 ① |

1 첫 번째 선택을 바꾸어 상금을 받으려면 먼저 첫 번째 선택이 틀려야 한다. 즉 첫 번째 선택이 틀릴 확률은 $\frac{4}{5}$

진행자는 상금이 없는 상자를 보여 주므로 상금은 첫 번째 선택에서 고른 상자와 진행자가 열어서 보여 준 상자를 제외한 세 상자 중 하나에 들어 있다. 이 세 상자 중 상금이 들어 있는 상자를 선택할 확률은 $\frac{1}{3}$

따라서 구하는 확률은

$$\frac{4}{5} \times \frac{1}{3} = \frac{4}{15}$$

2 한 개의 주사위를 한 번 던질 때

5 이상의 눈이 나와 흰 색을 칠하게 될 확률은

$$\frac{2}{6} = \frac{1}{3}$$

4 이하의 눈이 나와 검은 색을 칠하게 될 확률은

$$\frac{4}{6} = \frac{2}{3}$$

(ⅰ) 흰, 검, 흰으로 영역이 구분되는 경우

① 흰 $\left\{\begin{array}{l}\text{검 흰 흰} \\ \text{흰 검 흰} \\ \text{흰 흰 검}\end{array}\right\}$ 흰 $\Rightarrow 3 \times \left(\frac{1}{3}\right)^4\left(\frac{2}{3}\right)^1$

② 흰 $\left\{\begin{array}{l}\text{검 검 흰} \\ \text{흰 검 검}\end{array}\right\}$ 흰 $\Rightarrow 2 \times \left(\frac{1}{3}\right)^3\left(\frac{2}{3}\right)^2$

③ 흰 $\{$ 검 검 검 $\}$ 흰 $\Rightarrow 1 \times \left(\frac{1}{3}\right)^2\left(\frac{2}{3}\right)^3$

(ⅱ) 검, 흰, 검으로 영역이 구분되는 경우

① 검 $\left\{\begin{array}{l}\text{흰 검 검} \\ \text{검 흰 검} \\ \text{검 검 흰}\end{array}\right\}$ 검 $\Rightarrow 3 \times \left(\frac{2}{3}\right)^4\left(\frac{1}{3}\right)^1$

② 검 $\left\{\begin{array}{l}\text{흰 흰 검} \\ \text{검 흰 흰}\end{array}\right\}$ 검 $\Rightarrow 2 \times \left(\frac{2}{3}\right)^3\left(\frac{1}{3}\right)^2$

③ 검 $\{$ 흰 흰 흰 $\}$ 검 $\Rightarrow 1 \times \left(\frac{2}{3}\right)^2\left(\frac{1}{3}\right)^3$

(ⅰ), (ⅱ)에서 모든 경우는 배반사건이므로 구하는 확률은

$$\frac{6+8+8}{243} + \frac{48+16+4}{243} = \frac{10}{27}$$

LECTURE 배반사건

사건 A와 사건 B가 동시에 일어나지 않을 때, 즉
$A \cap B = \varnothing$일 때 A와 B는 서로 배반사건이라 한다.

---

3 (ⅰ) 1번 상자에서 꺼낸 공에 검은 공이 포함될 확률은

$$\frac{{}_1C_1 \times {}_4C_1}{{}_5C_2} = \frac{2}{5}$$

① 2번 상자에 검은 공을 넣었을 때, 2번 상자에서 검은 공을 꺼낼 확률은

$$\frac{2}{5} \times \frac{1}{2} \times \frac{3}{6} = \frac{1}{10}$$

② 2번 상자에 흰 공을 넣었을 때, 2번 상자에서 검은 공을 꺼낼 확률은

$$\frac{2}{5} \times \frac{1}{2} \times \frac{2}{6} = \frac{1}{15}$$

(ⅱ) 1번 상자에서 꺼낸 공에 검은 공이 포함되지 않을 확률은 $\dfrac{{}_4C_2}{{}_5C_2} = \dfrac{3}{5}$

이때 1번 상자에서 꺼낸 흰 공 2개를 각각 2번 상자와 3번 상자에 하나씩 넣은 후, 3번 상자에서 검은 공을 꺼낼 확률은

$$\frac{3}{5} \times \frac{3}{6} = \frac{3}{10}$$

(ⅰ), (ⅱ)에서 모든 경우는 배반사건이므로 구하는 확률은

$$\frac{\dfrac{1}{10} + \dfrac{1}{15}}{\dfrac{1}{10} + \dfrac{1}{15} + \dfrac{3}{10}} = \frac{3+2}{3+2+9} = \frac{5}{14}$$

4 신호기가 총 3열이고 각 열에 전구가 4개씩 있다.

m열의 전구가 n개 켜져 있는 경우 $n \times 5^{m-1}$으로 계산되므로 m열에서 켜져 있는 전구 한 개는 5^{m-1}으로 계산된다. 즉

1열에서 켜져 있는 전구 한 개는 $5^{1-1} = 1$

2열에서 켜져 있는 전구 한 개는 $5^{2-1} = 5$

3열에서 켜져 있는 전구 한 개는 $5^{3-1} = 25$

로 계산된다.

이때 12개의 전구 중 임의로 2개를 켜는 경우의 수는

$${}_{12}C_2 = 66$$

전광판에 3의 배수가 나타나려면 1, 5 또는 5, 25를 나타내는 전구가 켜져야 하므로 1열에서 한 개, 2열에서 한 개 또는 2열에서 한 개, 3열에서 한 개의 전구가 켜져야 한다. 즉 경우의 수는

$${}_4C_1 \times {}_4C_1 + {}_4C_1 \times {}_4C_1 = 4 \times 4 + 4 \times 4 = 32$$

따라서 구하는 확률은

$$\frac{32}{66} = \frac{16}{33}$$

오답 피하기

1열에 전구가 두 개 켜져 있는 경우 $2 \times 1 = 2$

2열에 전구가 두 개 켜져 있는 경우 $2 \times 5 = 10$

3열에 전구가 두 개 켜져 있는 경우 $2 \times 25 = 50$

으로 계산된다. 이때 2, 10, 50은 모두 3의 배수가 아니므로 같은 열에 있는 전구 2개가 켜질 때는 3의 배수가 나타날 수 없다.

5 ④　　**6** ⑤　　**7** ①　　**8** ②

5 임의로 선택한 한 명이 남학생인 사건을 A, 과목 B를 선택한 사건을 B라 하면

$$P(A)=\frac{10}{20}=\frac{1}{2}, \ P(A\cap B)=\frac{8}{20}=\frac{2}{5}$$

따라서 구하는 확률은

$$P(B|A)=\frac{P(A\cap B)}{P(A)}=\frac{\frac{2}{5}}{\frac{1}{2}}=\frac{4}{5}$$

다른 풀이

주어진 표에서 전체 남학생의 수와 과목 B를 선택한 남학생의 수를 이용하여 구할 수도 있다.

(단위: 명)

	과목 A	과목 B	합계
남학생	2	8	10
여학생	6	4	10
합계	8	12	20

남학생 10명 중 과목 B를 선택한 남학생이 8명이므로

구하는 확률은 $\frac{8}{10}=\frac{4}{5}$

6 두 학생 A, B가 서로 다른 구역의 좌석을 배정 받는 사건을 X, 두 학생 C, D가 같은 구역에 있는 같은 열의 좌석을 배정 받는 사건을 Y라 하면

$$P(X)=\frac{2\times(2\times4\times4!)}{6!}=\frac{8}{15}$$

$$P(X\cap Y)=\frac{2\times(2\times4\times2\times2)}{6!}=\frac{4}{45}$$

따라서 구하는 확률은

$$P(Y|X)=\frac{P(X\cap Y)}{P(X)}$$
$$=\frac{\frac{4}{45}}{\frac{8}{15}}=\frac{1}{6}$$

7 갑, 을, 병이 꺼낸 카드에 적힌 자연수를 각각 a, b, c라 하자.

$a>b$일 때 $a>b+c$인 경우와 그때의 확률을 표로 나타내면 다음과 같다.

a	b	c	$a>b$일 확률	$a>b+c$일 확률
2	1	—	$\frac{1}{5}\times\frac{1}{3}$	0
3	1	1	$\frac{1}{5}\times\frac{2}{3}$	$\frac{1}{5}\times\frac{1}{9}$
	2	—		
4	1	1, 2	$\frac{1}{5}\times1$	$\frac{1}{5}\times\frac{1}{3}$
	2	1		
	3	—		
5	1	1, 2, 3	$\frac{1}{5}\times1$	$\frac{1}{5}\times\frac{2}{3}$
	2	1, 2		
	3	1		

이때 $a>b$인 사건을 X, $a>b+c$인 사건을 Y라 하면 구하는 확률은

$$P(Y|X)=\frac{P(X\cap Y)}{P(X)}$$
$$=\frac{\frac{1}{5}\times\frac{1}{9}+\frac{1}{5}\times\frac{1}{3}+\frac{1}{5}\times\frac{2}{3}}{\frac{1}{5}\times\frac{1}{3}+\frac{1}{5}\times\frac{2}{3}+\frac{1}{5}\times1+\frac{1}{5}\times1}$$
$$=\frac{10}{27}$$

8 한 명의 환자가 완치된 것으로 판단되는 경우는 1차 치료에 성공하거나 1차 치료에 실패하고 2차 치료에 성공하는 경우이므로 그 확률을 p라 하면

$$p=\frac{1}{2}+\frac{1}{2}\times\frac{2}{3}=\frac{5}{6}$$

따라서 4명의 환자 중 완치된 것으로 판단되는 환자가 2명일 확률은 4번의 독립시행에서 확률이 $\frac{5}{6}$인 사건이 2번 일어날 확률과 같으므로

$$_4C_2\left(\frac{5}{6}\right)^2\left(\frac{1}{6}\right)^2=\frac{25}{216}$$

01 5226	**02** 13	**03** 9	**04** $\dfrac{3}{4}$
05 117	**06** $\dfrac{4}{5}$	**07** 30	**08** $\dfrac{7}{12}$

01 조건 ㈎에서 같은 색의 링을 꽂는 순서가 정해져 있으므로 빨간 링 3개를 모두 a, 파란 링 3개를 모두 b, 노란 링 3개를 모두 c로 생각하자.

조건 ㈏, ㈐에서 9개의 링을 꽂는 경우는 다음과 같다.

(ⅰ) 1개의 막대에 9개의 링을 모두 꽂는 경우

막대 1개를 택하는 경우의 수는

$_3C_1=3$

9개의 링을 꽂는 경우의 수는 9개의 문자 a, a, a, b, b, b, c, c, c를 일렬로 나열하는 경우의 수와 같으므로

$\dfrac{9!}{3!3!3!}=1680$

$\therefore 3\times1680=5040$

(ⅱ) 2개의 막대에 각각 6개, 3개의 링을 꽂는 경우

막대 2개를 택하는 경우의 수는

$_3C_2=3$

2개의 막대에 꽂는 링의 색을 정하는 경우의 수는

$_3C_2\times_1C_1=3\times1=3$

6개의 링을 꽂는 경우의 수는 같은 것이 3개씩 포함된 6개의 문자를 일렬로 나열하는 경우의 수와 같으므로

$\dfrac{6!}{3!3!}=20$

3개의 링을 꽂는 경우의 수는 같은 것이 3개인 문자를 일렬로 나열하는 경우의 수와 같으므로

$\dfrac{3!}{3!}=1$

$\therefore 3\times3\times20\times1=180$

(ⅲ) 3개의 막대에 각각 3개의 링을 꽂는 경우

3개의 막대에 꽂는 링의 색을 정하는 경우의 수는

$_3P_3=6$

3개의 링을 꽂는 경우의 수는 같은 것이 3개인 문자를 일렬로 나열하는 경우의 수와 같으므로

$\dfrac{3!}{3!}=1$

$\therefore 6\times1=6$

(ⅰ)~(ⅲ)에서 구하는 경우의 수는

$5040+180+6=5226$

02 세 자판기 A, B, C의 버튼을 누르는 횟수를 각각 x, y, z라 하면

$x+2y+3z=5$

(ⅰ) $(x, y, z)=(0, 1, 1)$인 경우

B, C를 일렬로 나열하는 경우의 수이므로

$2!=2$

(ⅱ) $(x, y, z)=(1, 2, 0)$인 경우

A, B, B를 일렬로 나열하는 경우의 수이므로

$\dfrac{3!}{2!}=3$

(ⅲ) $(x, y, z)=(2, 0, 1)$인 경우

A, A, C를 일렬로 나열하는 경우의 수이므로

$\dfrac{3!}{2!}=3$

(ⅳ) $(x, y, z)=(3, 1, 0)$인 경우

A, A, A, B를 일렬로 나열하는 경우의 수이므로

$\dfrac{4!}{3!}=4$

(ⅴ) $(x, y, z)=(5, 0, 0)$인 경우

A, A, A, A, A를 일렬로 나열하는 경우의 수이므로

$\dfrac{5!}{5!}=1$

(ⅰ)~(ⅴ)에서 구하는 경우의 수는

$2+3+3+4+1=13$

03 먼저 두 사람에게 너구리 인형과 토끼 인형을 각각 한 개씩 나누어 주면 너구리 인형 2개와 토끼 인형 2개가 남는다.

(ⅰ) 너구리 인형 2개를 두 사람에게 나누어 주는 경우

서로 다른 2개에서 2개를 택하는 중복조합의 수와 같으므로

$_2H_2=_{2+2-1}C_2=_3C_1=3$

(ⅱ) 토끼 인형 2개를 두 사람에게 나누어 주는 경우

서로 다른 2개에서 2개를 택하는 중복조합의 수와 같으므로

$_2H_2=_{2+2-1}C_2=_3C_1=3$

(ⅰ), (ⅱ)에서 구하는 경우의 수는

$3\times3=9$

04 시행을 2회 반복할 때, 모든 경우의 수는

$2 \times 2 = 4$

(i) $a = 1$, $b = 1$일 때

A(1, 1), B(1, 3)이므로 $S = \frac{1}{2} \times 1 \times 2 = 1$

(ii) $a = 1$, $b = 2$일 때

A(1, 1), B(2, 3)이므로 삼각형 OAB는 다음 그림과 같다.

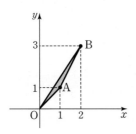

$\therefore S = \frac{1}{2} \times 2 \times 3 - \frac{1}{2} \times 1 \times 1 - \frac{1}{2} \times (1+3) \times 1$

$= \frac{1}{2}$

(iii) $a = 2$, $b = 1$일 때

A(2, 1), B(1, 3)이므로 삼각형 OAB는 다음 그림과 같다.

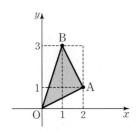

$\therefore S = 2 \times 3 - \frac{1}{2} \times 1 \times 3 - \frac{1}{2} \times 2 \times 1 - \frac{1}{2} \times 2 \times 1$

$= \frac{5}{2}$

(iv) $a = 2$, $b = 2$일 때

A(2, 1), B(2, 3)이므로

$S = \frac{1}{2} \times 2 \times 2 = 2$

(i)~(iv)에서 $S \geq 1$을 만족시키는 순서쌍 (a, b)는

(1, 1), (2, 1), (2, 2)

따라서 구하는 확률은 $\frac{3}{4}$

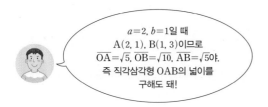

$a = 2$, $b = 1$일 때
A(2, 1), B(1, 3)이므로
$\overline{OA} = \sqrt{5}$, $\overline{OB} = \sqrt{10}$, $\overline{AB} = \sqrt{5}$야.
즉 직각삼각형 OAB의 넓이를
구해도 돼!

05 처음 상자 A에 들어 있는 공의 개수가 a이므로 상자 B에 들어 있는 공의 개수는 $18 - a$

주어진 시행을 n회 반복한 후 상자 A에 들어 있는 공의 개수를 a_n이라 하자.

(i) $a = 0, 1, 2, \cdots, 8$일 때

첫 번째 시행에서 앞면이 나오면 $a_1 = 2a$

첫 번째 시행에서 뒷면이 나오면 $a_1 = 0$

$\therefore p_1(a) = 0$

(ii) $a = 9, 10, \cdots, 17$일 때

첫 번째 시행에서 앞면이 나오면 $a_1 = 18$

첫 번째 시행에서 뒷면이 나오면 $a_1 = 2a - 18$

$\therefore p_1(a) = \frac{1}{2}$

(iii) $a = 18$일 때

첫 번째 시행에서 앞면이 나오든지, 뒷면이 나오든지 $a_1 = 18$이므로

$p_1(a) = 1$

(i)~(iii)에서 $p_1(a) = \frac{1}{2}$을 만족시키는 모든 자연수 a의 값은 9, 10, $\cdots$, 17이므로 그 합은

$9 + 10 + \cdots + 17 = 117$

06 사건 $A \cap B$는 첫 번째 꺼낸 공에 적힌 수가 홀수이고 꺼낸 세 개의 공에 적힌 모든 수의 합이 홀수인 사건이므로 첫 번째 꺼낸 공에 적힌 수가 홀수일 때, 나머지 두 개의 공에 적힌 수의 합은 짝수이어야 한다. 즉

$P(A \cap B) = \frac{3 \times (_2P_2 + _2P_2)}{_5P_3} = \frac{1}{5}$

따라서 구하는 확률은

$P(A^C \cup B^C) = 1 - P(A \cap B) = 1 - \frac{1}{5} = \frac{4}{5}$

오답 피하기

$A^C \cup B^C = (A \cap B)^C$이므로

$P(A^C \cup B^C) = 1 - P(A \cap B)$

07 직원의 재직 연수가 10년 미만인 사건을 A, 직원이 조직 개편안에 찬성한 사건을 B라 하면

$P(A) = \frac{72}{360} = \frac{1}{5}$, $P(B) = \frac{150}{360} = \frac{5}{12}$

$P(A \cap B) = \frac{a}{360}$

이때 두 사건 A와 B가 서로 독립이므로

$P(A \cap B) = P(A)P(B)$

$\dfrac{a}{360} = \dfrac{1}{5} \times \dfrac{5}{12}$ $\therefore a=30$

08 남학생의 수를 x라 하고, 주어진 조건을 표로 나타내면 다음과 같다.

	만족	불만족	합계
남학생	$0.7x$	$0.3x$	x
여학생	$0.5x$	$0.5x$	x

이 학생들 중에서 임의로 한 명을 선택할 때, 그 학생이 급식에 만족한 학생인 사건을 A, 남학생인 사건을 B라 하면

$P(A) = \dfrac{1.2x}{2x} = \dfrac{3}{5}$, $P(A \cap B) = \dfrac{0.7x}{2x} = \dfrac{7}{20}$

따라서 구하는 확률은

$P(B|A) = \dfrac{P(A \cap B)}{P(A)} = \dfrac{\dfrac{7}{20}}{\dfrac{3}{5}} = \dfrac{7}{12}$

1·2등급 확보 전략 1회

01 ③	02 ②	03 ②	04 ⑤
05 ①	06 ③	07 ①	08 ⑤
09 ④	10 ④	11 ③	12 ③
13 ⑤	14 ②	15 ④	16 ①

01 헝가리인 3명, 영국인 2명을 각각 한 사람으로 생각하여 5명이 원탁에 둘러앉는 경우의 수는

$(5-1)! = 4! = 24$

헝가리인끼리 자리를 바꾸는 경우의 수는

$3! = 6$

영국인끼리 자리를 바꾸는 경우의 수는

$2! = 2$

따라서 구하는 경우의 수는

$24 \times 6 \times 2 = 288$

02 가운데 정삼각형을 칠하는 경우의 수는

$_4C_1 = 4$

나머지 3개의 영역에 서로 다른 3가지 색을 칠하는 경우의 수는

$(3-1)! = 2! = 2$

따라서 구하는 경우의 수는

$4 \times 2 = 8$

03 X에서 Y로의 함수의 개수는 Y의 5개의 원소 13, 17, 19, 23, 29에서 3개를 택하는 중복순열의 수와 같으므로

$a = {}_5\Pi_3 = 5^3 = 125$

X에서 Y로의 일대일함수의 개수는 Y의 5개의 원소 13, 17, 19, 23, 29에서 3개를 택하는 순열의 수와 같으므로

$b = {}_5P_3 = 60$

$\therefore a+b = 125+60 = 185$

04 (ⅰ) 문자 A, B를 각각 2개씩 포함하는 경우

$\dfrac{4!}{2!2!} = 6$

(ⅱ) 문자 A를 2개, 3개의 문자 B, C, D에서 서로 다른 2개를 포함하는 경우

3개의 문자 B, C, D에서 2개를 택하는 경우의 수는

$_3C_2 = 3$

4개의 문자 중에서 문자 A가 2개 있을 때, 4개의 문자를 일렬로 나열하는 경우의 수는

$\dfrac{4!}{2!} = 12$

$\therefore 3 \times 12 = 36$

(ⅲ) 문자 A를 3개 포함하는 경우

3개의 문자 B, C, D에서 1개를 택하는 경우의 수는

$_3C_1 = 3$

4개의 문자 중에서 문자 A가 3개 있을 때, 4개의 문자를 일렬로 나열하는 경우의 수는

$\dfrac{4!}{3!} = 4$

$\therefore 3 \times 4 = 12$

(ⅰ)~(ⅲ)에서 구하는 경우의 수는

$6+36+12 = 54$

05 문자 A를 →, 문자 B를 ↑라 하면 5개의 문자 A와 5개의 문자 B를 일렬로 나열하는 경우의 수는 다음 그림에서 C 지점에서 D 지점까지 최단 거리로 가는 경우의 수와 같다.

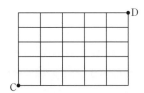

이때 'AB'가 한 번만 나오는 것은 →↑가 한 번만 나오는 최단 거리이므로 그 경우는 다음과 같다.

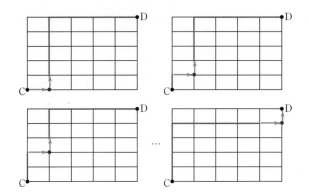

각 경우에 해당하는 점을 한 곳에 모으면 다음과 같이 25개의 점이 그려지고, C 지점에서 25개의 점 중 1개의 점만 거쳐 D 지점까지 최단 거리로 가는 경우의 수는 1이다.

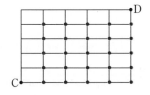

따라서 구하는 경우의 수는 25개의 점에서 1개를 택하는 경우의 수와 같으므로

$_{25}C_1 = 25$

다른 풀이

AB가 한 번만 나와야 하므로 AB를 한 묶음으로 하여 조건을 만족시키도록 나열하는 경우의 수는

(AB)BBBBAAAA, B(AB)BBBAAAA,
BB(AB)BBAAAA, BBB(AB)BAAAA,
BBBB(AB)AAAA의 5가지가 있다.

이때 AAB, AAAB, AAAAB, AAAAAB를 각각 한 묶음으로 하여 배열하는 경우의 수도 5가지씩 있으므로 구하는 경우의 수는

$5 \times 5 = 25$

06 $(a+2b+c)^{11}$의 항의 개수는 3개의 문자 a, $2b$, c 중에서 11개를 택하는 중복조합의 수와 같으므로

$_3H_{11} = {}_{3+11-1}C_{11} = {}_{13}C_{11} = {}_{13}C_2 = 78$

$(d+13e+15f)^{17}$의 항의 개수는 3개의 문자 d, $13e$, $15f$ 중에서 17개를 택하는 중복조합의 수와 같으므로

$_3H_{17} = {}_{3+17-1}C_{17} = {}_{19}C_{17} = {}_{19}C_2 = 171$

따라서 구하는 항의 개수는

$78 + 171 = 249$

07 (i) 2명의 학생에게 딸기 맛 사탕 2개, 2개로 나누어 주는 경우

딸기 맛 사탕 2개를 나누어 주는 2명의 학생을 택하는 경우의 수는

$_3C_2 = {}_3C_1 = 3$

조건 (나)에 의하여 포도 맛 사탕 2개를 나머지 한 명에게 나누어 주어야 하므로 남은 4개의 포도 맛 사탕에서 2개를 1개로 생각하여 총 2개를 3명의 학생에게 나누어 주는 경우의 수는

$_3H_2 = {}_{3+2-1}C_2 = {}_4C_2 = 6$

$\therefore 3 \times 6 = 18$

(ii) 3명의 학생에게 딸기 맛 사탕을 2개, 1개, 1개로 나누어 주는 경우

딸기 맛 사탕 2개를 나누어 주는 1명의 학생을 택하는 경우의 수는

$_3C_1 = 3$

조건 (나)에 의하여 딸기 맛 사탕을 1개 받은 학생에게 포도 맛 사탕을 1개씩 나누어 주어야 하므로 남은 4개의 포도 맛 사탕에서 2개를 1개로 생각하여 총 2개를 3명의 학생에게 나누어 주는 경우의 수는

$_3H_2 = {}_{3+2-1}C_2 = {}_4C_2 = 6$

$\therefore 3 \times 6 = 18$

(i), (ii)에서 구하는 경우의 수는

$18 + 18 = 36$

08 $c' = c-1$, $d' = d-1$이라 하면 조건 (가)에서

$a + b + c' + d' = 6$

이때 a, b가 모두 2의 배수인 경우는 다음과 같다.

(i) $(a, b) = (2, 2)$인 경우

$c' + d' = 2$를 만족시키는 음이 아닌 정수 c', d'의 순서쌍 (c', d')의 개수는

$_2H_2 = {}_{2+2-1}C_2 = {}_3C_2 = {}_3C_1 = 3$

(ii) $(a, b)=(2, 4)$인 경우

$c'+d'=0$을 만족시키는 음이 아닌 정수 c', d'의 순서쌍 (c', d')의 개수는

$${}_2H_0={}_{2+0-1}C_0={}_1C_0=1$$

(iii) $(a, b)=(4, 2)$인 경우

$c'+d'=0$을 만족시키는 음이 아닌 정수 c', d'의 순서쌍 (c', d')의 개수는

$${}_2H_0={}_{2+0-1}C_0={}_1C_0=1$$

(i)~(iii)에서 구하는 순서쌍 (a, b, c, d)의 개수는

$$3+1+1=5$$

c', d'의 값에 따라 c, d의 값이 하나로 정해지므로 순서쌍 (a, b, c, d)의 개수는 순서쌍 (a, b, c', d')의 개수와 같아.

09 (i) $a+b+c+d+e=0$을 만족시키는 음이 아닌 정수 a, b, c, d, e의 순서쌍 (a, b, c, d, e)의 개수는

$${}_5H_0={}_{5+0-1}C_0={}_4C_0=1$$

(ii) $a+b+c+d+e=1$을 만족시키는 음이 아닌 정수 a, b, c, d, e의 순서쌍 (a, b, c, d, e)의 개수는

$${}_5H_1={}_{5+1-1}C_1={}_5C_1=5$$

(iii) $a+b+c+d+e=2$를 만족시키는 음이 아닌 정수 a, b, c, d, e의 순서쌍 (a, b, c, d, e)의 개수는

$${}_5H_2={}_{5+2-1}C_2={}_6C_2=15$$

(iv) $a+b+c+d+e=3$을 만족시키는 음이 아닌 정수 a, b, c, d, e의 순서쌍 (a, b, c, d, e)의 개수는

$${}_5H_3={}_{5+3-1}C_3={}_7C_3=35$$

(i)~(iv)에서 구하는 순서쌍 (a, b, c, d, e)의 개수는

$$1+5+15+35=56$$

다른 풀이

$a+b+c+d+e=0$ 또는 $a+b+c+d+e=1$ 또는 $a+b+c+d+e=2$ 또는 $a+b+c+d+e=3$을 만족시키는 음이 아닌 정수 a, b, c, d, e의 순서쌍 (a, b, c, d, e)의 개수는

$$\begin{aligned}{}_5H_0+{}_5H_1+{}_5H_2+{}_5H_3&={}_4C_0+{}_5C_1+{}_6C_2+{}_7C_3\\&={}_5C_0+{}_5C_1+{}_6C_2+{}_7C_3\\&={}_6C_1+{}_6C_2+{}_7C_3\\&={}_7C_2+{}_7C_3\\&={}_8C_3=56\end{aligned}$$

10 a, b, c, d, e가 자연수이므로 $a+b\geq2$, $c+d+e\geq3$

$(a+b)(c+d+e)=7^2$에서 $a+b=7$, $c+d+e=7$

$d'=a-1$, $b'=b-1$, $c'=c-1$, $d'=d-1$, $e'=e-1$

이라 하면 구하는 순서쌍의 개수는 $a'+b'=5$,

$c'+d'+e'=4$를 만족시키는 음이 아닌 정수 a', b', c', d', e'의 순서쌍 (a', b', c', d', e')의 개수와 같으므로

$${}_2H_5\times{}_3H_4={}_{2+5-1}C_5\times{}_{3+4-1}C_4={}_6C_5\times{}_6C_4$$
$$={}_6C_1\times{}_6C_2=6\times15=90$$

${}_6C_5\times{}_6C_4\neq{}_7C_5$임에 주의해!

11 $f(1)=a$, $f(2)=b$, $f(3)=c$, $f(4)=d$라 하면

a, b, c, d는 11 이하의 음이 아닌 정수이고

조건 ㈎에서 $a+b+c+d=11$

조건 ㈏에서 $a>b+1>2$ $\quad\therefore b>1$

(i) $b=2$일 때

$a\geq4$이므로 $a'=a-4$라 하면 조건 ㈎에서

$a'+c+d=5$를 만족시키는 음이 아닌 정수해의 개수는

$${}_3H_5={}_{3+5-1}C_5={}_7C_5={}_7C_2=21$$

(ii) $b=3$일 때

$a\geq5$이므로 $a'=a-5$라 하면 조건 ㈎에서

$a'+c+d=3$을 만족시키는 음이 아닌 정수해의 개수는

$${}_3H_3={}_{3+3-1}C_3={}_5C_3={}_5C_2=10$$

(iii) $b=4$일 때

$a\geq6$이므로 $a'=a-6$이라 하면 조건 ㈎에서

$a'+c+d=1$을 만족시키는 음이 아닌 정수해의 개수는

$${}_3H_1={}_{3+1-1}C_1={}_3C_1=3$$

(iv) $b\geq5$일 때

$a>b+1$에서 $a\geq7$이므로 조건 ㈎를 만족시키는 음이 아닌 정수해는 존재하지 않는다.

(i)~(iv)에서 구하는 함수 f의 개수는

$$21+10+3=34$$

12 $(x+2)^{19}$, 즉 $(2+x)^{19}$의 전개식의 일반항은

$_{19}C_r 2^{19-r} x^r$ $(r=0, 1, 2, \cdots, 19)$

x^k의 계수는 $_{19}C_k 2^{19-k}$이고,

x^{k+1}의 계수는 $_{19}C_{k+1} 2^{18-k}$이므로

$_{19}C_k 2^{19-k} > {}_{19}C_{k+1} 2^{18-k}$에서 $_{19}C_k \times 2 > {}_{19}C_{k+1}$

$\dfrac{19!}{k!(19-k)!} \times 2 > \dfrac{19!}{(k+1)!(18-k)!}$

$\dfrac{2}{19-k} > \dfrac{1}{k+1}$, $3k > 17$

$\therefore k > \dfrac{17}{3}$

따라서 자연수 k의 최솟값은 6이다.

13 $(\sqrt{2}x + \sqrt[3]{2}y)^8$의 전개식의 일반항은

$_8C_r(\sqrt{2}x)^{8-r}(\sqrt[3]{2}y)^r = {}_8C_r 2^{\frac{8-r}{2}} 2^{\frac{r}{3}} x^{8-r} y^r$

$\qquad\qquad\qquad = {}_8C_r 2^{4-\frac{r}{6}} x^{8-r} y^r$

$\qquad\qquad\qquad\qquad (r=0, 1, 2, \cdots, 8)$

이때 항의 계수가 유리수이려면 2의 지수인 $4-\dfrac{r}{6}$가

정수이어야 하므로 r는 0 또는 6의 배수이어야 한다.

따라서 $0 \le r \le 8$이므로 구하는 값은

$_8C_0 \times 2^{4-\frac{0}{6}} + {}_8C_6 \times 2^{4-\frac{6}{6}} = 2^4 + 28 \times 2^3$

$\qquad\qquad\qquad\qquad\qquad = 240$

14 $(x^3 + 2x + 1)\left(x - \dfrac{1}{x}\right)^{13}$

$= x^3\left(x-\dfrac{1}{x}\right)^{13} + 2x\left(x-\dfrac{1}{x}\right)^{13} + \left(x-\dfrac{1}{x}\right)^{13}$

$\left(x-\dfrac{1}{x}\right)^{13}$의 전개식의 일반항은

$_{13}C_r x^{13-r}\left(-\dfrac{1}{x}\right)^r = {}_{13}C_r(-1)^r x^{13-2r}$ $\qquad \cdots\cdots \text{㉠}$

$\qquad\qquad\qquad\qquad (r=0, 1, 2, \cdots, 13)$

이때 $(x^3+2x+1)\left(x-\dfrac{1}{x}\right)^{13}$의 전개식에서 x^4항은 x^3

과 ㉠의 x항, $2x$와 ㉠의 x^3항, 1과 ㉠의 x^4항이 곱해질

때 나타난다.

(i) $13-2r=1$에서 $r=6$

$\qquad _{13}C_6 \times (-1)^6 = 1716$

(ii) $13-2r=3$에서 $r=5$

$\qquad _{13}C_5 \times (-1)^5 = -1287$

(iii) $13-2r=4$에서 $r=\dfrac{9}{2}$

r는 $0 \le r \le 13$인 정수이므로 ㉠의 x^4항은 존재하지

않는다.

(i)~(iii)에서 x^4의 계수는

$1716 + 2 \times (-1287) = -858$

15 15^{17}

$= (1+14)^{17}$

$= {}_{17}C_0 + {}_{17}C_1 \times 14 + {}_{17}C_2 \times 14^2 + \cdots + {}_{17}C_{17} \times 14^{17}$

$= {}_{17}C_0 + {}_{17}C_1 \times 2 \times 7 + {}_{17}C_2 \times 2^2 \times 7^2$

$\qquad\qquad\qquad + \cdots + {}_{17}C_{17} \times 2^{17} \times 7^{17}$

이때 $7({}_{17}C_1 \times 2 + {}_{17}C_2 \times 2^2 \times 7 + \cdots + {}_{17}C_{17} \times 2^{17} \times 7^{16})$

은 7로 나누어떨어지므로 15^{17}을 7로 나누었을 때의 나

머지는 $_{17}C_0 = 1$이다.

따라서 구하는 요일은 토요일이다.

16 조건 ㈎에서 집합 A는 1, 2, 4, 6, 8, 20을 원소로 갖지

않는다.

조건 ㈏에서 $n(A) \ge 22$이므로 부분집합 A의 개수는

집합 $U - \{1, 2, 4, 6, 8, 20\}$ 중 원소가 각각 22개, 23

개, 24개, $\cdots$, 43개인 부분집합을 만드는 경우의 수와

같다. 즉

$_{43}C_{22} + {}_{43}C_{23} + {}_{43}C_{24} + \cdots + {}_{43}C_{43}$

$= {}_{43}C_{21} + {}_{43}C_{20} + {}_{43}C_{19} + \cdots + {}_{43}C_0$

이때 $_{43}C_0 + {}_{43}C_1 + {}_{43}C_2 + \cdots + {}_{43}C_{43} = 2^{43}$이므로

$_{43}C_{22} + {}_{43}C_{23} + {}_{43}C_{24} + \cdots + {}_{43}C_{43} = \dfrac{1}{2} \times 2^{43}$

$\qquad\qquad\qquad\qquad\qquad\qquad = 2^{42}$

$\therefore k = 42$

LECTURE 부분집합의 개수

집합 $A = \{a_1, a_2, a_3, \cdots, a_n\}$에 대하여

(1) 집합 A의 부분집합의 개수: 2^n

(2) 집합 A의 특정한 원소 $m(m \le n)$개를 반드시 원소로

갖는 부분집합의 개수: 2^{n-m}

(3) 집합 A의 특정한 원소 $k(k \le n)$개를 원소로 갖지 않

는 부분집합의 개수: 2^{n-k}

01 ②	02 ①	03 ③	04 ②
05 ①	06 ⑤	07 ⑤	08 ③
09 ③	10 ③	11 ⑤	12 ⑤
13 ②	14 ④	15 ③	16 ①

01 사건 A와 배반인 사건은 사건 A^C의 부분집합이고, 사건 B와 배반인 사건은 사건 B^C의 부분집합이므로 사건 A, B와 모두 배반인 사건은 $A^C \cap B^C$의 부분집합이다.

이때 $A^C = \{1, 3, 5, 7\}$, $B^C = \{2, 5, 8\}$이므로

$A^C \cap B^C = \{5\}$

따라서 사건 A, B와 모두 배반인 사건의 개수는

$2^1 = 2$

02 한 개의 주사위를 두 번 던져서 나오는 경우의 수는

$6 \times 6 = 36$

순서쌍 (a, b)에 대하여

$ab = 4$인 경우는 $(1, 4)$, $(2, 2)$, $(4, 1)$

$ab = 6$인 경우는 $(1, 6)$, $(2, 3)$, $(3, 2)$, $(6, 1)$

이때 $A \cap B$는 ab가 4 또는 6이고, $a+b$의 값이 짝수인 사건이므로

$A \cap B = \{(2, 2)\}$ $\therefore P(A \cap B) = \dfrac{1}{36}$

03 주머니에서 임의로 4장의 카드를 동시에 꺼내는 경우의 수는 $_{10}C_4 = 210$

주머니에서 임의로 꺼낸 4장의 카드에 적혀 있는 네 수의 합이 홀수이고, 곱이 5의 배수인 경우는 다음과 같다.

(i) 5가 적힌 카드를 포함해서 뽑는 경우

5를 제외한 나머지 3장의 카드를 짝수 3장 또는 짝수 1장, 홀수 2장으로 뽑아야 하므로

$_5C_3 + {}_5C_1 \times {}_4C_2 = 10 + 5 \times 6 = 40$

(ii) 10이 적힌 카드를 포함해서 뽑는 경우

10을 제외한 나머지 3장의 카드를 홀수 3장 또는 짝수 2장, 홀수 1장으로 뽑아야 하므로

$_5C_3 + {}_4C_2 \times {}_5C_1 = 10 + 6 \times 5 = 40$

(iii) 5, 10이 적힌 카드를 모두 포함해서 뽑는 경우

5, 10을 제외한 나머지 2장의 카드를 짝수 2장 또는 홀수 2장으로 뽑아야 하므로

$_4C_2 + {}_4C_2 = 6 + 6 = 12$

(i)~(iii)에서 구하는 경우의 수는

$40 + 40 - 12 = 68$

따라서 구하는 확률은 $\dfrac{68}{210} = \dfrac{34}{105}$

04 $2n$개의 점 중에서 3개를 택하여 만들 수 있는 삼각형의 개수는

$_{2n}C_3 = \dfrac{2n(n-1)(n-1)}{3}$

원의 중심을 지나는 선분의 개수는 n

원의 둘레를 $2n$등분하는 $2n$개의 점은 원의 중심에 대하여 서로 대칭이고 원의 중심을 지나는 선분의 양 끝점을 제외한 $(2n-2)$개의 점 중에서 1개를 택하면 직각삼각형이 만들어지므로 구하는 직각삼각형의 개수는

$n \times {}_{2n-2}C_1 = 2n(n-1)$

즉 직각삼각형이 될 확률은

$\dfrac{2n(n-1)}{\dfrac{2n(2n-1)(n-1)}{3}} = \dfrac{3}{2n-1}$

이므로 $\dfrac{3}{2n-1} = \dfrac{3}{13}$

$\therefore n = 7$

05 6개의 공을 원의 둘레에 일정한 간격으로 나열하는 경우의 수는

$(6-1)! = 5! = 120$

이웃한 2개의 공에 적힌 수의 합의 최댓값이 10이려면 6이 적힌 공은 4가 적힌 공과 이웃하고, 5가 적힌 공과는 이웃하지 않아야 한다.

4, 6이 적힌 공을 하나의 공으로 생각하여 1, 2, 3이 적힌 3개의 공과 함께 원의 둘레에 나열하는 경우의 수는

$(4-1)! = 3! = 6$

6이 적힌 공과 이웃하지 않는 3곳 중 1곳을 택해 5가 적힌 공을 놓는 경우의 수는

$_3C_1 = 3$

6이 적힌 공과 4가 적힌 공의 자리를 바꾸는 경우의 수는 $2! = 2$

즉 이웃한 2개의 공에 적힌 수의 합의 최댓값이 10인 경우의 수는

$6 \times 3 \times 2 = 36$

따라서 구하는 확률은 $\dfrac{36}{120} = \dfrac{3}{10}$

06 X에서 X로의 함수 f의 개수는 X의 4개의 원소 1, 2, 3, 4에서 4개를 택하는 중복순열의 수와 같으므로

$_4\Pi_4 = 4^4 = 256$

$f(1) \leq f(3)$인 $f(1)$, $f(3)$의 값을 정하는 경우의 수는 4개의 원소 1, 2, 3, 4에서 2개를 택하는 중복조합의 수와 같으므로

$_4H_2 = {}_{4+2-1}C_2 = {}_5C_2 = 10$

$f(2)$, $f(4)$의 값을 정하는 경우의 수는 4개의 원소 1, 2, 3, 4에서 2개를 택하는 중복순열의 수와 같으므로

$_4\Pi_2 = 4^2 = 16$

즉 $f(1) \leq f(3)$인 함수 f의 개수는

$10 \times 16 = 160$

따라서 구하는 확률은 $\dfrac{160}{256} = \dfrac{5}{8}$

07 방정식 $a+b+c+d=9$를 만족시키는 음이 아닌 정수 a, b, c, d의 순서쌍 (a, b, c, d)의 개수는

$_4H_9 = {}_{4+9-1}C_9 = {}_{12}C_9 = {}_{12}C_3 = 220$

$a > b > 1$이므로 $b = b' + 2$, $a = a' + b + 1$이라 하면

$a = a' + b' + 3$

$a+b+c+d=9$에서 $a' + 2b' + c + d = 4$

(i) $b' = 0$일 때

$a' + c + d = 4$를 만족시키는 음이 아닌 정수 a', c, d의 순서쌍 (a', c, d)의 개수는

$_3H_4 = {}_{3+4-1}C_4 = {}_6C_4 = {}_6C_2 = 15$

(ii) $b' = 1$일 때

$a' + c + d = 2$를 만족시키는 음이 아닌 정수 a', c, d의 순서쌍 (a', c, d)의 개수는

$_3H_2 = {}_{3+2-1}C_2 = {}_4C_2 = 6$

(iii) $b' = 2$일 때

$a' + c + d = 0$을 만족시키는 음이 아닌 정수 a', c, d의 순서쌍 (a', c, d)의 개수는

$_3H_0 = {}_{3+0-1}C_0 = {}_2C_0 = 1$

(i)~(iii)에서 순서쌍 (a, b, c, d)의 개수는

$15 + 6 + 1 = 22$

따라서 구하는 확률은 $\dfrac{22}{220} = \dfrac{1}{10}$

08 정팔면체 모양의 주사위를 2번 던져서 나오는 경우의 수는

$8 \times 8 = 64$

ab가 16의 배수인 사건을 A, 45 이상인 사건을 B라 하면

$A = \{(2, 8), (4, 4), (4, 8), (6, 8), (8, 2), (8, 4),$
$\quad (8, 6), (8, 8)\}$

$B = \{(6, 8), (7, 7), (7, 8), (8, 6), (8, 7), (8, 8)\}$

$A \cap B = \{(6, 8), (8, 6), (8, 8)\}$

따라서 구하는 확률은

$P(A \cup B) = P(A) + P(B) - P(A \cap B)$

$\quad = \dfrac{8}{64} + \dfrac{6}{64} - \dfrac{3}{64} = \dfrac{11}{64}$

09 [실행 1]에서 상자 A에는 흰 공만 들어 있으므로 무조건 흰 공 2개가 상자 B로 이동한다. 다음과 같이 [실행 1]을 마쳤을 때, 상자 B에는 검은 공 5개와 흰 공 2개가 들어 있다.

[실행 1] 이후

상자 A 　　　상자 B

(i) [실행 2]에서 흰 공 2개가 이동하는 경우는 상자 A에 다시 흰 공 5개가 들어 있게 되므로 [실행 3]을 하면 항상 상자 B의 흰 공의 개수는 짝수가 된다.

[실행 2] 이후

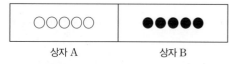

상자 A 　　　상자 B

즉 구하는 확률은

$\dfrac{{}_2C_2}{{}_7C_2} = \dfrac{1}{21}$

(ii) [실행 2]에서 상자 B의 검은 공 2개를 상자 A로 넣고 [실행 3]에서 상자 A의 흰 공 3개와 검은 공 2개 중에서 흰 공 2개를 상자 B로 이동하거나 검은 공 2개를 상자 B로 이동해야 상자 B의 흰 공의 개수는 짝수가 된다.

[실행 2] 이후

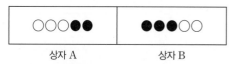

상자 A 　　　상자 B

즉 구하는 확률은

$\dfrac{{}_5C_2}{{}_7C_2} \times \dfrac{{}_3C_2 + {}_2C_2}{{}_5C_2} = \dfrac{4}{21}$

(iii) [실행 2]에서 상자 B의 검은 공 1개, 흰 공 1개를 상자 A로 넣고 [실행 3]에서는 상자 A의 흰 공 4개와 검은 공 1개 중에서 흰 공 1개와 검은 공 1개가 상자 B로 이동해야 상자 B의 흰 공의 개수는 짝수가 된다.

[실행 2] 이후

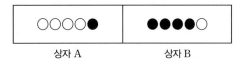

상자 A   상자 B

즉 구하는 확률은

$$\frac{{}_5C_1 \times {}_2C_1}{{}_7C_2} \times \frac{{}_4C_1 \times {}_1C_1}{{}_5C_2} = \frac{4}{21}$$

(i)~(iii)에서 각 사건은 배반사건이므로 구하는 확률은

$$\frac{1}{21} + \frac{4}{21} + \frac{4}{21} = \frac{3}{7}$$

10 집합 A의 부분집합 중에서 3을 원소로 갖는 사건을 X라 하면 X^c는 3을 원소로 갖지 않는 사건이므로

$$P(X) = \frac{2^3}{2^4} = \frac{1}{2}$$

$$\therefore P(X^c) = 1 - P(X)$$

$$= 1 - \frac{1}{2}$$

$$= \frac{1}{2}$$

11 $(a_1 - a_3)^2 + (a_2 - a_4)^2 \neq 0$인 사건을 A라 하면 A^c는 $(a_1 - a_3)^2 + (a_2 - a_4)^2 = 0$인 사건이다.

이때 $(a_1 - a_3)^2 + (a_2 - a_4)^2 = 0$에서 $a_1 = a_3$, $a_2 = a_4$ a_1, a_2를 정하는 경우의 수는 6개의 숫자 1, 2, 3, 4, 5, 6에서 2개를 택하는 중복순열의 수와 같으므로

$$P(A^c) = \frac{{}_6\Pi_2}{6^4} = \frac{6^2}{6^4} = \frac{1}{36}$$

$$\therefore P(A) = 1 - P(A^c)$$

$$= 1 - \frac{1}{36}$$

$$= \frac{35}{36}$$

[오답 피하기]

$(a_1 - a_3)^2 + (a_2 - a_4)^2 = 0$에서
$(a_1 - a_3)^2 \geq 0$, $(a_2 - a_4)^2 \geq 0$이므로
$(a_1 - a_3)^2 = 0$, $(a_2 - a_4)^2 = 0$
$\therefore a_1 = a_3$, $a_2 = a_4$

12 $P(A|B) = \dfrac{P(A \cap B)}{P(B)} = \dfrac{1}{4}$이므로

$$P(A \cap B) = \frac{1}{4}P(B)$$

$P(A^c \cap B^c) = 1 - P(A \cup B)$이므로

$$\frac{1}{8} = 1 - P(A \cup B)$$

$$\therefore P(A \cup B) = \frac{7}{8}$$

$$P(A \cup B) = P(A) + P(B) - P(A \cap B)$$

$$= \frac{1}{3} + P(B) - \frac{1}{4}P(B)$$

$$= \frac{1}{3} + \frac{3}{4}P(B)$$

이므로

$$\frac{7}{8} = \frac{1}{3} + \frac{3}{4}P(B)$$

$$\therefore P(B) = \frac{13}{18}$$

$A^c \cap B^c = (A \cup B)^c$이므로
$P(A^c \cap B^c) = 1 - P(A \cup B)$야.

13 두 지역 A, B에서 각각 한 명씩 임의로 뽑은 두 사람이 모두 팝을 선호하는 사건을 E, 같은 장르를 선호하는 사건을 F라 하면

$$P(E|F) = \frac{P(E \cap F)}{P(F)}$$

$$= \frac{P(E \cap F)}{P(E \cap F) + P(E^c \cap F)}$$

$$= \frac{\dfrac{a}{100} \times \dfrac{100 - 2a}{100}}{\dfrac{a}{100} \times \dfrac{100 - 2a}{100} + \dfrac{100 - a}{100} \times \dfrac{2a}{100}}$$

$$= \frac{100 - 2a}{300 - 4a}$$

따라서 $\dfrac{100 - 2a}{300 - 4a} = \dfrac{4}{13}$이므로

$a = 10$

14 ㄱ. $A \subset B$이므로 $A \cap B = A$

$$\therefore P(B|A) = \frac{P(A \cap B)}{P(A)} = \frac{P(A)}{P(A)} = 1$$

ㄴ. A, B가 서로 배반사건이므로

$P(A \cap B) = 0$

$P(A^C \cap B) = P(B) - P(A \cap B) = P(B)$

이때

$$P(B|A) = \frac{P(A \cap B)}{P(A)} = 0$$

$$P(B|A^C) = \frac{P(A^C \cap B)}{P(A^C)} = \frac{P(B)}{P(A^C)} \neq 0$$

이므로 $P(B|A) \neq P(B|A^C)$

ㄷ. $P(A \cap B) = P(A)P(B)$이면 두 사건 A, B는 서로 독립이므로 두 사건 A^C, B^C도 서로 독립이다.

$$\therefore P(B|A) + P(B^C|A^C) = P(B) + P(B^C) = 1$$

따라서 옳은 것은 ㄱ, ㄷ이다.

[오답 피하기]

두 사건 A, B가 서로 독립이면 $P(A \cap B) = P(A)P(B)$

$$\therefore P(B|A) = \frac{P(A \cap B)}{P(A)}$$

$$= \frac{P(A)P(B)}{P(A)}$$

$$= P(B)$$

15 ㄱ. $k=3$일 때, $A = \{2, 4, 6\}$이므로 $P(A) = \frac{1}{2}$

ㄴ. $k=4$일 때, $A = \{2, 4, 6\}$, $B = \{1, 2, 3, 4\}$이므로

$A \cap B = \{2, 4\}$

$$\therefore P(A \cap B) = \frac{2}{6} = \frac{1}{3}$$

ㄷ.

k	1	2	3	4	5
$P(A)$	$\frac{1}{2}$	$\frac{1}{2}$	$\frac{1}{2}$	$\frac{1}{2}$	$\frac{1}{2}$
$P(B)$	$\frac{1}{6}$	$\frac{1}{3}$	$\frac{1}{2}$	$\frac{2}{3}$	$\frac{5}{6}$
$P(A \cap B)$	0	$\frac{1}{6}$	$\frac{1}{6}$	$\frac{1}{3}$	$\frac{1}{3}$

두 사건 A, B가 서로 독립이려면

$P(A \cap B) = P(A)P(B)$이어야 한다.

즉 두 사건 A, B가 서로 독립이기 위한 k의 값은 2, 4이므로 그 개수는 2이다.

따라서 옳은 것은 ㄱ, ㄷ이다.

[오답 피하기]

k의 값에 관계없이 $A = \{2, 4, 6\}$이다.

16 (i) 4번째 경기에서 A팀이 우승할 확률

$${}_4C_4 \left(\frac{2}{3}\right)^4 = \frac{16}{3^4}$$

(ii) 5번째 경기에서 A팀이 우승할 확률

4번째 경기까지 3승 1패를 기록하고 5번째 경기에서 이길 때의 확률이므로

$${}_4C_3 \left(\frac{2}{3}\right)^3 \left(\frac{1}{3}\right)^1 \times \frac{2}{3} = \frac{64}{3^5}$$

(iii) 6번째 경기에서 A팀이 우승할 확률

5번째 경기까지 3승 2패를 기록하고 6번째 경기에서 이길 때의 확률이므로

$${}_5C_3 \left(\frac{2}{3}\right)^3 \left(\frac{1}{3}\right)^2 \times \frac{2}{3} = \frac{160}{3^6}$$

(iv) 7번째 경기에서 A팀이 우승할 확률

6번째 경기까지 3승 3패를 기록하고 7번째 경기에서 이길 때의 확률이므로

$${}_6C_3 \left(\frac{2}{3}\right)^3 \left(\frac{1}{3}\right)^3 \times \frac{2}{3} = \frac{320}{3^7}$$

(i)~(iv)에서 구하는 확률은

$$\frac{\dfrac{160}{3^6}}{\dfrac{16}{3^4} + \dfrac{64}{3^5} + \dfrac{160}{3^6} + \dfrac{320}{3^7}} = \frac{30}{113}$$

DAY 1 개념 돌파 전략 ② | 10~13쪽

1 ④	2 ③	3 ③	4 ②	5 ⑤	6 ②
7 ③	8 ⑤	9 ④	10 ④	11 ⑤	12 ④

1 ① 한 개의 동전을 10번 던질 때, 뒷면이 나오는 횟수를 확률변수 X라 하면 X가 가질 수 있는 값이 0, 1, 2, …, 10의 유한개이므로 이산확률변수이다.

② 여섯 개의 주사위를 던질 때, 나오는 눈의 수의 최댓값을 확률변수 X라 하면 X가 가질 수 있는 값이 1, 2, 3, 4, 5, 6의 유한개이므로 이산확률변수이다.

③ 흰 공 10개, 빨간 공 15개가 들어 있는 상자에서 임의로 5개의 공을 동시에 꺼낼 때, 나오는 빨간 공의 개수를 확률변수 X라 하면 X가 가질 수 있는 값이 0, 1, 2, 3, 4, 5의 유한개이므로 이산확률변수이다.

④ 1시간 간격으로 운행되는 기차를 기다리는 시간을 확률변수 X라 하면 X가 가질 수 있는 값이 $0 \le X \le 1$인 모든 실수이므로 이산확률변수가 아니다.

⑤ 남학생 4명과 여학생 6명으로 구성되어 있는 동아리에서 대표 3명을 뽑을 때, 뽑힌 여학생의 수를 확률변수 X라 하면 X가 가질 수 있는 값이 0, 1, 2, 3의 유한개이므로 이산확률변수이다.

따라서 이산확률변수가 아닌 것은 ④이다.

2 $P(1 \le X \le 2) = P(X=1) + P(X=2) = \dfrac{1}{9} + \dfrac{1}{3} = \dfrac{4}{9}$

3 확률의 총합은 1이므로
$$a + 2a + \dfrac{1}{4} = 1, \quad 3a = \dfrac{3}{4} \qquad \therefore a = \dfrac{1}{4}$$

4 $E(X) = 1 \times \dfrac{1}{3} + 3 \times \dfrac{1}{2} + 5 \times \dfrac{1}{6} = \dfrac{8}{3}$

5 확률의 총합은 1이므로
$$\dfrac{1}{4} + a + \dfrac{1}{8} + b = 1, \quad a + b = \dfrac{5}{8} \qquad \cdots\cdots \text{㉠}$$

확률변수 X의 평균이 5이므로
$$1 \times \dfrac{1}{4} + 2 \times a + 4 \times \dfrac{1}{8} + 8 \times b = 5, \quad a + 4b = \dfrac{17}{8} \quad \cdots\cdots \text{㉡}$$

㉠, ㉡을 연립하여 풀면 $a = \dfrac{1}{8}, \ b = \dfrac{1}{2}$

$$\therefore 2a + b = 2 \times \dfrac{1}{8} + \dfrac{1}{2} = \dfrac{3}{4}$$

6 $E(X) = 7$, $V(X) = 3$이므로
$$E(Y) = E(2X+1) = 2E(X) + 1 = 2 \times 7 + 1 = 15$$
$$V(Y) = V(2X+1) = 2^2 V(X) = 4 \times 3 = 12$$
$$\therefore E(Y) + V(Y) = 15 + 12 = 27$$

7 $E(X) = 0 \times \dfrac{2}{7} + 1 \times \dfrac{3}{7} + 2 \times \dfrac{2}{7} = 1$이므로
$$E(7X-3) = 7E(X) - 3 = 7 \times 1 - 3 = 4$$

8 확률변수 X가 이항분포 $B\left(720, \dfrac{1}{6}\right)$을 따르므로
$$E(X) = 720 \times \dfrac{1}{6} = 120$$
$$\sigma(X) = \sqrt{720 \times \dfrac{1}{6} \times \dfrac{5}{6}} = 10$$
$$\therefore E(X) + \sigma(X) = 120 + 10 = 130$$

9 한 개의 주사위를 던져서 3의 배수의 눈이 나올 확률이 $\dfrac{1}{3}$이므로 확률변수 X는 이항분포 $B\left(12, \dfrac{1}{3}\right)$을 따른다.
$$\therefore E(X) = 12 \times \dfrac{1}{3} = 4$$

10 확률변수 X가 이항분포 $B\left(100, \dfrac{1}{4}\right)$을 따르므로
$$V(X) = 100 \times \dfrac{1}{4} \times \dfrac{3}{4} = \dfrac{75}{4}$$
$$\sigma(X) = \sqrt{V(X)} = \sqrt{\dfrac{75}{4}} = \dfrac{5\sqrt{3}}{2}$$
$$\therefore \sigma(2X-1) = 2\sigma(X) = 2 \times \dfrac{5\sqrt{3}}{2} = 5\sqrt{3}$$

11 확률변수 X가 이항분포 $B\left(n, \dfrac{1}{3}\right)$을 따르므로

$$E(X)=n\times\dfrac{1}{3}=6 \qquad \therefore n=18$$

따라서 $V(X)=18\times\dfrac{1}{3}\times\dfrac{2}{3}=4$이므로

$$nV(X)=18\times4=72$$

12 한 개의 주사위를 던져서 홀수의 눈이 나올 확률은 $\dfrac{3}{6}=\dfrac{1}{2}$이므로 확률변수 X는 이항분포 $B\left(36, \dfrac{1}{2}\right)$을 따른다.

따라서 $E(X)=36\times\dfrac{1}{2}=18$이므로

$$E(2X-1)=2E(X)-1=2\times18-1=35$$

---

^{DAY}2 필수 체크 전략 ① 　　　14~17쪽

1-1 ②	2-1 $\dfrac{8}{13}$	3-1 ④	4-1 $\dfrac{4}{3}$
5-1 ①	6-1 62	7-1 ④	8-1 ①

1-1 확률의 총합은 1이므로

$$k+4k+9k=1, \ 14k=1 \qquad \therefore k=\dfrac{1}{14}$$

이때 $P(X=a)=\dfrac{1}{14}a^2=\dfrac{2}{7}$이므로

$$a^2=4 \qquad \therefore a=2$$

$$\therefore ak=2\times\dfrac{1}{14}=\dfrac{1}{7}$$

2-1 세 수 p_1, p_2, p_3가 이 순서대로 공비가 3인 등비수열을 이루므로

$$p_1+p_2+p_3=p_1+3p_1+9p_1=13p_1$$

이때 확률의 총합은 1이므로

$$13p_1=1 \qquad \therefore p_1=\dfrac{1}{13}$$

$$\therefore P(X=3)-P(X=1)=9p_1-p_1=8p_1$$
$$=8\times\dfrac{1}{13}=\dfrac{8}{13}$$

3-1 확률의 총합은 1이므로

$$\dfrac{1}{3}a+\dfrac{1}{3}+a^2=1, \ 3a^2+a-2=0$$

$$(a+1)(3a-2)=0 \qquad \therefore a=\dfrac{2}{3} \ (\because a>0)$$

$$\therefore P(X-2\geq0)=P(X=2)=\left(\dfrac{2}{3}\right)^2=\dfrac{4}{9}$$

4-1 확률의 총합은 1이므로

$$\dfrac{1}{2}a^2+\dfrac{1}{2}a^2+\dfrac{1}{3}a+\dfrac{1}{3}=1, \ a^2+\dfrac{1}{3}a-\dfrac{2}{3}=0$$

$$3a^2+a-2=0, \ (a+1)(3a-2)=0$$

$$\therefore a=\dfrac{2}{3} \ (\because a>0)$$

따라서

$$E(X)=-1\times\dfrac{2}{9}+0\times\dfrac{2}{9}+1\times\dfrac{2}{9}+2\times\dfrac{1}{3}=\dfrac{2}{3}$$

$$E(X^2)=(-1)^2\times\dfrac{2}{9}+0^2\times\dfrac{2}{9}+1^2\times\dfrac{2}{9}+2^2\times\dfrac{1}{3}=\dfrac{16}{9}$$

이므로

$$V(X)=E(X^2)-\{E(X)\}^2=\dfrac{16}{9}-\left(\dfrac{2}{3}\right)^2=\dfrac{4}{3}$$

5-1 확률의 총합은 1이므로

$$a+2a+a=1, \ 4a=1 \qquad \therefore a=\dfrac{1}{4}$$

이때

$$E(X)=-1\times\dfrac{1}{4}+0\times\dfrac{1}{2}+1\times\dfrac{1}{4}=0$$

$$E(X^2)=(-1)^2\times\dfrac{1}{4}+0^2\times\dfrac{1}{2}+1^2\times\dfrac{1}{4}=\dfrac{1}{2}$$

이므로

$$V(X)=E(X^2)-\{E(X)\}^2=\dfrac{1}{2}-0^2=\dfrac{1}{2}$$

$$\sigma(X)=\sqrt{V(X)}=\dfrac{\sqrt{2}}{2}$$

$$\therefore \sigma(6X+1)=6\sigma(X)=6\times\dfrac{\sqrt{2}}{2}=3\sqrt{2}$$

6-1 확률변수 X가 가질 수 있는 값은 0, 1, 2이고, 그 확률은 각각

$$P(X=0)=\dfrac{{}_2C_0\times{}_5C_3}{{}_7C_3}=\dfrac{2}{7}$$

$$P(X=1)=\dfrac{{}_2C_1\times{}_5C_2}{{}_7C_3}=\dfrac{4}{7}$$

$$P(X=2)=\frac{{}_2C_2\times{}_5C_1}{{}_7C_3}=\frac{1}{7}$$

이므로 X의 확률분포를 표로 나타내면 다음과 같다.

X	0	1	2	합계
$P(X=x)$	$\frac{2}{7}$	$\frac{4}{7}$	$\frac{1}{7}$	1

즉

$$E(X)=0\times\frac{2}{7}+1\times\frac{4}{7}+2\times\frac{1}{7}=\frac{6}{7}$$

$$E(X^2)=0^2\times\frac{2}{7}+1^2\times\frac{4}{7}+2^2\times\frac{1}{7}=\frac{8}{7}$$

이므로

$$V(X)=E(X^2)-\{E(X)\}^2=\frac{8}{7}-\left(\frac{6}{7}\right)^2=\frac{20}{49}$$

$$\therefore 49\{E(X)+V(X)\}=49\left(\frac{6}{7}+\frac{20}{49}\right)=62$$

7-1 $E(3X-4)=3E(X)-4=32$이므로 $E(X)=12$

$V(3X-4)=3^2V(X)=90$이므로 $V(X)=10$

이때 확률변수 X가 이항분포 $(n,\ p)$를 따르므로

$E(X)=np=12$ ······㉠

$V(X)=np(1-p)=10$ ······㉡

㉡에 ㉠을 대입하면

$12(1-p)=10,\ 1-p=\frac{5}{6}$ $\quad\therefore p=\frac{1}{6}$

㉠에 $p=\frac{1}{6}$을 대입하면

$\frac{1}{6}n=12$ $\quad\therefore n=72$

8-1 확률변수 X의 확률질량함수는

$$P(X=x)=\begin{cases}{}_8C_0(1-p)^8 & (x=0)\\{}_8C_kp^k(1-p)^{8-k} & (0<x<8)\\{}_8C_8p^8 & (x=8)\end{cases}$$

이므로 $5P(X=2)=2P(X=4)$에서

$5\times{}_8C_2p^2(1-p)^6=2\times{}_8C_4p^4(1-p)^4$

$5\times{}_8C_2(1-p)^2=2\times{}_8C_4p^2$

$(1-p)^2=p^2,\ 1-2p=0$ $\quad\therefore p=\frac{1}{2}$

$$\therefore V(X)=8\times\frac{1}{2}\times\frac{1}{2}=2$$

01 ④	02 ①	03 5	04 $\frac{97}{20}$
05 ②	06 ④	07 ①	08 ⑤

01 확률변수 X가 가질 수 있는 값은 2, 3, 4, 5이고, 그 확률은 각각

$$P(X=2)=\frac{{}_7C_2\times{}_3C_3}{{}_{10}C_5}=\frac{1}{12}$$

$$P(X=3)=\frac{{}_7C_3\times{}_3C_2}{{}_{10}C_5}=\frac{5}{12}$$

$$P(X=4)=\frac{{}_7C_4\times{}_3C_1}{{}_{10}C_5}=\frac{5}{12}$$

$$P(X=5)=\frac{{}_7C_5\times{}_3C_0}{{}_{10}C_5}=\frac{1}{12}$$

이므로 X의 확률분포를 표로 나타내면 다음과 같다.

X	2	3	4	5	합계
$P(X=x)$	$\frac{1}{12}$	$\frac{5}{12}$	$\frac{5}{12}$	$\frac{1}{12}$	1

이때

$$P(X=2)+P(X=3)=\frac{1}{12}+\frac{5}{12}=\frac{1}{2}$$

이므로 $P(X<4)=\frac{1}{2}$ $\quad\therefore a=4$

02 확률변수 X가 가질 수 있는 값은 0, 1, 2이고, 그 확률은 각각

$$P(X=0)=\frac{2}{6}=\frac{1}{3}$$

$$P(X=1)=\frac{2}{6}=\frac{1}{3}$$

$$P(X=2)=\frac{2}{6}=\frac{1}{3}$$

이므로 X의 확률분포를 표로 나타내면 다음과 같다.

X	0	1	2	합계
$P(X=x)$	$\frac{1}{3}$	$\frac{1}{3}$	$\frac{1}{3}$	1

따라서

$$E(X)=0\times\frac{1}{3}+1\times\frac{1}{3}+2\times\frac{1}{3}=1$$

$$E(X^2)=0^2\times\frac{1}{3}+1^2\times\frac{1}{3}+2^2\times\frac{1}{3}=\frac{5}{3}$$

이므로

$$V(X)=E(X^2)-\{E(X)\}^2=\frac{5}{3}-1^2=\frac{2}{3}$$

03 확률의 총합은 1이므로

$p_1 + p_2 + p_3 + p_4 = 1$

이때 $P(2 \leq X \leq 6) = \dfrac{7}{10}$에서

$P(2 \leq X \leq 6) = P(X=2) + P(X=4) + P(X=6)$

$\qquad\qquad\quad = p_2 + p_4 + p_1 = \dfrac{7}{10}$

이므로

$P(X=8) = p_3 = 1 - \dfrac{7}{10} = \dfrac{3}{10}$

또 $P(6 \leq X \leq 8) = \dfrac{2}{5}$에서

$P(6 \leq X \leq 8) = P(X=6) + P(X=8)$

$\qquad\qquad\quad = p_1 + p_3 = \dfrac{2}{5}$

이므로

$p_1 = \dfrac{1}{10} \left(\because p_3 = \dfrac{3}{10} \right)$

한편, $p_2 + p_4 = \dfrac{3}{5} \left(\because p_1 = \dfrac{1}{10} \right)$이고 $p_2 = \dfrac{1}{2} p_4$이므로

두 식을 연립하여 풀면

$p_2 = \dfrac{1}{5},\ p_4 = \dfrac{2}{5}$

$\therefore E(X) = 2 \times p_2 + 4 \times p_4 + 6 \times p_1 + 8 \times p_3$

$\qquad\qquad = 2 \times \dfrac{1}{5} + 4 \times \dfrac{2}{5} + 6 \times \dfrac{1}{10} + 8 \times \dfrac{3}{10}$

$\qquad\qquad = 5$

04 $P(X=1) = a$라 하면

조건 ㉮의 $P(X=k+1) - P(X=k) = d$에서

$P(X=k) = a + (k-1)d\ (k=1, 2, 3, \cdots, 8)$

이때 확률의 총합은 1이므로

$\dfrac{8(2a+7d)}{2} = 1,\ 8a + 28d = 1 \qquad \cdots\cdots \text{㉠}$

조건 ㉯의 $P(X=7) = \dfrac{7}{48}$에서

$a + 6d = \dfrac{7}{48} \qquad\qquad\qquad \cdots\cdots \text{㉡}$

㉠, ㉡을 연립하여 풀면

$a = \dfrac{23}{240},\ d = \dfrac{1}{120}$

따라서

$P(X=k) = \dfrac{23}{240} + \dfrac{1}{120}(k-1)\ (k=1, 2, 3, \cdots, 8)$

이므로

$E(X) = \sum_{k=1}^{8} k \times P(X=k)$

$\qquad = \sum_{k=1}^{8} \left\{ \dfrac{23}{240}k + \dfrac{k(k-1)}{120} \right\}$

$\qquad = \sum_{k=1}^{8} \dfrac{23}{240}k + \sum_{k=1}^{8} \dfrac{k(k-1)}{120}$

$\qquad = \dfrac{23}{240} \sum_{k=1}^{8} k + \dfrac{1}{120} \sum_{k=1}^{8} (k^2 - k)$

$\qquad = \dfrac{23}{240} \times \dfrac{8 \times 9}{2} + \dfrac{1}{120} \times \left(\dfrac{8 \times 9 \times 17}{6} - \dfrac{8 \times 9}{2} \right)$

$\qquad = \dfrac{97}{20}$

05 확률의 총합은 1이므로

$\dfrac{2}{a} + \dfrac{3}{a} + \dfrac{3}{a} + \dfrac{2}{a} = 1,\ \dfrac{10}{a} = 1 \qquad \therefore a = 10$

이때

$E(X) = 0 \times \dfrac{1}{5} + 1 \times \dfrac{3}{10} + 2 \times \dfrac{3}{10} + 3 \times \dfrac{1}{5} = \dfrac{3}{2}$

$E(X^2) = 0^2 \times \dfrac{1}{5} + 1^2 \times \dfrac{3}{10} + 2^2 \times \dfrac{3}{10} + 3^2 \times \dfrac{1}{5} = \dfrac{33}{10}$

이므로

$V(X) = E(X^2) - \{E(X)\}^2 = \dfrac{33}{10} - \left(\dfrac{3}{2} \right)^2 = \dfrac{21}{20}$

$\therefore \sigma(10X + 10) = 10\sigma(X)$

$\qquad\qquad\qquad = 10 \times \sqrt{\dfrac{21}{20}}$

$\qquad\qquad\qquad = \sqrt{100 \times \dfrac{21}{20}} = \sqrt{105}$

06 주머니에 들어 있는 구슬의 총 개수는

$1 + 2 + \cdots + 9 + 10 = \sum_{k=1}^{10} k = \dfrac{10 \times 11}{2} = 55$

확률변수 X의 확률질량함수는

$P(X=k) = \dfrac{k}{55}\ (k=1, 2, 3, \cdots, 10)$

즉

$E(X) = \sum_{k=1}^{10} k \times P(X=k) = \sum_{k=1}^{10} k \times \dfrac{k}{55}$

$\qquad = \dfrac{1}{55} \sum_{k=1}^{10} k^2 = \dfrac{1}{55} \times \dfrac{10 \times 11 \times 21}{6} = 7$

$E(X^2) = \sum_{k=1}^{10} k^2 \times P(X=k) = \sum_{k=1}^{10} k^2 \times \dfrac{k}{55}$

$\qquad = \dfrac{1}{55} \sum_{k=1}^{10} k^3 = \dfrac{1}{55} \times \left(\dfrac{10 \times 11}{2} \right)^2 = 55$

이므로
$$V(X)=E(X^2)-\{E(X)\}^2=55-7^2=6$$
$$\therefore V(5X+2)=5^2V(X)=25\times6=150$$

07 확률변수 X가 이항분포 $B(n, p)$를 따르므로
$$E(X)=np=2 \qquad \cdots\cdots\ \text{㉠}$$
$$V(X)=np(1-p)=\frac{9}{5} \qquad \cdots\cdots\ \text{㉡}$$
㉡에 ㉠을 대입하면
$$2(1-p)=\frac{9}{5},\ 1-p=\frac{9}{10} \qquad \therefore p=\frac{1}{10}$$
㉠에 $p=\frac{1}{10}$을 대입하면
$$\frac{1}{10}n=2 \qquad \therefore n=20$$
$$\therefore P(X<2)=P(X=0)+P(X=1)$$
$$={}_{20}C_0\left(\frac{9}{10}\right)^{20}+{}_{20}C_1\left(\frac{1}{10}\right)^1\left(\frac{9}{10}\right)^{19}$$
$$=\left(\frac{9}{10}\right)^{19}\left(\frac{9}{10}+\frac{20}{10}\right)=\frac{29}{10}\left(\frac{9}{10}\right)^{19}$$

08 확률변수 X의 확률질량함수는
$$P(X=x)={}_nC_x2^{n-x}\left(\frac{1}{3}\right)^n$$
$$={}_nC_x\left(\frac{1}{3}\right)^x\left(\frac{2}{3}\right)^{n-x}(x=0, 1, 2, \cdots, n)$$
즉 확률변수 X가 이항분포 $B\left(n, \frac{1}{3}\right)$을 따르므로
$$V(X)=n\times\frac{1}{3}\times\frac{2}{3}=\frac{2}{9}n$$
이때
$$V(2X+1)=2^2V(X)=160\text{에서 } V(X)=40$$
이므로 $\frac{2}{9}n=40 \qquad \therefore n=180$
따라서 $E(X)=180\times\frac{1}{3}=60$, $V(X)=40$이므로
$$E(X^2)=V(X)+\{E(X)\}^2=40+60^2=3640$$

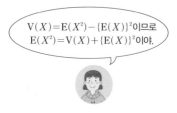

$V(X)=E(X^2)-\{E(X)\}^2$이므로
$E(X^2)=V(X)+\{E(X)\}^2$이야.

| **1**-1 30 | **2**-1 $\frac{15}{4}$ | **3**-1 ① | **4**-1 ⑤ |
| **5**-1 216 | **6**-1 ① | **7**-1 9 | **8**-1 6 |

1-1 $P(X=a)+P(X=b)=\frac{a}{10}+\frac{b}{10}=\frac{1}{2}$이므로
$$a+b=5$$
즉 주어진 조건을 만족시키는 순서쌍 (a, b)는
$(1, 4)$, $(2, 3)$, $(3, 2)$, $(4, 1)$이므로 a^2+b^2의 값은
17 또는 13이다.
따라서 가능한 a^2+b^2의 값의 합은
$$17+13=30$$

2-1 $P(X=1)=\frac{1}{12}$, $P(X=2)=\frac{1}{3}$, $P(X=3)=\frac{7}{12}$
이므로 확률변수 X의 확률분포를 표로 나타내면 다음과 같다.

X	1	2	3	합계
$P(X=x)$	$\frac{1}{12}$	$\frac{1}{3}$	$\frac{7}{12}$	1

즉
$$E(X)=1\times\frac{1}{12}+2\times\frac{1}{3}+3\times\frac{7}{12}=\frac{5}{2}$$
$$E(X^2)=1^2\times\frac{1}{12}+2^2\times\frac{1}{3}+3^2\times\frac{7}{12}=\frac{20}{3}$$
이므로
$$V(X)=E(X^2)-\{E(X)\}^2=\frac{20}{3}-\left(\frac{5}{2}\right)^2=\frac{5}{12}$$
$$\therefore V(-3X+1)=(-3)^2\times V(X)=9\times\frac{5}{12}=\frac{15}{4}$$

3-1 주머니에 들어 있는 공의 개수가 $k+3$이므로
$$P(X=k)=\frac{k}{k+3}=\frac{1}{2}$$
$$2k=k+3 \qquad \therefore k=3$$

4-1 공에 적힌 두 수를 a, b $(a\leq b)$라 하면 순서쌍 (a, b)에 대하여 두 수의 합이
2인 경우는 $(1, 1)$
3인 경우는 $(1, 2)$
4인 경우는 $(1, 3)$, $(2, 2)$

5인 경우는 $(2, 3)$

이므로 확률변수 X가 가질 수 값은 2, 3, 4, 5이고, 그 각각의 확률은

$$P(X=2)=\frac{{}_3C_2}{{}_6C_2}=\frac{1}{5}$$

$$P(X=3)=\frac{{}_3C_1\times{}_2C_1}{{}_6C_2}=\frac{2}{5}$$

$$P(X=4)=\frac{{}_3C_1\times{}_1C_1+{}_2C_2}{{}_6C_2}=\frac{4}{15}$$

$$P(X=5)=\frac{{}_2C_1\times{}_1C_1}{{}_6C_2}=\frac{2}{15}$$

확률변수 X의 확률분포를 표로 나타내면 다음과 같다.

X	2	3	4	5	합계
$P(X=x)$	$\frac{1}{5}$	$\frac{2}{5}$	$\frac{4}{15}$	$\frac{2}{15}$	1

$$\therefore E(X)=2\times\frac{1}{5}+3\times\frac{2}{5}+4\times\frac{4}{15}+5\times\frac{2}{15}=\frac{10}{3}$$

5-1 확률변수 X는 이항분포 $B\left(49, \frac{3}{7}\right)$을 따르므로

$$V(X)=49\times\frac{3}{7}\times\frac{4}{7}=12$$

확률변수 Y는 이항분포 $B\left(n, \frac{1}{3}\right)$을 따르므로

$$V(Y)=n\times\frac{1}{3}\times\frac{2}{3}=\frac{2}{9}n$$

이때 $V(2X)=V(Y)$이므로

$$2^2V(X)=V(Y), \ 4\times12=\frac{2}{9}n \qquad \therefore n=216$$

6-1 한 개의 주사위를 한 번 던져서 나오는 눈의 수가 3의 배수일 확률은

$$\frac{2}{6}=\frac{1}{3}$$

한 개의 주사위를 240번 던질 때, 3의 배수의 눈이 나오는 횟수를 확률변수 X라 하면 X는 이항분포 $B\left(240, \frac{1}{3}\right)$을 따른다.

$$\therefore E(X)=240\times\frac{1}{3}=80$$

이때 3의 배수가 아닌 수의 눈이 나오는 횟수는 $240-X$ 이므로 얻을 수 있는 점수를 확률변수 Y라 하면

$$Y=3X+(240-X)=2X+240$$

따라서 얻을 수 있는 점수의 기댓값은

$$E(Y)=E(2X+240)=2E(X)+240$$
$$=2\times80+240=400$$

7-1 한 개의 주사위를 한 번 던져서 나오는 눈의 수가 6의 약수일 확률은 $\frac{4}{6}=\frac{2}{3}$

즉 확률변수 X는 이항분포 $B\left(14, \frac{2}{3}\right)$를 따른다.

이때 $\dfrac{P(X=k)}{P(X=k+1)}=1$에서

$$\frac{P(X=k)}{P(X=k+1)}=\frac{{}_{14}C_k\left(\frac{2}{3}\right)^k\left(\frac{1}{3}\right)^{14-k}}{{}_{14}C_{k+1}\left(\frac{2}{3}\right)^{k+1}\left(\frac{1}{3}\right)^{13-k}}$$

$$=\frac{k+1}{14-k}\times\frac{\frac{1}{3}}{\frac{2}{3}}=1$$

$$\frac{k+1}{14-k}=2, \ k+1=2(14-k)$$

$$3k=27 \qquad \therefore k=9$$

8-1 확률변수 X의 확률질량함수는

$$P(X=k)={}_{25}C_k\left(\frac{1}{5}\right)^k\left(\frac{4}{5}\right)^{25-k} \ (k=0,\ 1,\ 2,\ \cdots,\ 25)$$

이고 X는 이항분포 $B\left(25, \frac{1}{5}\right)$을 따르므로

$$E(X)=25\times\frac{1}{5}=5$$

$$V(X)=25\times\frac{1}{5}\times\frac{4}{5}=4$$

따라서

$$A=2\sum_{k=0}^{25}P(X=k)=2\times1=2$$

$$B=5\sum_{k=0}^{25}k\times P(X=k)$$
$$=5E(X)=5\times5$$
$$=25$$

$$C=\sum_{k=0}^{25}k^2\times P(X=k)$$
$$=E(X^2)$$
$$=V(X)+\{E(X)\}^2$$
$$=4+5^2$$
$$=29$$

$$\therefore A-B+C=2-25+29=6$$

| 01 ② | 02 5 | 03 ① | 04 ④ |
| 05 ④ | 06 ① | 07 ⑤ | 08 ③ |

01 상자에 들어 있는 카드의 총 개수는

$$1+2+3+\cdots+n=\sum_{k=1}^{n}k=\frac{n(n+1)}{2}$$

확률변수 X의 확률질량함수는

$$P(X=2k-1)=\frac{k}{\dfrac{n(n+1)}{2}}$$

$$=\frac{2k}{n(n+1)}\ (k=1,\,2,\,3,\,\cdots,\,n)$$

$$\therefore \mathrm{E}(X)$$
$$=\sum_{k=1}^{n}(2k-1)P(X=2k-1)$$
$$=\sum_{k=1}^{n}\frac{2k(2k-1)}{n(n+1)}$$
$$=\frac{1}{n(n+1)}\sum_{k=1}^{n}(4k^2-2k)$$
$$=\frac{1}{n(n+1)}\times\left\{\frac{4n(n+1)(2n+1)}{6}-\frac{2n(n+1)}{2}\right\}$$
$$=\frac{2(2n+1)}{3}-1$$
$$=\frac{4n-1}{3}$$

02 확률변수 X가 가질 수 있는 값은 0, 1, 2이고, 그 확률은 각각

$$P(X=0)=\frac{{}_2C_2\times{}_3C_0}{{}_5C_2}=\frac{1}{10}$$

$$P(X=1)=\frac{{}_2C_1\times{}_3C_1}{{}_5C_2}=\frac{3}{5}$$

$$P(X=2)=\frac{{}_2C_0\times{}_3C_2}{{}_5C_2}=\frac{3}{10}$$

이므로 X의 확률분포를 표로 나타내면 다음과 같다.

X	0	1	2	합계
$P(X=x)$	$\dfrac{1}{10}$	$\dfrac{3}{5}$	$\dfrac{3}{10}$	1

따라서

$$\mathrm{E}(X)=0\times\frac{1}{10}+1\times\frac{3}{5}+2\times\frac{3}{10}=\frac{6}{5}$$

이므로

$$\mathrm{E}(5X-1)=5\mathrm{E}(X)-1=5\times\frac{6}{5}-1=5$$

03 100원짜리 동전 2개와 500원짜리 동전 2개를 동시에 던졌을 때, 나온 앞면의 개수를 각각 n_1, n_2라 하면 순서쌍 $(n_1,\,n_2)$에 대하여 n_1n_2의 값이

0인 경우는 $(0,\,0),\,(0,\,1),\,(0,\,2),\,(1,\,0),\,(2,\,0)$

1인 경우는 $(1,\,1)$

2인 경우는 $(1,\,2),\,(2,\,1)$

4인 경우는 $(2,\,2)$

이므로 확률변수 X가 가질 수 있는 값은 0, 1, 2, 4이다.

$$P(X=0)$$
$$=\frac{1}{4}\times\frac{1}{4}+\frac{1}{4}\times\frac{1}{2}+\frac{1}{4}\times\frac{1}{4}+\frac{1}{2}\times\frac{1}{4}+\frac{1}{4}\times\frac{1}{4}=\frac{7}{16}$$

$$P(X=2)=\frac{1}{2}\times\frac{1}{4}+\frac{1}{4}\times\frac{1}{2}=\frac{1}{4}$$

이므로 $a=\dfrac{7}{16}$, $b=\dfrac{1}{4}$

확률변수 X의 확률분포를 표로 나타내면 다음과 같다.

X	0	1	2	4	합계
$P(X=x)$	$\dfrac{7}{16}$	$\dfrac{1}{4}$	$\dfrac{1}{4}$	$\dfrac{1}{16}$	1

따라서

$$\mathrm{E}(X)=0\times\frac{7}{16}+1\times\frac{1}{4}+2\times\frac{1}{4}+4\times\frac{1}{16}=1$$

이므로

$$\mathrm{E}(aX+b)=\mathrm{E}\left(\frac{7}{16}X+\frac{1}{4}\right)$$
$$=\frac{7}{16}\mathrm{E}(X)+\frac{1}{4}$$
$$=\frac{7}{16}\times1+\frac{1}{4}=\frac{11}{16}$$

오답 피하기

100원짜리 동전 2개와 500원짜리 동전 2개를 동시에 던졌을 때, 나온 앞면의 개수를 각각 n_1, n_2라 하면

$n_1=0,\,1,\,2$일 때 각각의 확률은 $\dfrac{1}{4},\dfrac{1}{2},\dfrac{1}{4}$

$n_2=0,\,1,\,2$일 때 각각의 확률은 $\dfrac{1}{4},\dfrac{1}{2},\dfrac{1}{4}$

---

04 $\mathrm{E}(2X)=2\mathrm{E}(X)=40$에서 $\mathrm{E}(X)=20$

$\sigma(-2X+1)=|-2|\sigma(X)=2\sigma(X)=8$에서

$\sigma(X)=4$

이때

$$\sigma(X)=\sqrt{\mathrm{V}(X)}=\sqrt{\mathrm{E}(X^2)-\{\mathrm{E}(X)\}^2}$$
$$=\sqrt{a-20^2}=4$$

이므로 $a-400=16$ $\therefore a=416$

05 확률변수 X가 이항분포 $B(n, p)$를 따르므로

$E(X) = np = 80$ ⋯⋯㉠

$V(X) = np(1-p) = 16$ ⋯⋯㉡

㉡에 ㉠을 대입하면

$80(1-p) = 16$, $1-p = \dfrac{1}{5}$ ∴ $p = \dfrac{4}{5}$

㉠에 $p = \dfrac{4}{5}$를 대입하면

$\dfrac{4}{5}n = 80$ ∴ $n = 100$

∴ $\dfrac{n}{p} = \dfrac{100}{\dfrac{4}{5}} = 125$

06 서로 다른 2개의 주사위를 동시에 던져서 나오는 눈의 수를 각각 a, b라 하면 순서쌍 (a, b)에 대하여 $a+b$의 값이

2인 경우는 $(1, 1)$

3인 경우는 $(1, 2)$, $(2, 1)$

4인 경우는 $(1, 3)$, $(2, 2)$, $(3, 1)$

5인 경우는 $(1, 4)$, $(2, 3)$, $(3, 2)$, $(4, 1)$

6인 경우는 $(1, 5)$, $(2, 4)$, $(3, 3)$, $(4, 2)$, $(5, 1)$

이므로 서로 다른 2개의 주사위를 동시에 던져서 나오는 두 눈의 수의 합이 6 이하인 사건이 일어날 확률은

$\dfrac{15}{36} = \dfrac{5}{12}$

즉 확률변수 X는 이항분포 $B\left(120, \dfrac{5}{12}\right)$를 따르므로

$V(X) = 120 \times \dfrac{5}{12} \times \dfrac{7}{12} = \dfrac{175}{6}$

∴ $V(6X) = 6^2 V(X) = 36 \times \dfrac{175}{6} = 1050$

07 6의 양의 약수는 1, 2, 3, 6이므로 6의 양의 약수가 적힌 영역에 화살이 꽂힐 확률은 $\dfrac{2}{3}$

확률변수 X는 이항분포 $B\left(180, \dfrac{2}{3}\right)$를 따르므로

$E(X) = 180 \times \dfrac{2}{3} = 120$, $V(X) = 180 \times \dfrac{2}{3} \times \dfrac{1}{3} = 40$

이때

$E(X^2) = V(X) + \{E(X)\}^2 = 40 + 14400 = 14440$

이므로

$E(X) + E(X^2) = 120 + 14440 = 14560$

08 확률변수 X가 가질 수 있는 값은 3, 4, 5, 6, 7이고, 그 확률은 각각

$P(X=3) = \dfrac{3}{7} \times \dfrac{2}{6} \times \dfrac{1}{5} = \dfrac{1}{35}$

$P(X=4) = \dfrac{3}{7} \times \dfrac{2}{6} \times \dfrac{4}{5} \times \dfrac{1}{4} \times \dfrac{3!}{2!1!} = \dfrac{3}{35}$

$P(X=5) = \dfrac{3}{7} \times \dfrac{2}{6} \times \dfrac{4}{5} \times \dfrac{3}{4} \times \dfrac{1}{3} \times \dfrac{4!}{2!2!} = \dfrac{6}{35}$

$P(X=6) = \dfrac{3}{7} \times \dfrac{2}{6} \times \dfrac{4}{5} \times \dfrac{3}{4} \times \dfrac{2}{3} \times \dfrac{1}{2} \times \dfrac{5!}{3!2!} = \dfrac{2}{7}$

$P(X=7) = \dfrac{3}{7} \times \dfrac{2}{6} \times \dfrac{4}{5} \times \dfrac{3}{4} \times \dfrac{2}{3} \times \dfrac{1}{2} \times 1 \times \dfrac{6!}{4!2!}$

$= \dfrac{3}{7}$

이므로 X의 확률분포를 표로 나타내면 다음과 같다.

X	3	4	5	6	7	합계
$P(X=x)$	$\dfrac{1}{35}$	$\dfrac{3}{35}$	$\dfrac{6}{35}$	$\dfrac{2}{7}$	$\dfrac{3}{7}$	1

∴ $E(X)$

$= 3 \times \dfrac{1}{35} + 4 \times \dfrac{3}{35} + 5 \times \dfrac{6}{35} + 6 \times \dfrac{2}{7} + 7 \times \dfrac{3}{7} = 6$

오답 피하기

$X = 4$일 때, 3번째로 제품을 꺼낼 때까지 불량품 2개, 합격품 1개를 꺼내고, 4번째에 불량품을 꺼내야 하므로

$P(X=4) = \dfrac{3}{7} \times \dfrac{2}{6} \times \dfrac{4}{5} \times \dfrac{1}{4} \times \dfrac{3!}{2!1!} = \dfrac{3}{35}$

같은 방법으로 $X = 5, 6, 7$일 때의 확률을 각각 구할 수 있다.

누구나 합격 전략

| 26~27쪽

01 ④	02 ①	03 ③	04 ⑤
05 ⑤	06 ④	07 ②	08 ③

01 확률의 총합은 1이므로

$-\dfrac{1}{4} - k + (-k) + \dfrac{1}{4} - k = 1$, $-3k = 1$

∴ $k = -\dfrac{1}{3}$

02 확률의 총합은 1이므로

$$a + \frac{1}{5} + b = 1$$

$$\therefore a + b = \frac{4}{5} \qquad \cdots\cdots \text{㉠}$$

이때 $\mathrm{E}(X) = \frac{9}{2}$이므로

$$1 \times a + 5 \times \frac{1}{5} + 10 \times b = \frac{9}{2}$$

$$\therefore a + 10b = \frac{7}{2} \qquad \cdots\cdots \text{㉡}$$

㉠, ㉡을 연립하여 풀면

$$a = \frac{1}{2}, \ b = \frac{3}{10}$$

$$\therefore ab = \frac{1}{2} \times \frac{3}{10} = \frac{3}{20}$$

03 $\mathrm{E}(X) = 1 \times \frac{1}{6} + 2 \times \frac{1}{4} + 3 \times \frac{1}{2} + 4 \times \frac{1}{12} = \frac{5}{2}$

$$\therefore \mathrm{E}(10X - 7) = 10\mathrm{E}(X) - 7$$
$$= 10 \times \frac{5}{2} - 7 = 18$$

04 $\mathrm{E}(2X - 4) = 2\mathrm{E}(X) - 4 = 28$이므로 $\mathrm{E}(X) = 16$

이때 확률변수 X가 이항분포 $\mathrm{B}\left(n, \frac{1}{4}\right)$을 따르므로

$$\mathrm{E}(X) = n \times \frac{1}{4} = 16에서 \ n = 64$$

따라서 $\mathrm{V}(X) = 64 \times \frac{1}{4} \times \frac{3}{4} = 12$이므로

$$\mathrm{V}(2X - 4) = 2^2 \mathrm{V}(X) = 4 \times 12 = 48$$

05 확률의 총합은 1이므로

$$\frac{a}{2} + \frac{a}{2^2} + \frac{a}{2^3} + \cdots + \frac{a}{2^{10}}$$
$$= a\left(\frac{1}{2} + \frac{1}{2^2} + \frac{1}{2^3} + \cdots + \frac{1}{2^{10}}\right)$$
$$= \frac{\frac{1}{2}\left(1 - \frac{1}{2^{10}}\right)}{1 - \frac{1}{2}} a$$
$$= \frac{1023}{1024} a = 1$$

$$\therefore a = \frac{1024}{1023}$$

06 확률변수 X가 가질 수 있는 값은 1, 2, 3이고, 그 각각의 확률은

$$\mathrm{P}(X = 1) = \frac{{}_3\mathrm{C}_1 \times {}_2\mathrm{C}_2}{{}_5\mathrm{C}_3} = \frac{3}{10}$$

$$\mathrm{P}(X = 2) = \frac{{}_3\mathrm{C}_2 \times {}_2\mathrm{C}_1}{{}_5\mathrm{C}_3} = \frac{3}{5}$$

$$\mathrm{P}(X = 3) = \frac{{}_3\mathrm{C}_3}{{}_5\mathrm{C}_3} = \frac{1}{10}$$

이므로 X의 확률분포를 표로 나타내면 다음과 같다.

X	1	2	3	합계
$\mathrm{P}(X=x)$	$\frac{3}{10}$	$\frac{3}{5}$	$\frac{1}{10}$	1

$$\therefore \mathrm{E}(X) = 1 \times \frac{3}{10} + 2 \times \frac{3}{5} + 3 \times \frac{1}{10} = \frac{9}{5}$$

07 확률변수 X는 이항분포 $\mathrm{B}(30, p)$를 따르므로

$$\mathrm{E}(X) = 30p$$

$$\mathrm{V}(X) = 30p(1-p) \qquad \cdots\cdots \text{㉠}$$

확률변수 Y는 이항분포 $\mathrm{B}(31, p)$를 따르므로

$$\mathrm{E}(Y) = 31p$$

이때 $\mathrm{E}(Y) - \mathrm{E}(X) = \frac{1}{3}$이므로

$$31p - 30p = \frac{1}{3} \qquad \therefore p = \frac{1}{3}$$

$$\therefore \mathrm{V}(X) = 30 \times \frac{1}{3} \times \frac{2}{3} = \frac{20}{3} \ (\because \text{㉠})$$

08 확률변수 X가 이항분포 $\mathrm{B}(n, p)$를 따르므로

$$\mathrm{E}(X) = np = 12 \qquad \cdots\cdots \text{㉠}$$

$$\mathrm{V}(X) = np(1-p) = 4 \qquad \cdots\cdots \text{㉡}$$

㉡에 ㉠을 대입하면

$$12(1-p) = 4, \ 1 - p = \frac{1}{3} \qquad \therefore p = \frac{2}{3}$$

㉠에 $p = \frac{2}{3}$를 대입하면

$$\frac{2}{3} n = 12 \qquad \therefore n = 18$$

$$\therefore \frac{\mathrm{P}(X=4)}{\mathrm{P}(X=3)} = \frac{{}_{18}\mathrm{C}_4 \left(\frac{2}{3}\right)^4 \left(\frac{1}{3}\right)^{14}}{{}_{18}\mathrm{C}_3 \left(\frac{2}{3}\right)^3 \left(\frac{1}{3}\right)^{15}} = \frac{15}{2}$$

1 지호와 유림이가 한 개의 주사위를 한 번씩 던져서 나온 눈의 수를 각각 n_1, n_2라 하면 두 수의 차 $a = |n_1 - n_2|$가 가질 수 있는 값은 0, 1, 2, 3, 4, 5이다. 이때 주어진 그림에서 함수 $y = f(x)$의 그래프와 직선 $y = a$ $(a = 0,$ $1, 2, 3, 4, 5)$의 교점의 개수는 2 또는 4 또는 6이므로 확률변수 X가 가질 수 있는 값은 2, 4, 6이다.

(i) $X = 2$인 경우

$a = 0$ 또는 $a = 5$일 때 함수 $y = f(x)$의 그래프와 직선 $y = a$의 교점의 개수는 2이고, 그 확률은 각각 $\dfrac{1}{6}$, $\dfrac{1}{18}$

이므로

$$P(X = 2) = \frac{1}{6} + \frac{1}{18} = \frac{2}{9}$$

(ii) $X = 4$인 경우

$a = 1$ 또는 $a = 3$ 또는 $a = 4$일 때 함수 $y = f(x)$의 그래프와 직선 $y = a$의 교점의 개수는 4이고, 그 확률은 각각 $\dfrac{5}{18}$, $\dfrac{1}{6}$, $\dfrac{1}{9}$이므로

$$P(X = 4) = \frac{5}{18} + \frac{1}{6} + \frac{1}{9} = \frac{5}{9}$$

(iii) $X = 6$인 경우

$a = 2$일 때 함수 $y = f(x)$의 그래프와 직선 $y = a$의 교점의 개수는 6이고, 그 확률은 $\dfrac{2}{9}$이므로

$$P(X = 6) = \frac{2}{9}$$

(i)~(iii)에서 확률변수 X의 확률분포를 표로 나타내면 다음과 같다.

X	2	4	6	합계
$P(X=x)$	$\dfrac{2}{9}$	$\dfrac{5}{9}$	$\dfrac{2}{9}$	1

이때 $E(X) = 2 \times \dfrac{2}{9} + 4 \times \dfrac{5}{9} + 6 \times \dfrac{2}{9} = \dfrac{36}{9} = 4$이므로

$$E(3X - 1) = 3E(X) - 1 = 3 \times 4 - 1 = 11$$

오답 피하기

지호와 유림이가 한 개의 주사위를 한 번씩 던져서 나온 눈의 수를 각각 n_1, n_2라 하면 두 수의 차 $a = |n_1 - n_2|$가 가질 수 있는 값은 0, 1, 2, 3, 4, 5이다.

(i) $a = 0$인 경우

(1, 1), (2, 2), (3, 3), (4, 4), (5, 5), (6, 6)이므로 그 확률은 $\dfrac{6}{36} = \dfrac{1}{6}$

(ii) $a = 1$인 경우

(1, 2), (2, 1), (2, 3), (3, 2), (3, 4), (4, 3), (4, 5), (5, 4), (5, 6), (6, 5)이므로 그 확률은 $\dfrac{10}{36} = \dfrac{5}{18}$

(iii) $a = 2$인 경우

(1, 3), (2, 4), (3, 1), (3, 5), (4, 2), (4, 6), (5, 3), (6, 4)이므로 그 확률은 $\dfrac{8}{36} = \dfrac{2}{9}$

(iv) $a = 3$인 경우

(1, 4), (2, 5), (3, 6), (4, 1), (5, 2), (6, 3)이므로 그 확률은 $\dfrac{6}{36} = \dfrac{1}{6}$

(v) $a = 4$인 경우

(1, 5), (2, 6), (5, 1), (6, 2)이므로 그 확률은 $\dfrac{4}{36} = \dfrac{1}{9}$

(vi) $a = 5$인 경우

(1, 6), (6, 1)이므로 그 확률은 $\dfrac{2}{36} = \dfrac{1}{18}$

---

2 각각의 생산라인의 제품 한 개의 가격의 표준편차를 구하면 다음과 같다.

(i) 생산라인 A

$E(X) = 2 \times 0.2 + 1.5 \times 0.6 + 1 \times 0.2$
　　　$= 1.5$ (천만 원)

$E(X^2) = 2^2 \times 0.2 + 1.5^2 \times 0.6 + 1^2 \times 0.2$
　　　　$= 2.35$

$V(X) = E(X^2) - \{E(X)\}^2$
　　　$= 2.35 - 1.5^2 = 0.1$

$\therefore \sigma(X) = \sqrt{0.1}$ (천만 원)

(ii) 생산라인 B

$E(X) = 2 \times 0.25 + 1.5 \times 0.5 + 1 \times 0.25$
　　　$= 1.5$ (천만 원)

$E(X^2) = 2^2 \times 0.25 + 1.5^2 \times 0.5 + 1^2 \times 0.25$
　　　　$= 2.375$

$V(X) = E(X^2) - \{E(X)\}^2$
　　　$= 2.375 - 1.5^2 = 0.125$

$\therefore \sigma(X) = \sqrt{0.125}$ (천만 원)

(iii) 생산라인 C

$E(X) = 2 \times 0.35 + 1.5 \times 0.3 + 1 \times 0.35$
　　　$= 1.5$ (천만 원)

$E(X^2) = 2^2 \times 0.35 + 1.5^2 \times 0.3 + 1^2 \times 0.35$
　　　　$= 2.425$

$V(X) = E(X^2) - \{E(X)\}^2$
　　　$= 2.425 - 1.5^2 = 0.175$

$\therefore \sigma(X) = \sqrt{0.175}$ (천만 원)

(i)~(iii)에서 표준편차가 작은 생산라인부터 순서대로 나열하면 A, B, C이다.

따라서 가격이 고르게 나오는 생산라인부터 나열하면 A, B, C이다.

LECTURE 산포도

(1) 산포도: 변량이 흩어져 있는 정도를 하나의 수로 나타낸 값
(2) 자료의 분산과 표준편차가 클수록 그 자료의 분포 상태는 평균을 중심으로 멀리 흩어져 있다고 할 수 있다. 즉 표준편차의 값이 작을수록 자료의 분포 상태가 고르다고 할 수 있다.

3 지점 P에서 지점 Q까지 이동하는 데 지나는 분기점의 개수는 1, 2, 3, 4이므로 확률변수 X가 가질 수 있는 값은 1, 2, 3, 4이다.

(i) $X=1$일 때 경로는 P→C_1→Q이므로

$P(X=1)=\dfrac{1}{2}$

(ii) $X=2$일 때 경로는 P→C_1→C_2→Q이므로

$P(X=2)=\dfrac{1}{2}\times\dfrac{1}{3}=\dfrac{1}{6}$

(iii) $X=3$일 때 경로는 P→C_1→C_2→C_3→Q이므로

$\dfrac{1}{2}\times\dfrac{2}{3}\times\dfrac{1}{4}=\dfrac{1}{12}$

(iv) $X=4$일 때 경로는 P→C_1→C_2→C_3→C_4→Q이므로

$\dfrac{1}{2}\times\dfrac{2}{3}\times\dfrac{3}{4}\times\dfrac{1}{5}+\dfrac{1}{2}\times\dfrac{2}{3}\times\dfrac{3}{4}\times\dfrac{4}{5}=\dfrac{5}{20}=\dfrac{1}{4}$

(i)~(iv)에서 확률변수 X의 확률분포를 표로 나타내면 다음과 같다.

X	1	2	3	4	합계
$P(X=x)$	$\dfrac{1}{2}$	$\dfrac{1}{6}$	$\dfrac{1}{12}$	$\dfrac{1}{4}$	1

즉

$E(X)=1\times\dfrac{1}{2}+2\times\dfrac{1}{6}+3\times\dfrac{1}{12}+4\times\dfrac{1}{4}=\dfrac{25}{12}$

$E(X^2)=1^2\times\dfrac{1}{2}+2^2\times\dfrac{1}{6}+3^2\times\dfrac{1}{12}+4^2\times\dfrac{1}{4}=\dfrac{71}{12}$

이므로

$V(X)=E(X^2)-\{E(X)\}^2=\dfrac{71}{12}-\left(\dfrac{25}{12}\right)^2=\dfrac{227}{144}$

4 $S_n=-2n^2+28n-1$이므로 $a_1=S_1=25$

$n\geq2$에서

$a_n=S_n-S_{n-1}$
$=(-2n^2+28n-1)-\{-2(n-1)^2+28(n-1)-1\}$
$=-4n+30$ ······㉠

이때 $a_1=25$를 4로 나눈 나머지는 1이고 $n\geq2$에서 $a_n=-4n+30$을 4로 나눈 나머지는 항상 2이므로 확률변수 X가 가질 수 있는 값은 1, 2이고, 그 확률은 각각

$P(X=1)=\dfrac{1}{100}$, $P(X=2)=\dfrac{99}{100}$

확률변수 X의 확률분포를 표로 나타내면 다음과 같다.

X	1	2	합계
$P(X=x)$	$\dfrac{1}{100}$	$\dfrac{99}{100}$	1

따라서

$E(X)=1\times\dfrac{1}{100}+2\times\dfrac{99}{100}=\dfrac{199}{100}$

이므로

$E(100X+1)=100E(X)+1=100\times\dfrac{199}{100}+1=200$

창의·융합·코딩 전략 ② | 30~31쪽

5 ⑤	**6** ②	**7** ⑤	**8** ③

5 원 $(x-a)^2+(y-b)^2=1$이 직선 $y=x$와 서로 다른 두 점에서 만나려면 원의 중심 (a, b)와 직선 $y=x$ 사이의 거리가 1보다 작아야 한다. 즉

$\dfrac{|a-b|}{\sqrt{1^2+(-1)^2}}<1$에서 $|a-b|<\sqrt{2}$

이므로 $|a-b|=0$ 또는 $|a-b|=1$이어야 한다.

(i) $|a-b|=0$인 경우는

(1, 1), (2, 2), (3, 3), (4, 4), (5, 5), (6, 6)이므로 그 확률은 $\dfrac{6}{36}=\dfrac{1}{6}$

(ii) $|a-b|=1$인 경우는

(1, 2), (2, 1), (2, 3), (3, 2), (3, 4), (4, 3), (4, 5), (5, 4), (5, 6), (6, 5)이므로 그 확률은

$\dfrac{10}{36}=\dfrac{5}{18}$

(i), (ii)에서 $|a-b|=0$ 또는 $|a-b|=1$일 확률은

$\dfrac{1}{6}+\dfrac{5}{18}=\dfrac{4}{9}$

즉 한 개의 주사위를 한 번 던져서 나오는 눈의 수에 따라 원 $(x-a)^2+(y-b)^2=1$이 직선 $y=x$와 서로 다른 두 점에서 만날 확률은 $\dfrac{4}{9}$이므로 확률변수 X는 이항분포 $\mathrm{B}\!\left(405,\ \dfrac{4}{9}\right)$를 따른다.

이때

$\mathrm{E}(X)=405\times\dfrac{4}{9}=180$

$\mathrm{V}(X)=405\times\dfrac{4}{9}\times\dfrac{5}{9}=100$

이므로

$\mathrm{E}(X^2)=\mathrm{V}(X)+\{\mathrm{E}(X)\}^2=100+180^2=32500$

LECTURE 원과 직선의 위치 관계

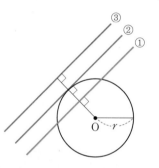

원의 중심과 직선 사이의 거리를 d, 반지름의 길이를 r라 할 때, d와 r 사이의 대소 관계에 따라 원과 직선의 위치 관계는 다음과 같다.

① $d<r$이면 서로 다른 두 점에서 만난다.

② $d=r$이면 한 점에서 만난다. (접한다.)

③ $d>r$이면 만나지 않는다.

---

6 두 함수 $y=2^x$, $y=\log_2 x$는 서로 역함수이므로 각 면에 1, 2, 3, 4가 하나씩 적힌 정사면체 모양의 주사위를 던져서 바닥에 닿은 면에 적힌 수를 n이라 하면

$\mathrm{A}(n,\ 2^n),\ \mathrm{B}(2^n,\ n)$

$\therefore \overline{\mathrm{AB}}=\sqrt{(2^n-n)^2+(n-2^n)^2}$

$\qquad\quad =\sqrt{2(2^n-n)^2}$

$\qquad\quad =\sqrt{2}(2^n-n)$

정사면체 모양의 주사위를 던져서 바닥에 닿은 면에 적힌 수가 1, 2, 3, 4이므로 확률변수 X가 가질 수 있는 값은 $\sqrt{2},\ 2\sqrt{2},\ 5\sqrt{2},\ 12\sqrt{2}$이고 각각의 확률은 모두 $\dfrac{1}{4}$이다.

확률변수 X의 확률분포를 표로 나타내면 다음과 같다.

X	$\sqrt{2}$	$2\sqrt{2}$	$5\sqrt{2}$	$12\sqrt{2}$	합계
$\mathrm{P}(X=x)$	$\dfrac{1}{4}$	$\dfrac{1}{4}$	$\dfrac{1}{4}$	$\dfrac{1}{4}$	1

$\therefore \mathrm{E}(X^2)$

$=(\sqrt{2})^2\times\dfrac{1}{4}+(2\sqrt{2})^2\times\dfrac{1}{4}+(5\sqrt{2})^2\times\dfrac{1}{4}+(12\sqrt{2})^2\times\dfrac{1}{4}$

$=87$

---

7 $1,\ 2,\ 2^2,\ 2^3,\ 2^4,\ 2^5$에서 24의 양의 약수는 $1,\ 2,\ 2^2,\ 2^3$이므로 24의 양의 약수가 적힌 영역에 화살이 꽂힐 확률은

$\dfrac{4}{6}=\dfrac{2}{3}$

즉 확률변수 X는 이항분포 $\mathrm{B}\!\left(180,\ \dfrac{2}{3}\right)$를 따르므로

$\mathrm{E}(X)=180\times\dfrac{2}{3}=120$

$\mathrm{V}(X)=180\times\dfrac{2}{3}\times\dfrac{1}{3}=40$

$\therefore \mathrm{E}(X^2)=\mathrm{V}(X)+\{\mathrm{E}(X)\}^2=40+14400=14440$

따라서 상금의 기댓값은

$\mathrm{E}(2X^2-10)=2\mathrm{E}(X^2)-10$

$\qquad\qquad\quad =2\times14440-10$

$\qquad\qquad\quad =28870$ (만 원)

---

8 각 면에 1부터 12가 하나씩 적힌 정십이면체 모양의 주사위를 한 번 던져서 3의 배수의 눈이 나올 확률은

$\dfrac{4}{12}=\dfrac{1}{3}$

각 면에 1부터 12가 하나씩 적힌 정십이면체 모양의 주사위를 90번 던질 때 3의 배수의 눈이 나오는 횟수를 확률변수 Y라 하면 Y는 이항분포 $\mathrm{B}\!\left(90,\ \dfrac{1}{3}\right)$을 따르므로

$\mathrm{V}(Y)=90\times\dfrac{1}{3}\times\dfrac{2}{3}=20$

이때 3의 배수가 아닌 수의 눈이 나오는 횟수는 $90-Y$이므로

$X=100+3Y+(90-Y)\times(-1)=4Y+10$

$\therefore \mathrm{V}(2X)=\mathrm{V}(8Y+20)=8^2\mathrm{V}(Y)=64\times20=1280$

주어진 함수가 $a \leq x \leq b$에서 항상 0 이상인지, 그래프와 x축 및 두 직선 $x=a$, $x=b$로 둘러싸인 부분의 넓이가 1인지 확인해 봐.

확률과 통계 (후편)

WEEK 2

정규분포와 통계적 추정

DAY 1 개념 돌파 전략 ②

| 36~39쪽

| 1 ⑤ | 2 ② | 3 ④ | 4 ① | 5 ⑤ | 6 ③ |
| 7 ⑤ | 8 ④ | 9 ③ | 10 ② | 11 ③ | 12 ④ |

1 함수 $y=f(x)$의 그래프와 x축 및 두 직선 $x=0$, $x=2$로 둘러싸인 부분의 넓이가 1이므로

$2k=1$ $\therefore k=\dfrac{1}{2}$

2 $a \leq x \leq b$에서 정의된 두 연속확률변수 X, Y의 확률밀도함수가 각각 $f(x)$, $g(x)$이므로 $f(x) \geq 0$, $g(x) \geq 0$이고

$\displaystyle\int_a^b f(x)dx=1$, $\displaystyle\int_a^b g(x)dx=1$

ㄱ. $a \leq x \leq b$에서 함수 $y=\dfrac{1}{2}f(x)$의 그래프와 x축으로 둘러싸인 부분의 넓이가

$\displaystyle\int_a^b \dfrac{1}{2}f(x)dx=\dfrac{1}{2}\int_a^b f(x)dx=\dfrac{1}{2}$, 즉 1이 아니므로 확률밀도함수가 될 수 없다.

ㄴ. $a \leq x \leq b$에서 $\dfrac{f(x)-2g(x)}{3} \geq 0$이 항상 성립하지 않으므로 확률밀도함수가 될 수 없다.

ㄷ. $a \leq x \leq b$에서 $\dfrac{f(x)+g(x)}{2} \geq 0$이고, 함수

$y=\dfrac{f(x)+g(x)}{2}$의 그래프와 x축으로 둘러싸인 부분의 넓이가

$\displaystyle\int_a^b \dfrac{f(x)+g(x)}{2}dx$

$=\dfrac{1}{2}\left\{\int_a^b f(x)dx+\int_a^b g(x)dx\right\}$

$=\dfrac{1}{2} \times (1+1)=1$

이므로 확률밀도함수가 될 수 있다.

따라서 확률밀도함수가 될 수 있는 것은 ㄷ이다.

3 정규분포 $\mathrm{N}(m, \sigma^2)$을 따르는 확률변수 X의 확률밀도함수의 그래프는

① 직선 $x=m$에 대하여 대칭인 곡선이다.

② $x=m$일 때 최댓값을 갖는다.

③ 점근선은 x축이다.

⑤ 표준편차 σ의 값이 클수록 곡선의 최댓값이 작아진다.

따라서 확률변수 X의 확률밀도함수의 그래프의 성질로 옳은 것은 ④이다.

4 $f(10-x)=f(10+x)$에서 함수 $f(x)$의 그래프는 직선 $x=10$에 대하여 대칭이다. 이때 확률밀도함수 $f(x)$의 그래프는 직선 $x=m$에 대하여 대칭이므로 상수 m의 값은 10이다.

5 $\mathrm{P}(a \leq X \leq b)=\mathrm{P}(50 \leq X \leq b)-\mathrm{P}(50 \leq X \leq a)$
　　　　　$=0.4-0.3=0.1$

6 다음 그림과 같이 확률변수 X의 확률밀도함수 $y=f(x)$의 그래프는 직선 $x=m$에 대하여 대칭이다.

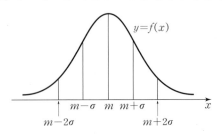

이때

$\mathrm{P}(m-\sigma \leq X \leq m+\sigma)=2\mathrm{P}(m-\sigma \leq X \leq m)=a$

이므로 $\mathrm{P}(m-\sigma \leq X \leq m)=\dfrac{a}{2}$

또
$$P(m-\sigma \le X \le m+2\sigma)$$
$$=P(m-\sigma \le X \le m)+P(m \le X \le m+2\sigma)$$
$$=\frac{a}{2}+P(m \le X \le m+2\sigma)=b$$

이므로 $P(m \le X \le m+2\sigma)=b-\dfrac{a}{2}$

$$\therefore P(m-2\sigma \le X \le m+2\sigma)$$
$$=2P(m \le X \le m+2\sigma)$$
$$=2\Big(b-\frac{a}{2}\Big)$$
$$=2b-a$$

7 $Z=\dfrac{X-20}{2}$로 놓으면 확률변수 Z는 표준정규분포

$N(0, 1)$을 따르므로
$$P(20 \le X \le 24)=P\Big(\frac{20-20}{2} \le Z \le \frac{24-20}{2}\Big)$$
$$=P(0 \le Z \le 2)$$
$$=0.4772$$

8 $Z=\dfrac{X-70}{10}$으로 놓으면 확률변수 Z는 표준정규분포

$N(0, 1)$을 따르므로
$$P(50 \le X \le 80)=P\Big(\frac{50-70}{10} \le Z \le \frac{80-70}{10}\Big)$$
$$=P(-2 \le Z \le 1)$$
$$=P(0 \le Z \le 1)+P(0 \le Z \le 2)$$
$$=0.3413+0.4772$$
$$=0.8185$$

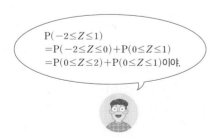

$P(-2 \le Z \le 1)$
$=P(-2 \le Z \le 0)+P(0 \le Z \le 1)$
$=P(0 \le Z \le 2)+P(0 \le Z \le 1)$이야.

9 한 개의 주사위를 한 번 던져서 3의 배수의 눈이 나올 확

률이 $\dfrac{2}{6}=\dfrac{1}{3}$이므로 확률변수 X는 이항분포 $B\Big(180, \dfrac{1}{3}\Big)$

을 따른다.

$$\therefore E(X)=180 \times \frac{1}{3}=60$$
$$V(X)=180 \times \frac{1}{3} \times \frac{2}{3}=40$$

이때 180은 충분히 큰 수이므로 X는 근사적으로 정규

분포 $N(60, 40)$을 따른다.

$$\therefore m+\sigma^2=60+40=100$$

10 한 개의 주사위를 한 번 던져서 2의 눈이 나올 확률이 $\dfrac{1}{6}$

이므로 2의 눈이 나오는 횟수를 확률변수 X라 하면 X는

이항분포 $B\Big(720, \dfrac{1}{6}\Big)$을 따른다.

$$\therefore E(X)=720 \times \frac{1}{6}=120$$
$$V(X)=720 \times \frac{1}{6} \times \frac{5}{6}=100$$

이때 720은 충분히 큰 수이므로 X는 근사적으로 정규

분포 $N(120, 10^2)$을 따른다.

따라서 $Z=\dfrac{X-120}{10}$으로 놓으면 확률변수 Z는 표준

정규분포 $N(0, 1)$을 따르므로
$$P(110 \le X \le 140)=P\Big(\frac{110-120}{10} \le Z \le \frac{140-120}{10}\Big)$$
$$=P(-1 \le Z \le 2)$$
$$=P(0 \le Z \le 1)+P(0 \le Z \le 2)$$
$$=0.3413+0.4772$$
$$=0.8185$$

11 모집단이 정규분포 $N(10, 4^2)$을 따르고 표본의 크기가

4이므로 표본평균 $\overline{X}$는 정규분포 $N\Big(10, \dfrac{4^2}{4}\Big)$, 즉

$N(10, 2^2)$을 따른다.

$$\therefore m+\sigma=10+2=12$$

12 ㄱ, ㄴ. 모집단이 정규분포 $N(20, 5^2)$을 따르고 표본의

크기가 25이므로 표본평균 $\overline{X}$는 정규분포

$N\Big(20, \dfrac{5^2}{25}\Big)$, 즉 $N(20, 1^2)$을 따른다.

ㄷ. $E(\overline{X})=20$이므로 $P(\overline{X} \le 20)=0.5$

따라서 옳은 것은 ㄴ, ㄷ이다.

1-1 ③	2-1 ④	3-1 ②	4-1 ③
5-1 ⑤	6-1 ④	7-1 ⑤	8-1 ②

1-1 함수 $y=f(x)$의 그래프는 다음 그림과 같다.

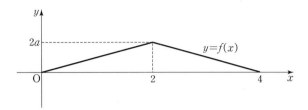

함수 $y=f(x)$의 그래프와 x축으로 둘러싸인 부분의 넓이가 1이므로

$$\frac{1}{2}\times 4\times 2a=1,\ 4a=1 \qquad \therefore a=\frac{1}{4}$$

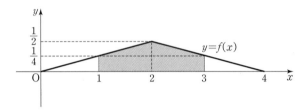

이때 $P(1\leq X\leq 3)$은 함수 $y=f(x)$의 그래프와 x축 및 두 직선 $x=1$, $x=3$으로 둘러싸인 부분의 넓이와 같으므로

$$P(1\leq X\leq 3)$$
$$=\frac{1}{2}\times\left(\frac{1}{4}+\frac{1}{2}\right)\times 1+\frac{1}{2}\times\left(\frac{1}{2}+\frac{1}{4}\right)\times 1=\frac{3}{4}$$

다른 풀이

함수 $y=f(x)$의 그래프와 x축 및 두 직선 $x=0$, $x=4$로 둘러싸인 부분의 넓이가 1이므로

$$\int_0^4 f(x)dx=\int_0^2 ax\,dx+\int_2^4 a(4-x)dx$$
$$=\left[\frac{a}{2}x^2\right]_0^2+\left[4ax-\frac{a}{2}x^2\right]_2^4$$
$$=2a+2a=4a=1$$
$$\therefore a=\frac{1}{4}$$

이때 확률 $P(1\leq X\leq 3)$은 함수 $y=f(x)$의 그래프와 x축 및 두 직선 $x=1$, $x=3$으로 둘러싸인 부분의 넓이와 같으므로

$$P(1\leq X\leq 3)=\int_1^3 f(x)dx$$
$$=\int_1^2 \frac{1}{4}x\,dx+\int_2^3 \frac{1}{4}(4-x)dx$$
$$=\left[\frac{1}{8}x^2\right]_1^2+\left[x-\frac{1}{8}x^2\right]_2^3=\frac{3}{8}+\frac{3}{8}=\frac{3}{4}$$

2-1 ㄱ. $P(m-2\sigma\leq X\leq m+2\sigma)$
$$=P(m-2\sigma\leq X\leq m)+P(m\leq X\leq m+2\sigma)$$
$$=2P(m\leq X\leq m+2\sigma)$$
$$=2\times 0.4772$$
$$=0.9544$$

ㄴ. $P(X\geq m+2\sigma)$
$$=P(X\geq m)-P(m\leq X\leq m+2\sigma)$$
$$=0.5-0.4772=0.0228$$

ㄷ. $P(X\leq m-3\sigma)$
$$=P(X\leq m)-P(m-3\sigma\leq X\leq m)$$
$$=P(X\leq m)-P(m\leq X\leq m+3\sigma)$$
$$=0.5-0.4987=0.0013$$

따라서 옳은 것은 ㄱ, ㄷ이다.

3-1 정규분포 $N(m,\sigma^2)$을 따르는 확률변수 X의 확률밀도 함수의 그래프는 직선 $x=m$에 대하여 대칭이므로 $P(a-1\leq X\leq a+3)$의 값이 최대가 되려면 $a-1$과 $a+3$의 평균이 m이어야 한다. 즉
$$\frac{(a-1)+(a+3)}{2}=m,\ a+1=m$$
$$\therefore a=m-1$$
또 $P(X\geq a+4)=0.0668$에서
$$P(X\geq a+4)=P(X\geq m+3)$$
$$=0.5-P(m\leq X\leq m+3)$$
$$=0.0668$$
$$\therefore P(m\leq X\leq m+3)=0.4332$$
이때 $P(m\leq X\leq m+1.5\sigma)=0.4332$이므로
$$m+3=m+1.5\sigma$$
$$1.5\sigma=3 \qquad \therefore \sigma=2$$

4-1 $Z=\dfrac{X-80}{10}$으로 놓으면 확률변수 Z는 표준정규분포 $N(0,1)$을 따르므로
$$P(|X-75|\leq 10)$$
$$=P(-10\leq X-75\leq 10)$$
$$=P(65\leq X\leq 85)$$
$$=P\left(\frac{65-80}{10}\leq Z\leq \frac{85-80}{10}\right)$$
$$=P(-1.5\leq Z\leq 0.5)$$
$$=P(0\leq Z\leq 1.5)+P(0\leq Z\leq 0.5)$$
$$=0.4332+0.1915$$
$$=0.6247$$

5-1 자두 농장에서 생산되는 자두 한 개의 무게를 확률변수 X라 하면 X는 정규분포 $N(55, 6^2)$을 따른다.

상위 10% 이내에 속하는 자두 한 개의 최소 무게를 a g이라 하면

$P(X \geq a) = 0.1$

이때 $Z = \dfrac{X-55}{6}$로 놓으면 확률변수 Z는 표준정규분포 $N(0, 1)$을 따르므로

$P(X \geq a) = P\left(Z \geq \dfrac{a-55}{6}\right)$

$\qquad = 0.5 - P\left(0 \leq Z \leq \dfrac{a-55}{6}\right) = 0.1$

$\therefore P\left(0 \leq Z \leq \dfrac{a-55}{6}\right) = 0.4$

즉 $P(0 \leq Z \leq 1.28) = 0.4$이므로

$\dfrac{a-55}{6} = 1.28$

$\therefore a = 62.68$

6-1 스마트폰을 소유한 초등학생의 수를 확률변수 X라 하면 X는 이항분포 $B(600, 0.6)$을 따른다.

$\therefore E(X) = 600 \times 0.6 = 360,$

$\quad V(X) = 600 \times 0.6 \times 0.4 = 144$

이때 600은 충분히 큰 수이므로 확률변수 X는 근사적으로 정규분포 $N(360, 12^2)$을 따른다.

따라서 $Z = \dfrac{X-360}{12}$으로 놓으면 확률변수 Z는 표준정규분포 $N(0, 1)$을 따르므로

$P(336 \leq X \leq 348)$

$= P\left(\dfrac{336-360}{12} \leq Z \leq \dfrac{348-360}{12}\right)$

$= P(-2 \leq Z \leq -1) = P(1 \leq Z \leq 2)$

$= P(0 \leq Z \leq 2) - P(0 \leq Z \leq 1)$

$= 0.4772 - 0.3413$

$= 0.1359$

7-1 모집단이 정규분포 $N(52, 6^2)$을 따르고 표본의 크기가 9이므로 표본평균 $\overline{X}$는 정규분포 $N\left(52, \dfrac{6^2}{9}\right)$,

즉 $N(52, 2^2)$을 따른다.

이때 $Z = \dfrac{\overline{X}-52}{2}$로 놓으면 확률변수 Z는 표준정규분포 $N(0, 1)$을 따르므로

$P(53 \leq \overline{X} \leq 56) = P\left(\dfrac{53-52}{2} \leq Z \leq \dfrac{56-52}{2}\right)$

$\qquad = P(0.5 \leq Z \leq 2)$

$\qquad = P(0 \leq Z \leq 2) - P(0 \leq Z \leq 0.5)$

$\qquad = 0.4772 - 0.1915 = 0.2857$

8-1 표본평균이 35, 모표준편차가 5, 표본의 크기가 100이므로 모평균 m의 신뢰도 95%인 신뢰구간은

$35 - 1.96 \times \dfrac{5}{\sqrt{100}} \leq m \leq 35 + 1.96 \times \dfrac{5}{\sqrt{100}}$

$35 - 1.96 \times \dfrac{1}{2} \leq m \leq 35 + 1.96 \times \dfrac{1}{2}$

$\therefore 34.02 \leq m \leq 35.98$

DAY 2 필수 체크 전략 ② | 44~45쪽

| 01 ④ | 02 ④ | 03 ⑤ | 04 ③ |
| 05 ③ | 06 ① | 07 ① | 08 ② |

01 함수 $y = f(x)$의 그래프는 다음 그림과 같다.

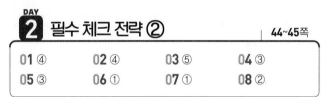

함수 $y = f(x)$의 그래프와 x축 및 직선 $x = 2k$로 둘러싸인 부분의 넓이가 1이므로

$\dfrac{1}{2} \times k \times \dfrac{4}{5}k + (2k-k) \times \dfrac{4}{5}k = 1 \qquad \therefore k^2 = \dfrac{5}{6}$

이때 $P(0 \leq X \leq k)$는 함수 $y = f(x)$의 그래프와 x축 및 직선 $x = k$로 둘러싸인 부분의 넓이와 같으므로

$P(0 \leq X \leq k) = \dfrac{1}{2} \times k \times \dfrac{4}{5}k = \dfrac{2}{5}k^2 = \dfrac{2}{5} \times \dfrac{5}{6} = \dfrac{1}{3}$

$\therefore P(0 \leq X \leq k) + k^2 = \dfrac{1}{3} + \dfrac{5}{6} = \dfrac{7}{6}$

02 정규분포 $N(m, \sigma^2)$을 따르는 확률변수 X의 확률밀도함수의 그래프는 직선 $x = m$에 대하여 대칭이므로 $P(a-2 \leq X \leq a+4)$의 값이 최대가 되려면 $a-2$와 $a+4$의 평균이 m이어야 한다. 즉

$$\frac{(a-2)+(a+4)}{2}=m,\ a+1=m \qquad \therefore a=m-1$$

또 $\mathrm{P}(X\geq a+5)=0.0228$에서

$$\mathrm{P}(X\geq a+5)=\mathrm{P}(X\geq m+4)$$
$$=0.5-\mathrm{P}(m\leq X\leq m+4)$$
$$=0.0228$$
$$\therefore \mathrm{P}(m\leq X\leq m+4)=0.4772$$

이때 $\mathrm{P}(m\leq X\leq m+2\sigma)=0.4772$이므로

$$m+4=m+2\sigma$$
$$2\sigma=4 \qquad \therefore \sigma=2$$

03 $Z_X=\dfrac{X-m}{3}$, $Z_Y=\dfrac{Y-2m}{2}$으로 놓으면 두 확률변수 Z_X, Z_Y는 모두 표준정규분포 $\mathrm{N}(0,\ 1)$을 따른다.

이때

$$\mathrm{P}(X\leq 2m+2)=\mathrm{P}\left(Z_X\leq \frac{2m+2-m}{3}\right)$$
$$=\mathrm{P}\left(Z_X\leq \frac{m+2}{3}\right)$$

$$\mathrm{P}(Y\geq 4m-12)=\mathrm{P}\left(Z_Y\geq \frac{4m-12-2m}{2}\right)$$
$$=\mathrm{P}(Z_Y\geq m-6)$$
$$=\mathrm{P}(Z_Y\leq -m+6)$$

이므로 $\mathrm{P}(X\leq 2m+2)=\mathrm{P}(Y\geq 4m-12)$에서

$$\frac{m+2}{3}=-m+6$$
$$4m=16 \qquad \therefore m=4$$

04 $Z_X=\dfrac{X-21}{a}$, $Z_Y=\dfrac{Y-40}{b}$으로 놓으면 두 확률변수 Z_X, Z_Y는 모두 표준정규분포 $\mathrm{N}(0,\ 1)$을 따른다.

이때 $\mathrm{P}(X\geq 27)>\mathrm{P}(Y\geq 46)$이므로

$\mathrm{P}(21\leq X\leq 27)<\mathrm{P}(40\leq Y\leq 46)$에서

$$\mathrm{P}\left(\frac{21-21}{a}\leq Z_X\leq \frac{27-21}{a}\right)$$
$$<\mathrm{P}\left(\frac{40-40}{b}\leq Z_Y\leq \frac{46-40}{b}\right)$$

$$\mathrm{P}\left(0\leq Z_X\leq \frac{6}{a}\right)<\mathrm{P}\left(0\leq Z_Y\leq \frac{6}{b}\right)$$

즉 $\dfrac{6}{a}<\dfrac{6}{b}$이므로 $a>b$ $\qquad \cdots\cdots$ ㉠

$$\mathrm{P}(20\leq X\leq 22)=\mathrm{P}\left(\frac{20-21}{a}\leq Z_X\leq \frac{22-21}{a}\right)$$
$$=\mathrm{P}\left(-\frac{1}{a}\leq Z_X\leq \frac{1}{a}\right)$$
$$=2\mathrm{P}\left(0\leq Z_X\leq \frac{1}{a}\right)$$

$$\mathrm{P}(39\leq Y\leq 41)=\mathrm{P}\left(\frac{39-40}{b}\leq Z_Y\leq \frac{41-40}{b}\right)$$
$$=\mathrm{P}\left(-\frac{1}{b}\leq Z_Y\leq \frac{1}{b}\right)$$
$$=2\mathrm{P}\left(0\leq Z_Y\leq \frac{1}{b}\right)$$

이때 ㉠에서 $\mathrm{P}\left(0\leq Z_X\leq \dfrac{1}{a}\right)<\mathrm{P}\left(0\leq Z_Y\leq \dfrac{1}{b}\right)$이므로

$\mathrm{P}(39\leq Y\leq 41)>\mathrm{P}(20\leq X\leq 22)$ $\qquad \cdots\cdots$ ㉡

㉠, ㉡에서 가장 큰 값은 $\mathrm{P}(39\leq Y\leq 41)+a$이다.

[오답 피하기]

$$\mathrm{P}(40\leq Y\leq 41)=\mathrm{P}\left(\frac{40-40}{b}\leq Z_Y\leq \frac{41-40}{b}\right)$$
$$=\mathrm{P}\left(0\leq Z_Y\leq \frac{1}{b}\right)$$
$$\therefore \mathrm{P}(40\leq Y\leq 41)<\mathrm{P}(39\leq Y\leq 41)$$

05 평균이 m_X, 표준편차가 σ_X인 정규분포를 따르는 연속확률변수 X의 정규분포곡선은 평균 m_X의 값이 일정할 때, σ_X의 값이 커지면 곡선의 중앙 부분이 낮아지면서 양쪽으로 퍼지고, σ_X의 값이 작아지면 곡선의 중앙 부분이 높아지면서 뾰족해진다.

또 표준편차 σ_X의 값이 일정할 때, m_X의 값에 따라 대칭축의 위치는 바뀌지만 곡선의 모양은 같다.

이때 대칭축이 오른쪽에 있을수록 평균이 크므로 세 함수 $y=f(x)$, $y=g(x)$, $y=h(x)$의 그래프를 차례대로 나열하면 B, D, A이다.

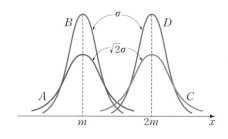

06 확률변수 X는 이항분포 $\mathrm{B}\left(n,\ \dfrac{1}{5}\right)$를 따르므로

$$\mathrm{E}(X)=n\times \frac{1}{5}=\frac{n}{5},\ \sigma(X)=\sqrt{n\times \frac{1}{5}\times \frac{4}{5}}=\frac{2}{5}\sqrt{n}$$

$\sigma(X)=6$에서 $\dfrac{2}{5}\sqrt{n}=6$

$$\sqrt{n}=15 \qquad \therefore n=225$$

$$\therefore \mathrm{E}(X)=225\times\frac{1}{5}=45$$

이때 225는 충분히 큰 수이므로 확률변수 X는 근사적으로 정규분포 $\mathrm{N}(45,\,6^2)$을 따른다.

따라서 $Z=\dfrac{X-45}{6}$로 놓으면 확률변수 Z는 표준정규분포 $\mathrm{N}(0,\,1)$을 따르므로

$$\begin{aligned}\mathrm{P}(X\geq60)&=\mathrm{P}\!\left(Z\geq\frac{60-45}{6}\right)\\&=\mathrm{P}(Z\geq2.5)\\&=0.5-\mathrm{P}(0\leq Z\leq2.5)\\&=0.5-0.4938\\&=0.0062\end{aligned}$$

07 확률변수 X는 정규분포 $\mathrm{N}(m,\,2^2)$을 따르므로 크기가 16인 표본을 임의추출한 표본평균 $\overline{X}$는 정규분포 $\mathrm{N}\!\left(m,\,\dfrac{2^2}{16}\right)$, 즉 $\mathrm{N}\!\left(m,\,\left(\dfrac{1}{2}\right)^2\right)$을 따른다.

$Z_X=\dfrac{X-m}{2}$, $Z_{\overline{X}}=\dfrac{\overline{X}-m}{\dfrac{1}{2}}$으로 놓으면 두 확률변수 Z_X, $Z_{\overline{X}}$는 모두 표준정규분포 $\mathrm{N}(0,\,1)$을 따른다.

이때 $\mathrm{P}(X\geq30)=\mathrm{P}(\overline{X}\leq25)$이므로

$$\mathrm{P}\!\left(Z_X\geq\frac{30-m}{2}\right)=\mathrm{P}\!\left(Z_{\overline{X}}\leq\frac{25-m}{\dfrac{1}{2}}\right)$$

$$\frac{30-m}{2}=-\frac{25-m}{\dfrac{1}{2}},\ \frac{30-m}{2}=-2(25-m)$$

$$30-m=-4(25-m),\ 30-m=-100+4m$$

$$5m=130\qquad\therefore m=26$$

08 표본평균이 $\overline{x}$, 모표준편차가 1.4, 표본의 크기가 49이므로 모평균 m의 신뢰도 95 %의 신뢰구간은

$$\overline{x}-1.96\times\frac{1.4}{\sqrt{49}}\leq m\leq\overline{x}+1.96\times\frac{1.4}{\sqrt{49}}$$

이때

$$\begin{aligned}7.992-a&=\left(\overline{x}+1.96\times\frac{1.4}{\sqrt{49}}\right)-\left(\overline{x}-1.96\times\frac{1.4}{\sqrt{49}}\right)\\&=2\times1.96\times\frac{1.4}{\sqrt{49}}\\&=0.784\end{aligned}$$

이므로 $a=7.992-0.784=7.208$

$\overline{x}-1.96\times\dfrac{1.4}{\sqrt{49}}\leq m\leq\overline{x}+1.96\times\dfrac{1.4}{\sqrt{49}}$ 는 $a\leq m\leq7.992$와 일치하므로

$$\overline{x}+1.96\times\frac{1.4}{\sqrt{49}}=7.992$$

$$\overline{x}+0.392=7.992\qquad\therefore\overline{x}=7.6$$

$$\begin{aligned}\therefore a&=\overline{x}-1.96\times\frac{1.4}{\sqrt{49}}\\&=7.6-0.392\\&=7.208\end{aligned}$$

DAY 3 필수 체크 전략 ① | *46~49쪽*

| 1-1 1 | 2-1 35 | 3-1 ⑤ | 4-1 ④ |
| 5-1 0.8413 | 6-1 332 | 7-1 0.8413 | 8-1 0.0062 |

1-1 조건 ㈎에서 함수 $y=f(x)$의 그래프는 y축에 대하여 대칭이므로

$$\int_{-2}^{2}f(x)dx=2\int_{0}^{2}f(x)dx=1$$

$$\therefore\int_{0}^{2}f(x)dx=\frac{1}{2}\qquad\cdots\cdots\text{㉠}$$

또 $\displaystyle\int_{-2}^{-1}f(x)dx=\int_{1}^{2}f(x)dx$이므로 조건 ㈏에서

$$\int_{0}^{1}f(x)dx=4\int_{-2}^{-1}f(x)dx=4\int_{1}^{2}f(x)dx$$

이때

$$\begin{aligned}\int_{0}^{2}f(x)dx&=\int_{0}^{1}f(x)dx+\int_{1}^{2}f(x)dx\\&=4\int_{1}^{2}f(x)dx+\int_{1}^{2}f(x)dx\\&=5\int_{1}^{2}f(x)dx\end{aligned}$$

㉠에서 $\displaystyle 5\int_{1}^{2}f(x)dx=\frac{1}{2}\qquad\therefore\int_{1}^{2}f(x)dx=\frac{1}{10}$

$$\therefore10\mathrm{P}(1\leq X\leq2)=10\int_{1}^{2}f(x)dx=10\times\frac{1}{10}=1$$

2-1 정규분포를 따르는 두 확률변수 X, Y에 대하여 평균은 다르지만 표준편차는 같으므로 확률밀도함수 $f(x)$, $g(x)$의 그래프의 대칭축의 위치는 다르지만 모양은 같다.

두 확률변수 X, Y는 각각 정규분포 $N(20, 5^2)$,
$N(m, 5^2)$을 따르므로
$P(X \leq 20) = 0.5$, $P(Y \geq m) = 0.5$
이때 조건 ㈎에서 $P(X \leq 20) \leq P(Y \geq 30)$이므로
$0.5 \leq P(Y \geq 30)$ ∴ $m \geq 30$
두 함수 $y = f(x)$, $y = g(x)$의 그래프는 다음 그림과 같다.

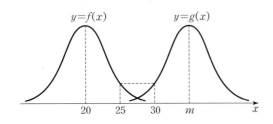

조건 ㈏에서 $f(25) = g(30)$이므로
$25 - 20 = m - 30$ ∴ $m = 35$

3-1 $Z = \dfrac{X-m}{\sigma}$으로 놓으면 확률변수 Z는 표준정규분포
$N(0, 1)$을 따른다.

이때 $P(X \leq 3) = 0.3$에서
$P\left(Z \leq \dfrac{3-m}{\sigma}\right) = P\left(Z \geq \dfrac{m-3}{\sigma}\right)$
$\qquad\qquad\qquad = 0.5 - P\left(0 \leq Z \leq \dfrac{m-3}{\sigma}\right)$
$\qquad\qquad\qquad = 0.3$
∴ $P\left(0 \leq Z \leq \dfrac{m-3}{\sigma}\right) = 0.2$

즉 $P(0 \leq Z \leq 0.52) = 0.2$에서 $\dfrac{m-3}{\sigma} = 0.52$이므로

$m = 3 + 0.52\sigma$ ······ ㉠

또 $P(3 \leq X \leq 80) = 0.3$에서
$P\left(\dfrac{3-m}{\sigma} \leq Z \leq \dfrac{80-m}{\sigma}\right)$
$= P\left(\dfrac{3-m}{\sigma} \leq Z \leq 0\right) + P\left(0 \leq Z \leq \dfrac{80-m}{\sigma}\right)$
$= P\left(0 \leq Z \leq \dfrac{m-3}{\sigma}\right) + P\left(0 \leq Z \leq \dfrac{80-m}{\sigma}\right)$
$= 0.2 + P\left(0 \leq Z \leq \dfrac{80-m}{\sigma}\right) = 0.3$
∴ $P\left(0 \leq Z \leq \dfrac{80-m}{\sigma}\right) = 0.1$

즉 $P(0 \leq Z \leq 0.25) = 0.1$에서 $\dfrac{80-m}{\sigma} = 0.25$이므로

$m = 80 - 0.25\sigma$ ······ ㉡

㉠, ㉡을 연립하여 풀면

$m = 55$, $\sigma = 100$
∴ $m + \sigma = 55 + 100 = 155$

오답 피하기
$P(X \leq 3) + P(3 \leq X \leq 80) = 0.3 + 0.3 = 0.60$이므로
$3 < m < 80$

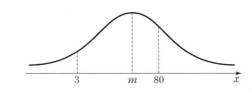

4-1 이 식품 공장에서 생산하는 벌꿀 제품 한 개의 무게를 확률변수 X라 하면 X는 정규분포 $N(400, 8^2)$을 따른다.
$Z = \dfrac{X-400}{8}$으로 놓으면 확률변수 Z는 표준정규분포
$N(0, 1)$을 따르므로
$P(X \geq 404) = P\left(Z \geq \dfrac{404-400}{8}\right)$
$\qquad\qquad = P(Z \geq 0.5)$
$\qquad\qquad = 0.5 - P(0 \leq Z \leq 0.5)$
$\qquad\qquad = 0.5 - 0.1915$
$\qquad\qquad = 0.3085$

5-1 B사의 제품을 선택할 확률이 $\dfrac{20}{100} = \dfrac{1}{5}$이므로 900명의
고객 중에서 B사의 제품을 선택하는 고객의 수를 확률변수 X라 하면 X는 이항분포 $B\left(900, \dfrac{1}{5}\right)$을 따른다.
∴ $E(X) = 900 \times \dfrac{1}{5} = 180$
$\quad V(X) = 900 \times \dfrac{1}{5} \times \dfrac{4}{5} = 144$
이때 900은 충분히 큰 수이므로 확률변수 X는 근사적으로 정규분포 $N(180, 12^2)$을 따른다.
$Z = \dfrac{X-180}{12}$으로 놓으면 확률변수 Z는 표준정규분포
$N(0, 1)$을 따르므로
$P(X \geq 168) = P\left(Z \geq \dfrac{168-180}{12}\right)$
$\qquad\qquad = P(Z \geq -1)$
$\qquad\qquad = P(0 \leq Z \leq 1) + 0.5$
$\qquad\qquad = 0.3413 + 0.5$
$\qquad\qquad = 0.8413$

$P(Z \geq -1)$
$= P(-1 \leq Z \leq 0) + P(Z \geq 0)$
$= P(0 \leq Z \leq 1) + 0.5$야.

$Z = \dfrac{X - 320}{16}$으로 놓으면 확률변수 Z는 표준정규분포

$N(0, 1)$을 따른다.

따라서 게임을 1600번 시행 후 얻은 점수는

$10X + (-2) \times (1600 - X) = 12X - 3200$이므로

$P(12X - 3200 \leq 832) = P(X \leq 336)$

$$= P\left(Z \leq \dfrac{336 - 320}{16}\right)$$
$$= P(Z \leq 1)$$
$$= 0.5 + P(0 \leq Z \leq 1)$$
$$= 0.5 + 0.3413$$
$$= 0.8413$$

6-1 변호사 시험에 합격할 확률이 $\dfrac{80}{100} = \dfrac{4}{5}$이므로 400명의 응시자 중에서 합격하는 학생의 수를 확률변수 X라 하면 X는 이항분포 $B\left(400, \dfrac{4}{5}\right)$를 따른다.

$\therefore E(X) = 400 \times \dfrac{4}{5} = 320$

$V(X) = 400 \times \dfrac{4}{5} \times \dfrac{1}{5} = 64$

이때 400은 충분히 큰 수이므로 확률변수 X는 근사적으로 정규분포 $N(320, 8^2)$을 따른다.

$Z = \dfrac{X - 320}{8}$으로 놓으면 확률변수 Z는 표준정규분포

$N(0, 1)$을 따르므로

$P(X \geq k) = P\left(Z \geq \dfrac{k - 320}{8}\right) = 0.07$에서

$P\left(Z \geq \dfrac{k - 320}{8}\right) = 0.5 - P\left(0 \leq Z \leq \dfrac{k - 320}{8}\right)$
$\qquad\qquad\qquad = 0.07$

즉 $P\left(0 \leq Z \leq \dfrac{k - 320}{8}\right) = 0.43$이므로

$\dfrac{k - 320}{8} = 1.5$, $k - 320 = 12$

$\therefore k = 332$

8-1 임의로 선택한 한 세트에 들어 있는 볼펜 16개의 무게의 평균을 $\overline{X}$라 하면 모집단이 정규분포 $N(37, 2^2)$을 따르고 표본의 크기가 16이므로 표본평균 $\overline{X}$는 정규분포 $N\left(37, \dfrac{2^2}{16}\right)$, 즉 $N(37, 0.5^2)$을 따른다.

$Z = \dfrac{\overline{X} - 37}{0.5}$로 놓으면 확률변수 Z는 표준정규분포

$N(0, 1)$을 따르므로

$P(16\overline{X} \leq 572) = P(\overline{X} \leq 35.75)$

$$= P\left(Z \leq \dfrac{35.75 - 37}{0.5}\right)$$
$$= P(Z \leq -2.5)$$
$$= 0.5 - P(0 \leq Z \leq 2.5)$$
$$= 0.5 - 0.4938$$
$$= 0.0062$$

DAY 3 필수 체크 전략 ② | 50~51쪽

01 ②	**02** 9	**03** ⑤	**04** ①
05 ④	**06** ③	**07** ①	**08** 905

01 함수 $y = f(x)$의 그래프와 x축 및 직선 $x = 0$으로 둘러싸인 부분의 넓이가 1이므로

$\dfrac{1}{2} \times (b + 2b) \times a + \dfrac{1}{2} \times (3 - a) \times 2b$

$= \dfrac{3}{2}ab + 3b - ab$

$= \dfrac{ab}{2} + 3b = 1$

7-1 게임을 1600번 시행하여 10점을 얻은 횟수를 확률변수 X라 하면 X는 이항분포 $B\left(1600, \dfrac{1}{5}\right)$을 따른다.

$\therefore E(X) = 1600 \times \dfrac{1}{5} = 320$

$V(X) = 1600 \times \dfrac{1}{5} \times \dfrac{4}{5} = 256$

이때 1600은 충분히 큰 수이므로 확률변수 X는 근사적으로 정규분포 $N(320, 16^2)$을 따른다.

$\therefore ab+6b=2$ ······㉠

또 $\mathrm{P}(0\leq X\leq a)$는 함수 $y=f(x)$의 그래프와 x축 및 두 직선 $x=0$, $x=a$로 둘러싸인 부분의 넓이와 같으므로

$\dfrac{1}{2}\times(b+2b)\times a=\dfrac{2}{3}$

$\therefore ab=\dfrac{4}{9}$ ······㉡

㉠, ㉡을 연립하여 풀면

$a=\dfrac{12}{7}$, $b=\dfrac{7}{27}$

$\therefore 7a-9b=7\times\dfrac{12}{7}-9\times\dfrac{7}{27}=\dfrac{29}{3}$

02 확률변수 X의 확률밀도함수를 $f(x)$라 하면 X가 평균이 36인 정규분포를 따르므로 함수 $y=f(x)$의 그래프는 직선 $x=36$에 대하여 대칭이다.

이때

$\mathrm{P}(30\leq X\leq 33)=\mathrm{P}(36-6\leq X\leq 36-3)$
$\qquad\qquad\qquad\quad=\mathrm{P}(36+3\leq X\leq 36+6)$
$\qquad\qquad\qquad\quad=\mathrm{P}(39\leq X\leq 42)$
$\qquad\qquad\qquad\quad=\mathrm{P}(30+9\leq X\leq 33+9)$

이므로 $a=9$

<u>오답 피하기</u>

확률변수 X의 평균이 36이므로 $\mathrm{P}(30\leq X\leq 33)$과 $\mathrm{P}(39\leq X\leq 42)$는 각각 다음 그림의 색칠한 부분과 같다.

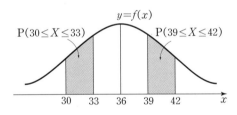

03 모든 실수 x에 대하여 $f(x-2)=g(x+2)$이므로 $f(x)=g(x+4)$이다. 즉 함수 $y=f(x)$의 그래프는 함수 $y=g(x)$의 그래프를 x축의 방향으로 -4만큼 평행이동한 것이므로 $Y=X+4$이다.

확률변수 X의 평균과 표준편차를 각각 m, σ라 하자.

ㄱ. 함수 $y=f(x)$의 그래프는 직선 $x=m$에 대하여 대칭이므로 함수 $y=g(x)$의 그래프는 직선 $x=m+4$에 대하여 대칭이다.

$\therefore \mathrm{E}(Y)=m+4$

이때

$\mathrm{E}(2X+3)=2\mathrm{E}(X)+3=2m+3$
$\mathrm{E}(2Y-5)=2\mathrm{E}(Y)-5=2(m+4)-5=2m+3$

이므로 $\mathrm{E}(2X+3)=\mathrm{E}(2Y-5)$

ㄴ. 함수 $y=f(x)$의 그래프는 함수 $y=g(x)$의 그래프를 x축의 방향으로 -4만큼 평행이동한 것이므로 두 확률변수 X, Y의 표준편차는 같다.

$\therefore \mathrm{V}(X)=\mathrm{V}(Y)=\sigma^2$

이때

$\mathrm{V}(2X+1)=2^2\mathrm{V}(X)=4\mathrm{V}(X)=4\sigma^2$
$\mathrm{V}(-2Y+3)=(-2)^2\mathrm{V}(Y)=4\mathrm{V}(Y)=4\sigma^2$

이므로

$\mathrm{V}(2X+1)=\mathrm{V}(-2Y+3)$

ㄷ. $Y=X+4$이므로

$\mathrm{P}(a\leq Y\leq a+4)=\mathrm{P}(a\leq X+4\leq a+4)$
$\qquad\qquad\qquad\qquad=\mathrm{P}(a-4\leq X\leq a)$

따라서 옳은 것은 ㄱ, ㄴ, ㄷ이다.

04 확률의 총합은 1이므로

$a+b+\dfrac{1}{2}=1$ $\qquad\therefore a+b=\dfrac{1}{2}$ ······㉠

또 $\mathrm{E}(\overline{X})=\mathrm{E}(X)=\dfrac{7}{2}$이므로

$1\times a+3\times b+5\times\dfrac{1}{2}=a+3b+\dfrac{5}{2}=\dfrac{7}{2}$

$\therefore a+3b=1$ ······㉡

㉠, ㉡을 연립하여 풀면

$a=\dfrac{1}{4}$, $b=\dfrac{1}{4}$

이때

$\mathrm{V}(X)=\mathrm{E}(X^2)-\{\mathrm{E}(X)\}^2$
$\qquad\quad=1^2\times\dfrac{1}{4}+3^2\times\dfrac{1}{4}+5^2\times\dfrac{1}{2}-\left(\dfrac{7}{2}\right)^2$
$\qquad\quad=\dfrac{11}{4}$

이므로 $\mathrm{V}(\overline{X})=\dfrac{\dfrac{11}{4}}{4}=\dfrac{11}{16}$

05 모집단이 정규분포 $\mathrm{N}(30,\ a^2)$을 따르고 표본의 크기가 16이므로 표본평균 $\overline{X}$는 정규분포 $\mathrm{N}\left(30,\ \dfrac{a^2}{16}\right)$, 즉

$N\left(30,\ \left(\dfrac{a}{4}\right)^2\right)$을 따른다.

$Z=\dfrac{\overline{X}-30}{\dfrac{a}{4}}$으로 놓으면 확률변수 Z는 표준정규분포

$N(0,\ 1)$을 따른다.

이때

$$P(\overline{X}\le 32)=P\left(Z\le\dfrac{32-30}{\dfrac{a}{4}}\right)$$

$$=P\left(Z\le\dfrac{8}{a}\right)$$

$$=0.5+P\left(0\le Z\le\dfrac{8}{a}\right)$$

$$=0.8413$$

이므로 $P\left(0\le Z\le\dfrac{8}{a}\right)=0.3413$

즉 $P(0\le Z\le 1)=0.3413$이므로

$\dfrac{8}{a}=1$

$\therefore a=8$

06 이 공장에서 생산하는 지우개 한 개의 무게를 확률변수 X라 하면 X는 정규분포 $N(20,\ 2^2)$을 따르고 표본의 크기가 16이므로 표본평균 $\overline{X}$는 정규분포 $N\left(20,\ \dfrac{2^2}{16}\right)$, 즉 $N(20,\ 0.5^2)$을 따른다.

$Z=\dfrac{\overline{X}-20}{0.5}$으로 놓으면 확률변수 Z는 표준정규분포

$N(0,\ 1)$을 따르므로

$P(312\le 16\overline{X}\le 340)$

$=P(19.5\le \overline{X}\le 21.25)$

$=P\left(\dfrac{19.5-20}{0.5}\le Z\le\dfrac{21.25-20}{0.5}\right)$

$=P(-1\le Z\le 2.5)$

$=P(0\le Z\le 1)+P(0\le Z\le 2.5)$

$=0.3413+0.4938$

$=0.8351$

07 표본평균이 $\overline{x}$, 모표준편차가 2.4, 표본의 크기가 64이므로 모평균 m의 신뢰도 95 %의 신뢰구간은

$\overline{x}-1.96\times\dfrac{2.4}{\sqrt{64}}\le m\le \overline{x}+1.96\times\dfrac{2.4}{\sqrt{64}}$

이때

$7.992-a=\left(\overline{x}+1.96\times\dfrac{2.4}{\sqrt{64}}\right)-\left(\overline{x}-1.96\times\dfrac{2.4}{\sqrt{64}}\right)$

$=2\times 1.96\times\dfrac{2.4}{\sqrt{64}}$

$=1.176$

이므로

$a=7.992-1.176=6.816$

08 표본평균이 $\overline{x}$, 모표준편차가 40, 표본의 크기가 n이므로 모평균 m의 신뢰도 95 %인 신뢰구간은

$\overline{x}-1.96\times\dfrac{40}{\sqrt{n}}\le m\le \overline{x}+1.96\times\dfrac{40}{\sqrt{n}}$

$\overline{x}-\dfrac{78.4}{\sqrt{n}}\le m\le \overline{x}+\dfrac{78.4}{\sqrt{n}}$

이때

$\overline{x}-\dfrac{78.4}{\sqrt{n}}=501.08,\ \overline{x}+\dfrac{78.4}{\sqrt{n}}=508.92$

이므로

$2\overline{x}=1010$　　$\therefore \overline{x}=505$

또 $505+\dfrac{78.4}{\sqrt{n}}=508.92$이므로

$\dfrac{78.4}{\sqrt{n}}=3.92,\ \sqrt{n}=20$　　$\therefore n=400$

$\therefore \overline{x}+n=505+400=905$

누구나 합격 전략　　|52~53쪽|

| **01** ④ | **02** ② | **03** ② | **04** ① |
| **05** ③ | **06** ④ | **07** ① | **08** ④ |

01 함수 $y=f(x)$의 그래프는 다음 그림과 같다.

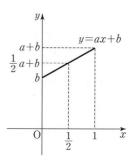

함수 $y=f(x)$의 그래프와 x축 및 두 직선 $x=0$, $x=1$
로 둘러싸인 부분의 넓이가 1이므로

$\frac{1}{2} \times \{b+(a+b)\} \times 1=1$, $a+2b=2$ ······㉠

이때 $P\left(0 \leq X \leq \frac{1}{2}\right)$은 함수 $y=f(x)$의 그래프와 x축
및 두 직선 $x=0$, $x=\frac{1}{2}$로 둘러싸인 부분의 넓이와 같
으므로

$P\left(0 \leq X \leq \frac{1}{2}\right)=\frac{1}{2} \times \left\{b+\left(\frac{1}{2}a+b\right)\right\} \times \frac{1}{2}$

$=\frac{1}{8}a+\frac{1}{2}b=\frac{3}{8}$

$\therefore a+4b=3$ ······㉡

㉠, ㉡을 연립하여 풀면

$a=1$, $b=\frac{1}{2}$

$\therefore a+4b=1+4 \times \frac{1}{2}=3$

02 평균이 작을수록 확률밀도함수의 그래프의 대칭축이
왼쪽에 있으므로 평균이 가장 작은 것은 A이다.
또 표준편차가 클수록 확률밀도함수의 그래프의 높이
는 낮아지고 양쪽으로 퍼지므로 표준편차가 가장 큰 것
은 C이다.

03 확률변수 X가 정규분포 $N(6, 2^2)$을 따르므로

$m=6$, $\sigma=2$

ㄱ. $P(4 \leq X \leq 8)$

$=P(6-2 \leq X \leq 6+2)$

$=P(m-\sigma \leq X \leq m+\sigma)$

$=P(m-\sigma \leq X \leq m)+P(m \leq X \leq m+\sigma)$

$=2P(m \leq X \leq m+\sigma)$

$=2 \times 0.3413=0.6826$

ㄴ. $P(X \geq 12)=P(X \geq 6+3 \times 2)$

$=P(X \geq m+3\sigma)$

$=P(X \geq m)-P(m \leq X \leq m+3\sigma)$

$=0.5-0.4987=0.0013$

ㄷ. $P(X \leq 10)=P(X \leq 6+2 \times 2)$

$=P(X \leq m+2\sigma)$

$=P(X \leq m)+P(m \leq X \leq m+2\sigma)$

$=0.5+0.4772=0.9772$

따라서 옳은 것은 ㄱ, ㄴ이다.

04 $Z_X=\frac{X-100}{2}$으로 놓으면 확률변수 Z_X는 표준정규
분포 $N(0, 1)$을 따르므로

$P(96 \leq X \leq k)=P\left(\frac{96-100}{2} \leq Z_X \leq \frac{k-100}{2}\right)$

$=P\left(-2 \leq Z_X \leq \frac{k-100}{2}\right)$

$=P\left(\frac{100-k}{2} \leq Z_X \leq 2\right)$

또 $Z_Y=\frac{Y-118}{4}$로 놓으면 확률변수 Z_Y는 표준정규
분포 $N(0, 1)$을 따르므로

$P(k \leq Y \leq 126)=P\left(\frac{k-118}{4} \leq Z_Y \leq \frac{126-118}{4}\right)$

$=P\left(\frac{k-118}{4} \leq Z_Y \leq 2\right)$

이때 $P(96 \leq X \leq k)=P(k \leq Y \leq 126)$이므로

$P\left(\frac{100-k}{2} \leq Z_X \leq 2\right)=P\left(\frac{k-118}{4} \leq Z_Y \leq 2\right)$에서

$\frac{100-k}{2}=\frac{k-118}{4}$, $3k=318$ $\therefore k=106$

05 $Z=\frac{X-m}{\sigma}$으로 놓으면 확률변수 Z는 표준정규분포
$N(0, 1)$을 따른다.

ㄱ. $f(m)=P(X \leq m)=P\left(Z \leq \frac{m-m}{\sigma}\right)$

$=P(Z \leq 0)=0.5$

ㄴ. $f(m)+f(-m)$

$=P(X \leq m)+P(X \leq -m)$

$=P(Z \leq 0)+P\left(Z \leq \frac{-2m}{\sigma}\right)$

$=0.5+P\left(Z \leq \frac{-2m}{\sigma}\right)$

이때 m, σ의 값에 따라 $P\left(Z \leq \frac{-2m}{\sigma}\right)$의 값이 달
라지므로 $f(m)+f(-m) \neq 1$

ㄷ. $f(m+k)+f(m-k)$

$=P(X \leq m+k)+P(X \leq m-k)$

$=P\left(Z \leq \frac{k}{\sigma}\right)+P\left(Z \leq \frac{-k}{\sigma}\right)$

$=P\left(Z \leq \frac{k}{\sigma}\right)+P\left(Z \geq \frac{k}{\sigma}\right)$

$=1$

따라서 옳은 것은 ㄱ, ㄷ이다.

06 확률변수 X가 정규분포 $N(m, \sigma^2)$을 따르므로 X의 확률밀도함수의 그래프는 다음 그림과 같이 직선 $x=m$에 대하여 대칭이다. 즉 조건 (가)에서
$P(X \leq 30) + P(X \leq 20) = 1$이므로
$$m = \frac{20+30}{2} = 25$$

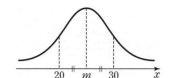

$Z = \dfrac{X-m}{\sigma}$으로 놓으면 확률변수 Z는 표준정규분포
$N(0, 1)$을 따르고 조건 (나)에서
$P(X \geq 21) = P(Z \leq 2)$이므로
$$P\left(Z \geq \frac{21-25}{\sigma}\right) = P(Z \leq 2)$$
$$P\left(Z \geq -\frac{4}{\sigma}\right) = P(Z \leq 2)$$
$$P\left(Z \leq \frac{4}{\sigma}\right) = P(Z \leq 2)$$
$$\frac{4}{\sigma} = 2 \qquad \therefore \sigma = 2$$
$$\therefore m + \sigma = 25 + 2 = 27$$

07 이 공장에서 생산하는 고양이 사료 한 봉지의 무게를 확률변수 X라 하면 X는 정규분포 $N(300, \sigma^2)$을 따른다.
$Z = \dfrac{X-300}{\sigma}$으로 놓으면 확률변수 Z는 표준정규분포
$N(0, 1)$을 따르므로
$$
\begin{aligned}
P(X \leq 309) &= P\left(Z \leq \frac{309-300}{\sigma}\right) \\
&= P\left(Z \leq \frac{9}{\sigma}\right) \\
&= 0.5 + P\left(0 \leq Z \leq \frac{9}{\sigma}\right) \\
&= 0.9332
\end{aligned}
$$
$$\therefore P\left(0 \leq Z \leq \frac{9}{\sigma}\right) = 0.4332$$
이때 $P(0 \leq Z \leq 1.5) = 0.4332$이므로
$$\frac{9}{\sigma} = 1.5 \qquad \therefore \sigma = 6$$

08 표본평균이 $\bar{x}$, 모표준편차가 σ, 표본의 크기가 36이므로 모평균 m의 신뢰도 99 %인 신뢰구간은
$$\bar{x} - 2.58 \times \frac{\sigma}{\sqrt{36}} \leq m \leq \bar{x} + 2.58 \times \frac{\sigma}{\sqrt{36}}$$
$$\bar{x} - 0.43\sigma \leq m \leq \bar{x} + 0.43\sigma$$
이때 $\bar{x} - 0.43\sigma = 58.56$, $\bar{x} + 0.43\sigma = 65.44$이므로
$$2 \times 0.43\sigma = 6.88 \qquad \therefore \sigma = 8$$

창의·융합·코딩 전략 ① | 54~55쪽

1 ②   **2** ⑤   **3** ①   **4** ④

1 통화 성공률이 $\dfrac{9}{10}$이므로 통화에 성공한 가입자 수를 확률변수 X라 하면 X는 이항분포 $B\left(100, \dfrac{9}{10}\right)$를 따른다.
$$\therefore E(X) = 100 \times \frac{9}{10} = 90$$
$$V(X) = 100 \times \frac{9}{10} \times \frac{1}{10} = 9$$
이때 100은 충분히 큰 수이므로 확률변수 X는 근사적으로 정규분포 $N(90, 3^2)$을 따른다.
$Z = \dfrac{X-90}{3}$으로 놓으면 확률변수 Z는 표준정규분포
$N(0, 1)$을 따르므로
$$
\begin{aligned}
P(X \leq 84) &= P\left(Z \leq \frac{84-90}{3}\right) \\
&= P(Z \leq -2) \\
&= P(Z \geq 2) \\
&= 0.5 - P(0 \leq Z \leq 2) \\
&= 0.5 - 0.4772 \\
&= 0.0228
\end{aligned}
$$
따라서 통화에 성공한 가입자가 84명 이하일 확률은 0.0228이다.

2 정사면체 모양의 주사위를 던질 때, 1이 적혀 있는 면이 바닥에 놓일 확률이 $\dfrac{1}{4}$이므로 1이 적혀 있는 면이 바닥에 놓이는 횟수를 확률변수 X라 하면 X는 이항분포 $B\left(3072, \dfrac{1}{4}\right)$을 따른다.

$$\therefore E(X) = 3072 \times \dfrac{1}{4} = 768$$
$$V(X) = 3072 \times \dfrac{1}{4} \times \dfrac{3}{4} = 576$$

이때 3072는 충분히 큰 수이므로 확률변수 X는 근사적으로 정규분포 $N(768, 24^2)$을 따른다.

$Z = \dfrac{X-768}{24}$로 놓으면 확률변수 Z는 표준정규분포 $N(0, 1)$을 따르므로

$$\sum_{k=720}^{828} P(X=k) = P(720 \leq X \leq 828)$$
$$= P\left(\dfrac{720-768}{24} \leq Z \leq \dfrac{828-768}{24}\right)$$
$$= P(-2 \leq Z \leq 2.5)$$
$$= P(0 \leq Z \leq 2) + P(0 \leq Z \leq 2.5)$$
$$= 0.4772 + 0.4938$$
$$= 0.9710$$

3 A 항공사에서 근무하는 비행기 조종사의 1년 동안의 비행시간을 확률변수 X라 하면 X는 정규분포 $N(m, 25^2)$을 따른다.

$Z = \dfrac{X-m}{25}$으로 놓으면 확률변수 Z는 표준정규분포 $N(0, 1)$을 따르므로

$$P(X \leq 900) = P\left(Z \leq \dfrac{900-m}{25}\right)$$
$$= 0.5 + P\left(0 \leq Z \leq \dfrac{900-m}{25}\right)$$
$$= 0.9599$$

$$\therefore P\left(0 \leq Z \leq \dfrac{900-m}{25}\right) = 0.4599$$

이때 $P(0 \leq Z \leq 1.75) = 0.4599$이므로

$$\dfrac{900-m}{25} = 1.75$$

$$\therefore m = 856.25$$

4 지원자의 시험 점수를 확률변수 X라 하면 X는 정규분포 $N(450, 75^2)$을 따르고, $Z = \dfrac{X-450}{75}$으로 놓으면 확률변수 Z는 표준정규분포 $N(0, 1)$을 따른다.

전체 지원자에서 합격자의 비율은 $\dfrac{320}{2000} = 0.16$이므로 지원자의 점수가 상위 16 % 이내에 속해야 합격할 수 있다. 합격하기 위한 최저 점수가 a점이므로 $P(X \geq a) = 0.16$에서

$$P(X \geq a) = P\left(Z \geq \dfrac{a-450}{75}\right)$$
$$= 0.5 - P\left(0 \leq Z \leq \dfrac{a-450}{75}\right)$$
$$= 0.16$$

$$\therefore P\left(0 \leq Z \leq \dfrac{a-450}{75}\right) = 0.34$$

이때 $P(0 \leq Z \leq 1) = 0.34$이므로

$$\dfrac{a-450}{75} = 1 \qquad \therefore a = 525$$

한편, 장학금을 받는 학생의 수는 $320 \times \dfrac{125}{1000} = 40$ (명)이므로 전체 지원자에서 장학금을 받는 지원자의 비율은 $\dfrac{40}{2000} = 0.02$이다. 즉 지원자의 점수가 상위 2 % 이내에 속해야 장학금을 받을 수 있다. 장학금을 받기 위한 최저 점수가 b점이므로 $P(X \geq b) = 0.02$에서

$$P(X \geq b) = P\left(Z \geq \dfrac{b-450}{75}\right)$$
$$= 0.5 - P\left(0 \leq Z \leq \dfrac{b-450}{75}\right)$$
$$= 0.02$$

$$\therefore P\left(0 \leq Z \leq \dfrac{b-450}{75}\right) = 0.48$$

이때 $P(0 \leq Z \leq 2) = 0.48$이므로

$$\dfrac{b-450}{75} = 2 \qquad \therefore b = 600$$

따라서 $a = 525$, $b = 600$이므로

$$a + b = 525 + 600 = 1125$$

5 ②　　　**6** ④　　　**7** ③　　　**8** ①

5 표본평균이 151, 모표준편차가 2, 표본의 크기가 16이므로 모평균 m의 신뢰도 95 %인 신뢰구간은

$$151-1.96\times\frac{2}{\sqrt{16}}\leq m\leq 151+1.96\times\frac{2}{\sqrt{16}}$$

$$151-1.96\times\frac{1}{2}\leq m\leq 151+1.96\times\frac{1}{2}$$

$$150.02\leq m\leq 151.98$$

따라서 구하는 m의 최댓값은 151.98이다.

6 표본평균이 1900, 모표준편차가 σ, 표본의 크기가 100이므로 모평균 m의 신뢰도 95 %인 신뢰구간은

$$1900-1.96\times\frac{\sigma}{\sqrt{100}}\leq m\leq 1900+1.96\times\frac{\sigma}{\sqrt{100}}$$

표본평균이 2000, 모표준편차가 σ, 표본의 크기가 100이므로 모평균 m의 신뢰도 99 %인 신뢰구간은

$$2000-2.58\times\frac{\sigma}{\sqrt{100}}\leq m\leq 2000+2.58\times\frac{\sigma}{\sqrt{100}}$$

즉

$$b=1900+1.96\times\frac{\sigma}{\sqrt{100}},\ d=2000+2.58\times\frac{\sigma}{\sqrt{100}}$$

에서 $d-b=100.93$이므로

$$d-b$$

$$=\left(2000+2.58\times\frac{\sigma}{\sqrt{100}}\right)-\left(1900+1.96\times\frac{\sigma}{\sqrt{100}}\right)$$

$$=100+0.062\sigma$$

$$=100.93$$

$$0.062\sigma=0.93\qquad \therefore \sigma=15$$

7 표본평균을 $\overline{x}$라 하면 모표준편차가 1, 표본의 크기가 n이므로 모평균 m의 신뢰도 99 %인 신뢰구간은

$$\overline{x}-2.58\times\frac{1}{\sqrt{n}}\leq m\leq \overline{x}+2.58\times\frac{1}{\sqrt{n}}$$

즉 $a=\overline{x}-2.58\times\frac{1}{\sqrt{n}},\ b=\overline{x}+2.58\times\frac{1}{\sqrt{n}}$이므로

$$b-a=\left(\overline{x}+2.58\times\frac{1}{\sqrt{n}}\right)-\left(\overline{x}-2.58\times\frac{1}{\sqrt{n}}\right)$$

$$=2\times2.58\times\frac{1}{\sqrt{n}}$$

따라서 $1000(b-a)=645$이므로

$$1000\times2\times2.58\times\frac{1}{\sqrt{n}}=645$$

$$\sqrt{n}=8\qquad \therefore n=64$$

8 표본평균을 $\overline{x}$라 하면 모표준편차가 2, 표본의 크기가 $16n^4-8n^2+1$이므로 모평균 m의 신뢰도 95 %인 신뢰구간의 길이는

$$l_n=2\times1.96\times\frac{2}{\sqrt{16n^4-8n^2+1}}$$

$$=2\times1.96\times\frac{2}{\sqrt{(4n^2-1)^2}}$$

$$=2\times1.96\times\frac{2}{4n^2-1}$$

$$=\frac{196}{25(2n-1)(2n+1)}$$

$$\therefore 100\sum_{n=4}^{24}l_n$$

$$=100\sum_{n=4}^{24}\frac{196}{25(2n-1)(2n+1)}$$

$$=100\times\frac{196}{25}\times\frac{1}{2}\times\sum_{n=4}^{24}\left(\frac{1}{2n-1}-\frac{1}{2n+1}\right)$$

$$=392\times\left(\frac{1}{7}-\frac{1}{9}+\frac{1}{9}-\frac{1}{11}+\cdots+\frac{1}{47}-\frac{1}{49}\right)$$

$$=48$$

후편 마무리 전략

신유형·신경향 전략

| 60~63쪽

01 16 **02** 4630 **03** 225 **04** 47500

05 $\dfrac{7}{4}$ **06** 0.6687 **07** 34.66시간 **08** 75

---

01 확률변수 X가 가질 수 있는 값은 1, $\sqrt{2}$, 2, $\sqrt{5}$, 3이고, 그 확률은 각각

$$P(X=1)=\frac{9}{20}$$

$$P(X=\sqrt{2})=\frac{4}{20}=\frac{1}{5}$$

$$P(X=2)=\frac{4}{20}=\frac{1}{5}$$

$$P(X=\sqrt{5})=\frac{2}{20}=\frac{1}{10}$$

$$P(X=3)=\frac{1}{20}$$

이므로 X의 확률분포를 표로 나타내면 다음과 같다.

X	1	$\sqrt{2}$	2	$\sqrt{5}$	3	합계
$P(X=x)$	$\dfrac{9}{20}$	$\dfrac{1}{5}$	$\dfrac{1}{5}$	$\dfrac{1}{10}$	$\dfrac{1}{20}$	1

즉

$$E(X)=1\times\frac{9}{20}+\sqrt{2}\times\frac{1}{5}+2\times\frac{1}{5}+\sqrt{5}\times\frac{1}{10}+3\times\frac{1}{20}$$

$$=1+\frac{\sqrt{2}}{5}+\frac{\sqrt{5}}{10}$$

따라서 $a=1$, $b=5$, $c=10$이므로

$$a+b+c=1+5+10=16$$

02 $4\leq mn\leq 8$에서 $mn=4$, 5, 6, 7, 8

순서쌍 (m, n)에 대하여 mn의 값이

4인 경우는 $(1, 4)$, $(2, 2)$, $(4, 1)$

5인 경우는 $(1, 5)$, $(5, 1)$

6인 경우는 $(1, 6)$, $(2, 3)$, $(3, 2)$, $(6, 1)$

8인 경우는 $(2, 4)$, $(4, 2)$

이므로 사건 A가 일어날 확률은 $\dfrac{11}{36}$

즉 확률변수 X는 이항분포 $B\left(36, \dfrac{11}{36}\right)$을 따르므로

$$E(X)=36\times\frac{11}{36}=11$$

$$V(X)=36\times\frac{11}{36}\times\frac{25}{36}=\frac{275}{36}$$

이때 $V(X)=E(X^2)-\{E(X)\}^2$이므로

$$E(X^2)=\frac{275}{36}+11^2=\frac{4631}{36}$$

$$\therefore E(36X^2-1)=36E(X^2)-1=36\times\frac{4631}{36}-1$$

$$=4630$$

03 바닥에 닿은 면에 적힌 두 숫자의 합이 소수가 되는 사건을 A, 바닥에 닿은 면에 적힌 두 숫자의 합이 6 이상이 되는 사건을 B라 하면

$$P(A)=\frac{9}{16}, \ P(B)=\frac{6}{16}=\frac{3}{8}$$

즉 확률변수 X는 이항분포 $B\left(160, \dfrac{9}{16}\right)$를 따르고,

확률변수 Y는 이항분포 $B\left(n, \dfrac{3}{8}\right)$을 따르므로

$$E(X)=160\times\frac{9}{16}=90, \ E(Y)=n\times\frac{3}{8}=\frac{3}{8}n$$

이때 $E(Y)\geq E\left(\dfrac{1}{2}X\right)$에서 $\dfrac{3}{8}n\geq 45$

$$\therefore n\geq 120$$

따라서 n의 최솟값은 120이므로

$$V(2\sqrt{2}Y)=(2\sqrt{2})^2V(Y)=8\times120\times\frac{3}{8}\times\frac{5}{8}=225$$

오답 피하기

서로 다른 정사면체 모양의 주사위 두 개를 던져서 바닥에 닿은 면에 적힌 두 숫자의 합을 나타내면 오른쪽 표와 같다. 바닥에 닿은 면에 적힌 두 숫자를 합하는 경우의 수는 16이고 바닥에 닿은 면에 적힌 두

+	1	2	3	4
1	2	3	4	5
2	3	4	5	6
3	4	5	6	7
4	5	6	7	8

숫자의 합이 소수인 경우의 수는 9, 6 이상인 경우의 수는 6이다.

04 1회의 시행에서 꺼낸 공 3개의 색이 두 종류가 나오는 확률은

$$\frac{{}_1C_1\times{}_2C_2+{}_1C_1\times{}_3C_2+{}_2C_1\times{}_3C_2+{}_2C_2\times{}_3C_1}{{}_6C_3}$$

$$=\frac{1+3+6+3}{20}=\frac{13}{20}$$

100번의 시행에서 꺼낸 공 3개의 색이 두 종류가 나오는 횟수를 확률변수 X라 하면 X는 이항분포 $B\left(100, \dfrac{13}{20}\right)$을 따르므로

$$E(X)=100\times\frac{13}{20}=65$$

이때 꺼낸 공 3개의 색이 두 종류가 나오지 않는 횟수는
$100-X$이므로 100번의 시행에서 받는 금액은
$1000X-500(100-X)=1500X-50000$
따라서 100번의 시행에서 받는 금액의 기댓값은
$\mathrm{E}(1500X-50000)=1500\mathrm{E}(X)-50000$
$$=1500\times65-50000=47500$$

05 함수 $y=f(x)$의 그래프는 다음 그림과 같다.

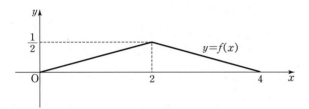

함수 $y=f(x)$의 그래프는 직선 $x=2$에 대하여 대칭이
므로 함수 $g(x)$는 $x=1$일 때 최댓값을 가진다.
즉

$g(1)=\displaystyle\int_1^2 \frac{1}{4}x\,dx+\int_2^3 \left(1-\frac{1}{4}x\right)dx$

$\qquad=\left[\frac{1}{8}x^2\right]_1^2+\left[x-\frac{1}{8}x^2\right]_2^3=\frac{3}{4}$

따라서 $a=1$, $b=\frac{3}{4}$이므로 $a+b=1+\frac{3}{4}=\frac{7}{4}$

06 실제로 여객선에 탑승하는 사람의 수를 확률변수 X라
하면 예약한 사람이 여객선에 탑승할 확률은 0.8이므로
X는 이항분포 $\mathrm{B}(400,\,0.8)$을 따른다.
$\therefore \mathrm{E}(X)=400\times0.8=320$
$\qquad \mathrm{V}(X)=400\times0.8\times0.2=64$
이때 400은 충분히 큰 수이므로 확률변수 X는 근사적
으로 정규분포 $\mathrm{N}(320,\,8^2)$을 따른다.
즉 $Z=\dfrac{X-320}{8}$으로 놓으면 확률변수 Z는 표준정규
분포 $\mathrm{N}(0,\,1)$을 따른다.
$\therefore \mathrm{P}\left(0.79\leq\dfrac{X}{400}\leq0.84\right)$

$\qquad=\mathrm{P}(316\leq X\leq336)$

$\qquad=\mathrm{P}\left(\dfrac{316-320}{8}\leq Z\leq\dfrac{336-320}{8}\right)$

$\qquad=\mathrm{P}(-0.5\leq Z\leq2)$

$\qquad=\mathrm{P}(0\leq Z\leq0.5)+\mathrm{P}(0\leq Z\leq2)$

$\qquad=0.1915+0.4772=0.6687$

07 배터리의 사용 시간을 확률변수 X라 하면 X는 정규분
포 $\mathrm{N}(30,\,2^2)$을 따른다.
상위 1 % 이내에 속하는 배터리의 최저 사용 시간을 a
시간이라 하면 $\mathrm{P}(X\geq a)=0.01$
이때 $Z=\dfrac{X-30}{2}$으로 놓으면 확률변수 Z는 표준정규
분포 $\mathrm{N}(0,\,1)$을 따르므로
$\mathrm{P}(X\geq a)=\mathrm{P}\left(Z\geq\dfrac{a-30}{2}\right)$

$\qquad\qquad=0.5-\mathrm{P}\left(0\leq Z\leq\dfrac{a-30}{2}\right)$

$\qquad\qquad=0.01$

$\therefore \mathrm{P}\left(0\leq Z\leq\dfrac{a-30}{2}\right)=0.49$

즉 $\mathrm{P}(0\leq Z\leq2.33)=0.49$이므로

$\dfrac{a-30}{2}=2.33 \qquad \therefore a=34.66$

08 모집단이 정규분포 $\mathrm{N}(m,\,3^2)$을 따르고 표본의 크기가
100이므로 표본평균 $\overline{X}$는 정규분포 $\mathrm{N}\left(m,\,\left(\dfrac{3}{10}\right)^2\right)$을
따른다.
이때 $Z=\dfrac{\overline{X}-m}{\dfrac{3}{10}}$으로 놓으면 확률변수 Z는 표준정규

분포 $\mathrm{N}(0,\,1)$을 따르므로

$f(m)=\mathrm{P}\left(\overline{X}\geq\dfrac{3}{20}\right)=\mathrm{P}\left(Z\geq\dfrac{\dfrac{3}{20}-m}{\dfrac{3}{10}}\right)$

$\qquad=\mathrm{P}\left(Z\geq\dfrac{1}{2}-\dfrac{10}{3}m\right)$

$\qquad=0.5+\mathrm{P}\left(0\leq Z\leq\dfrac{10}{3}m-\dfrac{1}{2}\right)$

$f(m)\geq0.9772$에서

$0.5+\mathrm{P}\left(0\leq Z\leq\dfrac{10}{3}m-\dfrac{1}{2}\right)\geq0.9772$

$\mathrm{P}\left(0\leq Z\leq\dfrac{10}{3}m-\dfrac{1}{2}\right)\geq0.4772$

즉 $\dfrac{10}{3}m-\dfrac{1}{2}\geq2$이므로

$m\geq\dfrac{3}{4}$

따라서 $m'=\dfrac{3}{4}$이므로

$100m'=100\times\dfrac{3}{4}=75$

01 ①	02 ①	03 ②	04 ⑤
05 ①	06 ③	07 ③	08 ④
09 ④	10 ②	11 ④	12 ③
13 ①	14 ③	15 ⑤	16 ②

01 네 수 p_1, p_2, p_3, p_4가 이 순서대로 공비가 $\frac{1}{2}$인 등비수열을 이루므로

$$p_1+p_2+p_3+p_4=p_1+\frac{1}{2}p_1+\frac{1}{4}p_1+\frac{1}{8}p_1=\frac{15}{8}p_1$$

이때 확률의 총합은 1이므로

$$\frac{15}{8}p_1=1 \qquad \therefore p_1=\frac{8}{15}$$

$$\therefore P(X=3)=\frac{1}{4}p_1=\frac{1}{4}\times\frac{8}{15}=\frac{2}{15}$$

02 $P(X=1)=\dfrac{1}{k\times {_4}C_1}=\dfrac{1}{4k}$

$P(X=2)=\dfrac{1}{k\times {_4}C_2}=\dfrac{1}{6k}$

$P(X=3)=\dfrac{1}{k\times {_4}C_3}=\dfrac{1}{4k}$

$P(X=4)=\dfrac{1}{k\times {_4}C_4}=\dfrac{1}{k}$

이때 확률의 총합은 1이므로

$$\frac{1}{4k}+\frac{1}{6k}+\frac{1}{4k}+\frac{1}{k}=1,\ \frac{20}{12k}=1$$

$$20=12k \qquad \therefore k=\frac{5}{3}$$

$$\therefore P(X=2)=\frac{1}{6k}=\frac{1}{6\times\frac{5}{3}}=\frac{1}{10}$$

03 확률의 총합은 1이므로

$$\frac{1}{2}a+\frac{1}{2}+a^2=1,\ 2a^2+a-1=0$$

$$(a+1)(2a-1)=0 \qquad \therefore a=\frac{1}{2}\ (\because a>0)$$

$$\therefore P(X+1=0)=P(X=-1)=\frac{1}{2}\times\frac{1}{2}=\frac{1}{4}$$

04 확률의 총합은 1이므로

$$2a+3a+b+4b=1,\ a+b=\frac{1}{5} \qquad \cdots\cdots ㉠$$

이때 $P(|X-1|\leq 1)=5P(X=3)$에서

$$P(|X-1|\leq 1)=P(-1\leq X-1\leq 1)$$
$$=P(0\leq X\leq 2)$$
$$=P(X=1)+P(X=2)$$

이므로

$$P(X=1)+P(X=2)=5P(X=3)$$

즉 $2a+3a=5b$이므로 $a=b$ $\qquad \cdots\cdots ㉡$

㉠, ㉡을 연립하여 풀면

$$a=\frac{1}{10},\ b=\frac{1}{10}$$

$$\therefore P(1\leq X\leq 3)$$
$$=P(X=1)+P(X=2)+P(X=3)$$
$$=5a+b=5\times\frac{1}{10}+\frac{1}{10}=\frac{3}{5}$$

05 $P(X=1)=a$라 하면

$P(X=2)=2a$, $P(X=3)=4a$

확률의 총합은 1이므로

$$a+2a+4a=1,\ 7a=1 \qquad \therefore a=\frac{1}{7}$$

$$\therefore P(X=2)=2a=2\times\frac{1}{7}=\frac{2}{7}$$

06 $P(X=1)=\dfrac{k\times {_4}C_1}{{_6}C_1}=\dfrac{2}{3}k$

$P(X=2)=\dfrac{k\times {_4}C_2}{{_6}C_2}=\dfrac{2}{5}k$

$P(X=3)=\dfrac{k\times {_4}C_3}{{_6}C_3}=\dfrac{1}{5}k$

$P(X=4)=\dfrac{k\times {_4}C_4}{{_6}C_4}=\dfrac{1}{15}k$

이때 확률의 총합은 1이므로

$$\frac{2}{3}k+\frac{2}{5}k+\frac{1}{5}k+\frac{1}{15}k=1$$

$$\frac{4}{3}k=1 \qquad \therefore k=\frac{3}{4}$$

07 동전의 앞면을 H, 뒷면을 T라 하고, 50원짜리 동전 2개와 100원짜리 동전 1개를 던져서 나오는 결과를 표로 나타내면 다음과 같다.

50원	50원	100원	받는 금액 (원)
H	H	H	200
H	H	T	100
H	T	H	150
H	T	T	50
T	H	H	150
T	H	T	50
T	T	H	100
T	T	T	0

$$\therefore P(X=50)=\frac{2}{2^3}=\frac{1}{4}$$

08 확률의 총합은 1이므로

$$p_1+p_2+p_3+p_4=1 \qquad \cdots\cdots\bigcirc$$

$P(|2X-1|<4)=\frac{2}{5}$에서

$$\begin{aligned} P(|2X-1|<4)&=P(-4<2X-1<4)\\ &=P\left(-\frac{3}{2}<X<\frac{5}{2}\right)\\ &=P(X=1)+P(X=2)\\ &=p_3+p_1=\frac{2}{5} \qquad \cdots\cdots\bigcirc \end{aligned}$$

$P(2\leq X\leq 3)=\frac{3}{10}$에서

$$\begin{aligned} P(2\leq X\leq 3)&=P(X=2)+P(X=3)\\ &=p_1+p_2=\frac{3}{10} \qquad \cdots\cdots\boxdot \end{aligned}$$

또 $p_3=3p_1 \qquad \cdots\cdots\boxminus$

$\bigcirc$, $\bigcirc$, $\boxdot$, $\boxminus$을 연립하여 풀면

$$p_1=\frac{1}{10},\ p_2=\frac{1}{5},\ p_3=\frac{3}{10},\ p_4=\frac{2}{5}$$

$$\begin{aligned} \therefore E(X)&=1\times p_3+2\times p_1+3\times p_2+4\times p_4\\ &=1\times\frac{3}{10}+2\times\frac{1}{10}+3\times\frac{1}{5}+4\times\frac{2}{5}\\ &=\frac{27}{10} \end{aligned}$$

09 확률변수 X가 가질 수 있는 값은 0, 1, 2, 3이고, 그 확률은 각각

$$P(X=0)=\frac{2}{{}_6C_2}=\frac{2}{15}$$

$$P(X=1)=\frac{{}_1C_1\times{}_2C_1+{}_2C_1\times{}_2C_1+{}_2C_1\times{}_1C_1}{{}_6C_2}=\frac{8}{15}$$

$$P(X=2)=\frac{{}_1C_1\times{}_2C_1+{}_2C_1\times{}_1C_1}{{}_6C_2}=\frac{4}{15}$$

$$P(X=3)=\frac{1}{{}_6C_2}=\frac{1}{15}$$

이므로 X의 확률분포를 표로 나타내면 다음과 같다.

X	0	1	2	3	합계
$P(X=x)$	$\frac{2}{15}$	$\frac{8}{15}$	$\frac{4}{15}$	$\frac{1}{15}$	1

$$\therefore E(X)=0\times\frac{2}{15}+1\times\frac{8}{15}+2\times\frac{4}{15}+3\times\frac{1}{15}=\frac{19}{15}$$

10 전체 제비의 개수를 n, 제비 한 개를 뽑아서 받을 수 있는 상금을 확률변수 X라 하면 X가 가질 수 있는 값은 0, 10000, 100000이고, 그 확률은 각각

$$P(X=0)=\frac{n-10}{n}$$

$$P(X=10000)=\frac{9}{n}$$

$$P(X=100000)=\frac{1}{n}$$

이므로 X의 확률분포를 표로 나타내면 다음과 같다.

X	0	10000	100000	합계
$P(X=x)$	$\frac{n-10}{n}$	$\frac{9}{n}$	$\frac{1}{n}$	1

이때

$$\begin{aligned} E(X)&=0\times\frac{n-10}{n}+10000\times\frac{9}{n}+100000\times\frac{1}{n}\\ &=\frac{190000}{n}=1000 \end{aligned}$$

이므로 $n=190$

11 확률변수 X가 가질 수 있는 값은 2, 3, 4이고, 그 확률은 각각

$$P(X=2)=\frac{{}_1C_1\times{}_3C_1}{{}_5C_3}=\frac{3}{10}$$

$$P(X=3)=\frac{{}_2C_1\times{}_2C_1}{{}_5C_3}=\frac{4}{10}=\frac{2}{5}$$

$$P(X=4)=\frac{{}_3C_1\times{}_1C_1}{{}_5C_3}=\frac{3}{10}$$

이므로 X의 확률분포를 표로 나타내면 다음과 같다.

X	2	3	4	합계
$P(X=x)$	$\frac{3}{10}$	$\frac{2}{5}$	$\frac{3}{10}$	1

이때

$$E(X)=2\times\frac{3}{10}+3\times\frac{2}{5}+4\times\frac{3}{10}=\frac{30}{10}=3$$

$$E(X^2)=2^2\times\frac{3}{10}+3^2\times\frac{2}{5}+4^2\times\frac{3}{10}=\frac{96}{10}=\frac{48}{5}$$

이므로

$$V(X)=E(X^2)-\{E(X)\}^2=\frac{48}{5}-3^2=\frac{3}{5}$$

$$\therefore V(5X-3)=5^2V(X)=25\times\frac{3}{5}=15$$

12 확률변수 X의 확률질량함수는

$$P(X=x)={}_nC_x\left(\frac{1}{2}\right)^x\left(\frac{1}{2}\right)^{n-x}(x=0,\ 1,\ 2,\ \cdots,\ n)$$

이므로

$P(X=2)=5P(X=1)$에서

$${}_nC_2\left(\frac{1}{2}\right)^2\left(\frac{1}{2}\right)^{n-2}=5\times{}_nC_1\left(\frac{1}{2}\right)^1\left(\frac{1}{2}\right)^{n-1}$$

$$\frac{n(n-1)}{2}=5n,\ n^2-11n=0$$

$$n(n-11)=0 \qquad \therefore n=11\ (\because n>0)$$

$$\therefore E(X)=11\times\frac{1}{2}=\frac{11}{2}$$

13 확률변수 X가 이항분포 $B(n,\ p)$를 따르므로

$$E(X)=np=12 \qquad \cdots\cdots \unicode{x27E1}$$

확률변수 X의 확률질량함수는

$$P(X=x)={}_nC_x p^x(1-p)^{n-x}$$

$17P(X=2)=3P(X=3)$에서

$$17\times{}_nC_2 p^2(1-p)^{n-2}=3\times{}_nC_3 p^3(1-p)^{n-3}$$

$$17\times\frac{n(n-1)}{2}\times(1-p)=3\times\frac{n(n-1)(n-2)}{3\times2\times1}\times p$$

$$17(1-p)=(n-2)p,\ 17-17p=12-2p\ (\because \unicode{x27E1})$$

$$5=15p \qquad \therefore p=\frac{1}{3}$$

따라서 $V(X)=np(1-p)=12\times\frac{2}{3}=8$이므로

$$\begin{aligned}E(X^2)&=V(X)+\{E(X)\}^2=8+12^2\\&=8+144=152\end{aligned}$$

14 두 개의 동전을 던져서 모두 앞면이 나올 확률은

$$\frac{1}{2^2}=\frac{1}{4}$$

즉 확률변수 X는 이항분포 $B\left(64,\ \frac{1}{4}\right)$을 따르므로

$$E(X)=64\times\frac{1}{4}=16$$

$$V(X)=64\times\frac{1}{4}\times\frac{3}{4}=12$$

이때 확률변수 X를 한 변의 길이로 하는 정사각형의 넓이는 X^2이므로 정사각형의 넓이의 평균은

$$\begin{aligned}E(X^2)&=V(X)+\{E(X)\}^2=12+16^2\\&=12+256=268\end{aligned}$$

15 한 개의 주사위를 던져 3의 배수의 눈이 나올 확률은

$$\frac{2}{6}=\frac{1}{3}$$

이때 확률변수 X의 확률질량함수는

$$P(X=x)={}_{300}C_x\left(\frac{1}{3}\right)^x\left(\frac{2}{3}\right)^{300-x}(x=0,\ 1,\ 2,\ \cdots,\ 300)$$

이므로 $a=\frac{1}{3},\ b=\frac{2}{3}$

즉 확률변수 X는 이항분포 $B\left(300,\ \frac{1}{3}\right)$을 따르므로

$$E(X)=300\times\frac{1}{3}=100$$

$$V(X)=300\times\frac{1}{3}\times\frac{2}{3}=\frac{200}{3}$$

$$\begin{aligned}\therefore V\left(\frac{1}{a}X\right)+9b&=\left(\frac{1}{a}\right)^2V(X)+9b\\&=9\times\frac{200}{3}+9\times\frac{2}{3}\\&=606\end{aligned}$$

16 확률변수 X는 이항분포 $B\left(90,\ \frac{1}{3}\right)$을 따르므로

확률변수 X의 확률질량함수는

$$P(X=k)={}_{90}C_k\left(\frac{1}{3}\right)^k\left(\frac{2}{3}\right)^{90-k}\ (k=0,\ 1,\ 2,\ \cdots,\ 90)$$

즉 $E(X)=90\times\frac{1}{3}=30,\ V(X)=90\times\frac{1}{3}\times\frac{2}{3}=20$

$$\begin{aligned}\therefore \sum_{k=0}^{90}(k^2+3){}_{90}C_k\left(\frac{1}{3}\right)^k\left(\frac{2}{3}\right)^{90-k}\\&=\sum_{k=0}^{90}(k^2+3)P(X=k)\\&=E(X^2+3)\\&=E(X^2)+3\\&=V(X)+\{E(X)\}^2+3\\&=20+30^2+3\\&=923\end{aligned}$$

$V(X)=E(X^2)-\{E(X)\}^2$이야!

$$\sum_{k=0}^{90}(k^2+3)_{90}C_k\left(\frac{1}{3}\right)^k\left(\frac{2}{3}\right)^{90-k}$$

$$=\sum_{k=0}^{90}k^2{}_{90}C_k\left(\frac{1}{3}\right)^k\left(\frac{2}{3}\right)^{90-k}+3\sum_{k=0}^{90}{}_{90}C_k\left(\frac{1}{3}\right)^k\left(\frac{2}{3}\right)^{90-k}$$

$$=E(X^2)+3\sum_{k=0}^{90}P(X=k)$$

$$=V(X)+\{E(X)\}^2+3\times1$$

$$=20+30^2+3=923$$

1·2등급 확보 전략 2회

01 ③	02 ①	03 ①	04 ③
05 ④	06 ③	07 ①	08 ④
09 ③	10 ①	11 ④	12 ③
13 ⑤	14 ②	15 ⑤	16 ⑤

01 함수 $y=f(x)$의 그래프와 x축 및 직선 $x=\sqrt{2}$로 둘러싸인 부분의 넓이가 1이므로

$$\int_0^{\sqrt{2}}ax^5dx=\left[\frac{a}{6}x^6\right]_0^{\sqrt{2}}=\frac{4}{3}a=1$$

$$\therefore a=\frac{3}{4}$$

02 다음 그림과 같이 확률변수 X의 확률밀도함수 $y=f(x)$의 그래프는 직선 $x=1$에 대하여 대칭이므로

$P\left(k\leq X\leq k+\frac{1}{2}\right)$의 값이 최대가 되려면 두 점 $(k,0)$,

$\left(k+\frac{1}{2},0\right)$이 직선 $x=1$에 대하여 대칭이어야 한다.

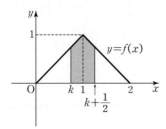

즉 $\dfrac{k+\left(k+\dfrac{1}{2}\right)}{2}=1$이므로

$2k+\dfrac{1}{2}=2$ $\quad\therefore k=\dfrac{3}{4}$

따라서 $P\left(k\leq X\leq k+\dfrac{1}{2}\right)$의 최댓값은

$$P\left(\frac{3}{4}\leq X\leq\frac{5}{4}\right)=2P\left(\frac{3}{4}\leq X\leq1\right)$$

$$=2\left\{\frac{1}{2}\times\left(\frac{3}{4}+1\right)\times\left(1-\frac{3}{4}\right)\right\}$$

$$=\frac{7}{16}$$

03 다음 그림과 같이 확률변수 X의 확률밀도함수 $y=f(x)$의 그래프는 직선 $x=m$에 대하여 대칭이다.

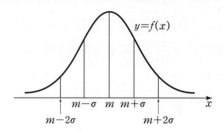

이때

$$P(m-2\sigma\leq X\leq m-\sigma)$$

$$=P(m+\sigma\leq X\leq m+2\sigma)$$

$$=P(m\leq X\leq m+2\sigma)-P(m\leq X\leq m+\sigma)$$

$$=\frac{b}{2}-\frac{a}{2}$$

$$P(X\geq m+\sigma)=\frac{1}{2}-P(m\leq X\leq m+\sigma)$$

$$=\frac{1}{2}-\frac{a}{2}$$

이므로

$$P(m-2\sigma\leq X\leq m-\sigma)+P(X\geq m+\sigma)$$

$$=\left(\frac{b}{2}-\frac{a}{2}\right)+\left(\frac{1}{2}-\frac{a}{2}\right)$$

$$=\frac{1-2a+b}{2}$$

04 정규분포 $N(m,\sigma^2)$을 따르는 확률변수 X의 확률밀도함수 $y=f(x)$의 그래프는 직선 $x=m$에 대하여 대칭이다.

즉 $P(X\leq30)=P(X\geq52)$에서 $m=\dfrac{30+52}{2}=41$

이때 $P(a\leq X\leq a+16)$의 값이 최대가 되려면

$$\frac{a+a+16}{2}=41,\ a+8=41$$

$$\therefore a=33$$

05 $Z=\dfrac{X-12}{3}$ 로 놓으면 확률변수 Z는 표준정규분포

$N(0, 1)$을 따르므로

$$\begin{aligned}P(6\le X\le 15)&=P\left(\dfrac{6-12}{3}\le Z\le\dfrac{15-12}{3}\right)\\&=P(-2\le Z\le 1)\\&=P(-2\le Z\le 0)+P(0\le Z\le 1)\\&=P(0\le Z\le 2)+P(0\le Z\le 1)\\&=0.4772+0.3413=0.8185\end{aligned}$$

$\therefore 10^4 P(6\le X\le 15)=10000\times 0.8185=8185$

06 하루 물 섭취량을 확률변수 X라 하면 X는 정규분포 $N(1300, 90^2)$을 따른다.

$Z=\dfrac{X-1300}{90}$으로 놓으면 확률변수 Z는 표준정규분

포 $N(0, 1)$을 따르므로

$$\begin{aligned}P(X\ge 1435)&=P\left(Z\ge\dfrac{1435-1300}{90}\right)\\&=P(Z\ge 1.5)\\&=0.5-P(0\le Z\le 1.5)\\&=0.5-0.4332\\&=0.0668\end{aligned}$$

07 2021년도 졸업자가 취업할 확률이 $\dfrac{75}{100}=\dfrac{3}{4}$이므로 졸

업자 1200명 중에서 취업한 학생의 수를 확률변수 X라

하면 X는 이항분포 $B\left(1200, \dfrac{3}{4}\right)$을 따른다.

$\therefore E(X)=1200\times\dfrac{3}{4}=900$

$\quad V(X)=1200\times\dfrac{3}{4}\times\dfrac{1}{4}=225$

이때 1200은 충분히 큰 수이므로 확률변수 X는 근사

적으로 정규분포 $N(900, 15^2)$을 따른다.

따라서 $Z=\dfrac{X-900}{15}$으로 놓으면 확률변수 Z는 표준

정규분포 $N(0, 1)$을 따르므로

$$\begin{aligned}P(X\ge 870)&=P\left(Z\ge\dfrac{870-900}{15}\right)\\&=P(Z\ge -2)\\&=P(-2\le Z\le 0)+0.5\\&=P(0\le Z\le 2)+0.5\\&=0.4772+0.5\\&=0.9772\end{aligned}$$

08 돼지의 무게를 확률변수 X라 하면 X는 정규분포 $N(110, 10^2)$을 따른다.

우량 돼지 선발 대회에 보낼 돼지의 최소 무게를 a kg이

라 하면

$P(X\ge a)=\dfrac{6}{400}=0.015$

이때 $Z=\dfrac{X-110}{10}$으로 놓으면 확률변수 Z는 표준정

규분포 $N(0, 1)$을 따르므로

$$\begin{aligned}P(X\ge a)&=P\left(Z\ge\dfrac{a-110}{10}\right)\\&=0.5-P\left(0\le Z\le\dfrac{a-110}{10}\right)\\&=0.015\end{aligned}$$

$\therefore P\left(0\le Z\le\dfrac{a-110}{10}\right)=0.485$

즉 $P(0\le Z\le 2.17)=0.485$이므로

$\dfrac{a-110}{10}=2.17 \qquad \therefore a=131.7$

09 완성품이 중량 미달일 확률이 $\dfrac{10}{100}=\dfrac{1}{10}$이므로 100개

의 완성품 중에서 중량 미달인 제품의 개수를 확률변수

X라 하면 X는 이항분포 $B\left(100, \dfrac{1}{10}\right)$을 따른다.

$\therefore E(X)=100\times\dfrac{1}{10}=10$

$\quad V(X)=100\times\dfrac{1}{10}\times\dfrac{9}{10}=9$

이때 100은 충분히 큰 수이므로 확률변수 X는 근사적

으로 정규분포 $N(10, 3^2)$을 따른다.

$Z=\dfrac{X-10}{3}$으로 놓으면 확률변수 Z는 표준정규분포

$N(0, 1)$을 따르므로

$P(X\ge a)=P\left(Z\ge\dfrac{a-10}{3}\right)=0.0228$에서

$$\begin{aligned}P\left(Z\ge\dfrac{a-10}{3}\right)&=0.5-P\left(0\le Z\le\dfrac{a-10}{3}\right)\\&=0.0228\end{aligned}$$

즉 $P\left(0\le Z\le\dfrac{a-10}{3}\right)=0.4772$이므로

$\dfrac{a-10}{3}=2,\ a-10=6$

$\therefore a=16$

10 두 개의 주사위를 동시에 던져 두 주사위의 눈의 수가 같을 확률이 $\dfrac{6}{36}=\dfrac{1}{6}$이므로 게임을 720번 반복했을 때, 3점을 얻는 횟수를 확률변수 X라 하면 X는 이항분포 $\mathrm{B}\left(720,\ \dfrac{1}{6}\right)$을 따른다.

$$\therefore \mathrm{E}(X)=720\times\dfrac{1}{6}=120$$

$$\mathrm{V}(X)=720\times\dfrac{1}{6}\times\dfrac{5}{6}=100$$

이때 720은 충분히 큰 수이므로 확률변수 X는 근사적으로 정규분포 $\mathrm{N}(120,\ 10^2)$을 따른다. $Z=\dfrac{X-120}{10}$으로 놓으면 확률변수 Z는 표준정규분포 $\mathrm{N}(0,\ 1)$을 따른다.
한편, 3점을 얻는 횟수가 X이므로
얻은 점수의 총합은 $3X$

$$\begin{aligned}\therefore \mathrm{P}(3X\ge390)&=\mathrm{P}(X\ge130)\\&=\mathrm{P}\left(Z\ge\dfrac{130-120}{10}\right)\\&=\mathrm{P}(Z\ge1)\\&=0.5-\mathrm{P}(0\le Z\le1)\\&=0.5-0.3413\\&=0.1587\end{aligned}$$

11 $f(6)=f(18)$이므로 $m=\dfrac{6+18}{2}=12$

확률변수 X가 정규분포 $\mathrm{N}(12,\ 4^2)$을 따르므로 $Z_X=\dfrac{X-12}{4}$로 놓으면 확률변수 Z_X는 표준정규분포 $\mathrm{N}(0,\ 1)$을 따른다. 즉

$$\begin{aligned}\mathrm{P}(X\le4)&=\mathrm{P}\left(Z_X\le\dfrac{4-12}{4}\right)\\&=\mathrm{P}(Z_X\le-2)\end{aligned}$$

또 확률변수 Y가 정규분포 $\mathrm{N}(24,\ \sigma^2)$을 따르므로 $Z_Y=\dfrac{Y-24}{\sigma}$로 놓으면 확률변수 Z_Y는 표준정규분포 $\mathrm{N}(0,\ 1)$을 따른다. 즉

$$\begin{aligned}\mathrm{P}(Y\ge20)&=\mathrm{P}\left(Z_Y\ge\dfrac{20-24}{\sigma}\right)\\&=\mathrm{P}\left(Z_Y\ge-\dfrac{4}{\sigma}\right)\end{aligned}$$

이때 $\mathrm{P}(X\le4)+\mathrm{P}(Y\ge20)=1$이므로

$$\mathrm{P}(Z_X\le-2)+\mathrm{P}\left(Z_Y\ge-\dfrac{4}{\sigma}\right)=1$$

$$-2=-\dfrac{4}{\sigma}\qquad\therefore \sigma=2$$

$$\begin{aligned}\therefore \mathrm{P}(Y\ge22)&=\mathrm{P}\left(Z_Y\ge\dfrac{22-24}{2}\right)\\&=\mathrm{P}(Z_Y\ge-1)\\&=0.5+\mathrm{P}(0\le Z_Y\le1)\\&=0.5+0.3413\\&=0.8413\end{aligned}$$

오답 피하기

두 확률변수 $X,\ Y$가 각각 정규분포 $\mathrm{N}(m_X,\ \sigma_X{}^2)$, $\mathrm{N}(m_Y,\ \sigma_Y{}^2)$을 따를 때, $X,\ Y$를 각각 $Z_X=\dfrac{X-m_X}{\sigma_X}$, $Z_Y=\dfrac{Y-m_Y}{\sigma_Y}$로 표준화하여 확률을 비교한다.

12 확률변수 X가 정규분포 $\mathrm{N}(50,\ 8^2)$을 따르므로 $Z_X=\dfrac{X-50}{8}$으로 놓으면 확률변수 Z_X는 표준정규분포 $\mathrm{N}(0,\ 1)$을 따른다.

$$\begin{aligned}\therefore \mathrm{P}(30\le X\le58)&=\mathrm{P}\left(\dfrac{30-50}{8}\le Z_X\le\dfrac{58-50}{8}\right)\\&=\mathrm{P}(-2.5\le Z_X\le1)\end{aligned}$$

한편, $\mathrm{P}(Y=y)={}_{100}\mathrm{C}_y\left(\dfrac{1}{5}\right)^y\left(\dfrac{4}{5}\right)^{100-y}$라 하면 확률변수 Y는 이항분포 $\mathrm{B}\left(100,\ \dfrac{1}{5}\right)$을 따르므로

$$\mathrm{E}(Y)=100\times\dfrac{1}{5}=20,\ \mathrm{V}(Y)=100\times\dfrac{1}{5}\times\dfrac{4}{5}=16$$

이때 100은 충분히 큰 수이므로 확률변수 Y는 근사적으로 정규분포 $\mathrm{N}(20,\ 4^2)$을 따른다.
$Z_Y=\dfrac{Y-20}{4}$으로 놓으면 확률변수 Z_Y는 표준정규분포 $\mathrm{N}(0,\ 1)$을 따른다.

$$\begin{aligned}\therefore \sum_{k=10}^{n}{}_{100}\mathrm{C}_k\left(\dfrac{1}{5}\right)^k\left(\dfrac{4}{5}\right)^{100-k}\\=\mathrm{P}(10\le Y\le n)\\=\mathrm{P}\left(\dfrac{10-20}{4}\le Z_Y\le\dfrac{n-20}{4}\right)\\=\mathrm{P}\left(-2.5\le Z_Y\le\dfrac{n-20}{4}\right)\end{aligned}$$

즉 $\mathrm{P}(30\le X\le58)=\displaystyle\sum_{k=10}^{n}{}_{100}\mathrm{C}_k\left(\dfrac{1}{5}\right)^k\left(\dfrac{4}{5}\right)^{100-k}$에서

$$\mathrm{P}(-2.5\le Z_X\le1)=\mathrm{P}\left(-2.5\le Z_Y\le\dfrac{n-20}{4}\right)$$

$$\dfrac{n-20}{4}=1\qquad\therefore n=24$$

13 확률변수 X는 이항분포 $B(1200, p)$를 따르므로
$E(X)=1200p$
$E(X)=300$이므로 $1200p=300$
$\therefore p=\dfrac{1}{4}$

즉 확률변수 X는 이항분포 $B\left(1200, \dfrac{1}{4}\right)$을 따르므로
$V(X)=1200\times\dfrac{1}{4}\times\dfrac{3}{4}=225=15^2$

이때 1200은 충분히 큰 수이므로 확률변수 X는 근사적으로 정규분포 $N(300, 15^2)$을 따른다.

$Z=\dfrac{X-300}{15}$으로 놓으면 확률변수 Z는 표준정규분포 $N(0, 1)$을 따른다.

$\therefore \displaystyle\sum_{x=330}^{1200}{}_{1200}C_x p^x(1-p)^{1200-x}$

$=P(X\geq330)$

$=P\left(Z\geq\dfrac{330-300}{15}\right)$

$=P(Z\geq2)$

$=0.5-P(0\leq Z\leq2)$

$=0.5-0.4772$

$=0.0228$

14 모집단이 정규분포 $N(30, 16^2)$을 따르고 표본의 크기가 4이므로 표본평균 $\overline{X}$는 정규분포 $N\left(30, \dfrac{16^2}{4}\right)$, 즉 $N(30, 8^2)$을 따른다.

이때 $Z=\dfrac{\overline{X}-30}{8}$으로 놓으면 확률변수 Z는 표준정규분포 $N(0, 1)$을 따르므로

$P(\overline{X}\leq38)=P\left(Z\leq\dfrac{38-30}{8}\right)$

$=P(Z\leq1)$

$=0.5+P(0\leq Z\leq1)$

$=0.5+0.3413$

$=0.8413$

15 $f(100-x)=f(100+x)$에서 함수 $y=f(x)$의 그래프는 직선 $x=100$에 대하여 대칭이므로
$m=100$

모집단이 정규분포 $N(100, \sigma^2)$을 따르고 표본의 크기가 9이므로 표본평균 $\overline{X}$는 정규분포 $N\left(100, \left(\dfrac{\sigma}{3}\right)^2\right)$을 따른다.

이때 $Z=\dfrac{\overline{X}-100}{\dfrac{\sigma}{3}}$으로 놓으면 확률변수 Z는 표준정

규분포 $N(0, 1)$을 따르므로

$P(\overline{X}\leq94)=P\left(Z\leq\dfrac{94-100}{\dfrac{\sigma}{3}}\right)$

$=P\left(Z\leq-\dfrac{18}{\sigma}\right)=P\left(Z\geq\dfrac{18}{\sigma}\right)$

$=0.5-P\left(0\leq Z\leq\dfrac{18}{\sigma}\right)=0.0013$

$P\left(0\leq Z\leq\dfrac{18}{\sigma}\right)=0.4987$에서 $\dfrac{18}{\sigma}=3$ $\therefore \sigma=6$

$\therefore P(\overline{X}\geq103)=P\left(Z\geq\dfrac{103-100}{2}\right)$

$=P(Z\geq1.5)$

$=0.5-P(0\leq Z\leq1.5)$

$=0.5-0.4332$

$=0.0668$

16 표본평균이 124, 모표준편차가 6, 표본의 크기가 36이므로 모평균 m의 신뢰도 95 %인 신뢰구간은

$124-2\times\dfrac{6}{\sqrt{36}}\leq m\leq124+2\times\dfrac{6}{\sqrt{36}}$

$\therefore 122\leq m\leq126$

정답은
이안에
있어!